解析几何

主　编　张福娥　曾　辉　姜　琦
副主编　尹　敏　刘旭阳　崔淑莉

U0452825

ZHEJIANG UNIVERSITY PRESS
浙江大学出版社

图书在版编目(CIP)数据

解析几何 / 张福娥，曾辉，姜琦主编．—杭州：浙江大学出版社，2015.7

ISBN 978-7-308-14651-7

Ⅰ.①解… Ⅱ.①张… ②曾… ③姜… Ⅲ.①解析几何—高等学校—教材 Ⅳ.①O182

中国版本图书馆 CIP 数据核字（2015）第 088432 号

解析几何

张福娥　曾　辉　姜　琦　主　编

尹　敏　刘旭阳　崔淑莉　副主编

责任编辑　伍秀芳(wxfwt@zju.edu.cn)

封面设计　林智广告

出版发行　浙江大学出版社

（杭州市天目山路 148 号　邮政编码 310007）

（网址：http://www.zjupress.com）

排　　版　杭州林智广告有限公司

印　　刷　浙江良渚印刷厂

开　　本　710mm×1000mm　1/16

印　　张　11

字　　数　210 千

版 印 次　2015 年 7 月第 1 版　2015 年 7 月第 1 次印刷

书　　号　ISBN 978-7-308-14651-7

定　　价　25.00 元

前　　言

在解析几何创立以前,几何与代数是彼此独立的两个分支.解析几何的建立第一次真正实现了几何方法与代数方法的结合,使形与数统一起来,这是数学发展史上的一次重大突破.作为变量数学发展的第一个决定性步骤,解析几何的建立对于微积分的诞生有着不可估量的作用.

解析几何以数形结合为指导,以坐标法为核心,以几何图形为研究对象,用代数方法研究几何.一方面,解析几何可以为高等代数及数学分析提供直观的几何背景,为领悟其结论的精神实质提供最为直接的帮助;另一方面,它也是学习许多其他后继课程的重要基础.解析几何不仅在数学学科中占有十分重要的地位,而且在其他学科领域也有广泛的应用.

解析几何教材很多,它所包含的内容也没有严格的确定.本书主要介绍以下几方面内容.

第1章介绍向量代数,它是解析几何的有力工具.首先在空间引进向量及其运算,然后通过向量来建立坐标系.

第2章介绍空间直线与平面.直线与平面分别是空间中最简单的曲线和曲面.利用向量法和坐标法相结合来建立直线和平面的方程,同时研究它们之间的位置关系与度量关系.

第3章介绍一些常见的二次曲面及其方程.在直角坐标系下,一方面,根据图形的几何特征去建立它们的方程,并讨论它们的几何性质,包括球面、柱面、锥面和旋转曲面等;另一方面,根据代数方程,讨论它们的图像和性质,包括椭球面、双曲面、抛物面等.

第4章介绍二次曲线的化简与分类.通过选择适当的平面直角坐标变换,将二次曲线的一般方程化简为标准方程,并对二次曲线进行分类.

第5章介绍二次曲面的化简与分类.经过适当的直角坐标变换,将二次曲面的一般方程化为标准方程，同时介绍与此问题有关的二次曲面的几何性质.

在编写本书时，编者参考了大量的著作、资料，采用了一些习题，这里难以一一标示，特向原作者表示衷心的感谢.

本书适用于培养大学本科、专科学历小学教师的全日制学校，也可作为在职小学教师本科、专科学历进修以及继续教育的教学用书或教学参考书.

鉴于编者水平有限，书中错漏之处在所难免，诚恳地希望广大读者批评指正.

编者

2015 年 1 月 14 日

目 录

CONTENTS

1　向量代数

1.1　向量的概念

在几何学、力学、物理学及日常生活中，常常会遇到两种不同类型的量. 一类用一个数便可以完全表示它，例如温度、时间、密度、功、面积、体积等. 这种只有大小的量，叫做数量. 另一类量要得以确定，除了要知道它的大小以外，还必须指出它的方向，例如火车的速度、加速度、力、位移等. 这种既有大小又有方向的量叫做向量或矢量.

定义 1.1.1　既有大小又有方向的量叫做向量，或称为矢量.

向量的几何表示：由向量的定义可见，对于向量我们只考虑它的大小和方向，因此，可以用有向线段来表示向量，有向线段的长度表示向量的大小，有向线段的方向代表向量的方向. 例如，以 A 为起点、B 为终点的向量记为$\overrightarrow{AB}$，有时也用带箭头的小写字母 $\vec{a}$，$\vec{b}$，$\vec{c}$ 或黑体字母 $\boldsymbol{a}$，$\boldsymbol{b}$，$\boldsymbol{c}$ 来表示向量(图 1.1).

向量的大小称为向量的模，或称为向量的长度. 向量$\overrightarrow{AB}$与向量 $\boldsymbol{a}$ 的模分别记为$|\overrightarrow{AB}|$与$|\boldsymbol{a}|$.

模等于 1 的向量称为单位向量，与向量 $\boldsymbol{a}$ 方向相同的单位向量记为 $\boldsymbol{a}^0$. 模等于 0 的向量称为零向量，记为 $\mathbf{0}$. 零向量的始点与终点重合，方向可以任意选取.

由于一个向量由它的大小(模)和方向决定，所以，若两个向量大小相等、方向相同，那么称这两个向量是相等的. 所有的零向量都相等. 向量 $\boldsymbol{a}$ 与 $\boldsymbol{b}$ 相等，记为 $\boldsymbol{a}=\boldsymbol{b}$. 例如平行四边形 $ABCD$ 中，$\overrightarrow{AB}=\overrightarrow{CD}$(图 1.2).

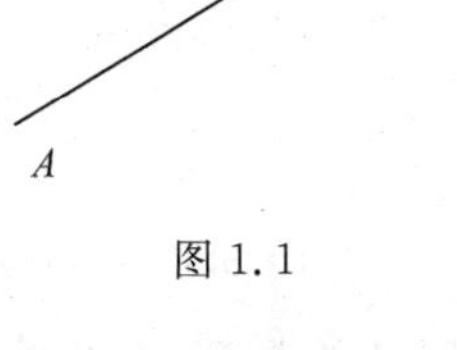

图 1.1

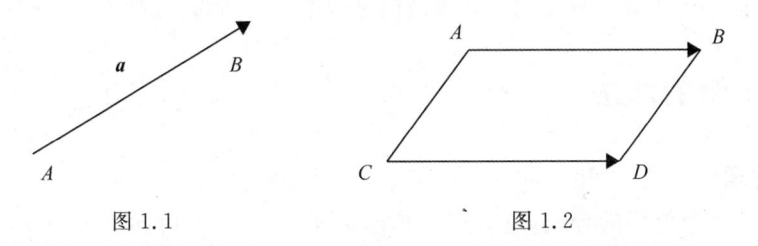

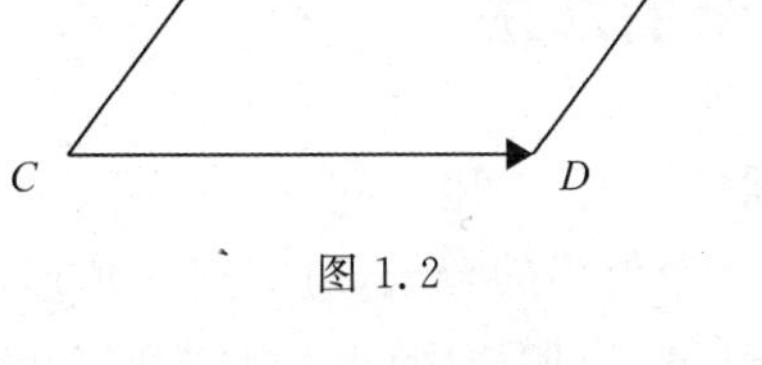

图 1.2

由此可见，两个向量是否相等与它的始点无关，只由它的模和方向决定. 这种始点任意选取的向量称为自由向量.

在自由向量的意义下，相等的向量看成是同一自由向量，几何中研究的正是这种向量. 由于自由向量始点的任意性，我们可以把一些向量平移到同一始点来研究它们的性质.

必须注意，由于向量不但有大小，而且还有方向，因此，模相等的两个非零向量未必相等.

两个模相等但方向相反的向量叫做相反向量，向量 $\boldsymbol{a}$ 的相反向量记为 $-\boldsymbol{a}$.

平行于同一直线的向量 $\boldsymbol{a}$ 和 $\boldsymbol{b}$（包括同向和反向）称为共线（或平行）向量，记为 $\boldsymbol{a}/\!/\boldsymbol{b}$.

平行于同一平面的一组向量称为共面向量. 显然，零向量和任何向量都共线且共面. 若把共线向量（共面向量）平移到同一始点，那么它们在同一直线（平面）上.

习题 1.1

1. 设 $ABCDEF$ 是一正六边形，O 是它的中心，则下列向量组中，哪些是相等向量？哪些是相反向量？

(1) $\overrightarrow{OA},\overrightarrow{OB},\overrightarrow{OC},\overrightarrow{OD},\overrightarrow{OE},\overrightarrow{OF}$；

(2) $\overrightarrow{AB},\overrightarrow{BC},\overrightarrow{DE},\overrightarrow{EF}$；

(3) $\overrightarrow{AB},\overrightarrow{BC},\overrightarrow{DC},\overrightarrow{ED},\overrightarrow{FE},\overrightarrow{FA}$.

2. 若向量 $\boldsymbol{a}$ 和 $\boldsymbol{b}$ 垂直表示为 $\boldsymbol{a}\perp\boldsymbol{b}$，问：

(1) 若 $\boldsymbol{a},\boldsymbol{b},\boldsymbol{c}$ 共面，且 $\boldsymbol{a}\perp\boldsymbol{b},\boldsymbol{b}\perp\boldsymbol{c}$，那么 $\boldsymbol{a}/\!/\boldsymbol{b}$ 吗？

(2) 若 $\boldsymbol{a}\perp\boldsymbol{d},\boldsymbol{b}\perp\boldsymbol{d},\boldsymbol{c}\perp\boldsymbol{d}$，那么 $\boldsymbol{a},\boldsymbol{b},\boldsymbol{c}$ 共面吗？

3. 下列情形中的向量终点各构成什么图形？

(1) 把空间中一切单位向量归结到共同的始点；

(2) 把平行于某一平面的一切单位向量归结到共同的始点；

(3) 把平行于某一直线的一切向量归结到共同的始点；

(4) 把平行于某一直线的一切单位向量归结到共同的始点.

1.2 向量的加法

由物理学知道，作用于同一点的两个不共线的力的合力，可以用平行四边形法则求出；两个位移的合成，可以用三角形法则求出. 在自由向量的意义下，两向量相加的平行四边形法则可以归结为三角形法则，由此我们给出两向量求和的定义.

定义 1.2.1 设已知向量 $\boldsymbol{a}$ 和 $\boldsymbol{b}$，以空间任意点 O 为始点，连接作向量 $\overrightarrow{OA}=\boldsymbol{a}$，$\overrightarrow{AB}=\boldsymbol{b}$ 得一折线 OAB，从折线的端点 O 到另一端点 B 的向量 $\overrightarrow{OB}=\boldsymbol{c}$，叫做向量 $\boldsymbol{a}$ 与 $\boldsymbol{b}$ 的和，记为 $\boldsymbol{c}=\boldsymbol{a}+\boldsymbol{b}$(图 1.3).

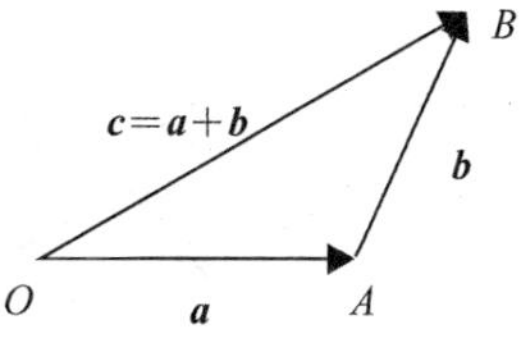

图 1.3

由于我们所研究的向量是自由向量，所以两个向量的和也可以定义如下：

若向量 $\boldsymbol{a}$ 和 $\boldsymbol{b}$ 不平行，以空间任意点 O 为始点作向量 $\overrightarrow{OA}=\boldsymbol{a}$，$\overrightarrow{OB}=\boldsymbol{b}$，则以 $\overrightarrow{OA}$ 和 $\overrightarrow{OB}$ 为邻边的平行四边形的对角线向量 $\overrightarrow{OC}=\boldsymbol{c}$，称为向量 $\boldsymbol{a}$ 与 $\boldsymbol{b}$ 的和，记为 $\boldsymbol{c}=\boldsymbol{a}+\boldsymbol{b}$(图1.4).

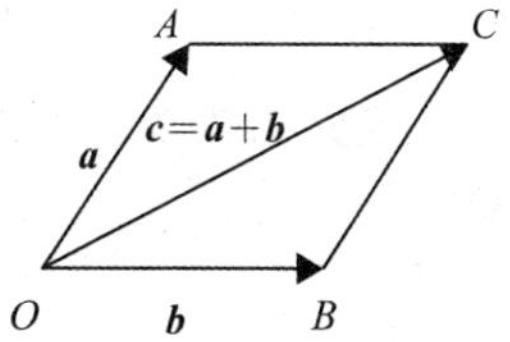

图 1.4

显然，当 $\boldsymbol{a}$ 和 $\boldsymbol{b}$ 不平行时，这两种求 $\boldsymbol{a}$ 与 $\boldsymbol{b}$ 和的定义是等价的，前一种向量求和的方法叫做三角形法则，后一种叫做平行四边形法则.

定理 1.2.1 向量加法满足下面的运算规律：

(1) 交换律：$\boldsymbol{a}+\boldsymbol{b}=\boldsymbol{b}+\boldsymbol{a}$；

(2) 结合律：$(\boldsymbol{a}+\boldsymbol{b})+\boldsymbol{c}=\boldsymbol{a}+(\boldsymbol{b}+\boldsymbol{c})$；

(3) $\boldsymbol{a}+(-\boldsymbol{a})=\boldsymbol{0}$；

(4) $\boldsymbol{a}+\boldsymbol{0}=\boldsymbol{a}$.

证明 (1) 若向量 $\boldsymbol{a}$ 与 $\boldsymbol{b}$ 不平行(不共线)，则由加法的定义，在三角形 OAC 中(图 1.4)，$\boldsymbol{a}+\boldsymbol{b}=\overrightarrow{OC}$. 在三角形 OBC 中，$\boldsymbol{b}+\boldsymbol{a}=\overrightarrow{OC}$，所以，$\boldsymbol{a}+\boldsymbol{b}=\boldsymbol{b}+\boldsymbol{a}$.

当 $\boldsymbol{a}/\!/\boldsymbol{b}$ 时，请读者自己给出证明.

(2) 作 $\overrightarrow{OA}=\boldsymbol{a}$，$\overrightarrow{AB}=\boldsymbol{b}$，$\overrightarrow{BC}=\boldsymbol{c}$(图 1.5)，根据向量加法的定义有

$$(\boldsymbol{a}+\boldsymbol{b})+\boldsymbol{c}=(\overrightarrow{OA}+\overrightarrow{AB})+\overrightarrow{BC}=\overrightarrow{OB}+\overrightarrow{BC}=\overrightarrow{OC}$$

$$\boldsymbol{a}+(\boldsymbol{b}+\boldsymbol{c})=\overrightarrow{OA}+(\overrightarrow{AB}+\overrightarrow{BC})=\overrightarrow{OA}+\overrightarrow{AC}=\overrightarrow{OC}$$

所以

$$(\boldsymbol{a}+\boldsymbol{b})+\boldsymbol{c}=\boldsymbol{a}+(\boldsymbol{b}+\boldsymbol{c})$$

同理，根据向量加法及零向量的定义，(3)和(4)显然成立.

由于向量的加法满足交换律和结合律，所以三个向量 $\boldsymbol{a}$，$\boldsymbol{b}$，$\boldsymbol{c}$ 相加，不论它们的先后顺序与结合顺序如何，它们的和总是相等的，因此可以简单地写为 $\boldsymbol{a}+\boldsymbol{b}+\boldsymbol{c}$.

推广到任意有限个向量 $\boldsymbol{a}_1$，$\boldsymbol{a}_2$，…，$\boldsymbol{a}_n$ 相加，就可记为 $\boldsymbol{a}_1+\boldsymbol{a}_2+\cdots+\boldsymbol{a}_n$，多次应用三角形法则，可以得到这 n 个向量加法的多边形法则：

自任意点 O 开始，依次作 $\overrightarrow{OA_1}=\boldsymbol{a}_1$，$\overrightarrow{A_1A_2}=\boldsymbol{a}_2$，…，$\overrightarrow{A_{n-1}A_n}=\boldsymbol{a}_n$(图 1.6)，由此得到一折线 $OA_1A_2\cdots A_n$，于是向量 $\overrightarrow{OA_n}=\boldsymbol{a}$ 就是这 n 个向量的和，即

$$\boldsymbol{a}_1+\boldsymbol{a}_2+\cdots+\boldsymbol{a}_n=\boldsymbol{a}=\overrightarrow{OA_n}=\overrightarrow{OA_1}+\overrightarrow{A_1A_2}+\cdots+\overrightarrow{A_{n-1}A_n}$$

这种求和方法叫做多边形法则.

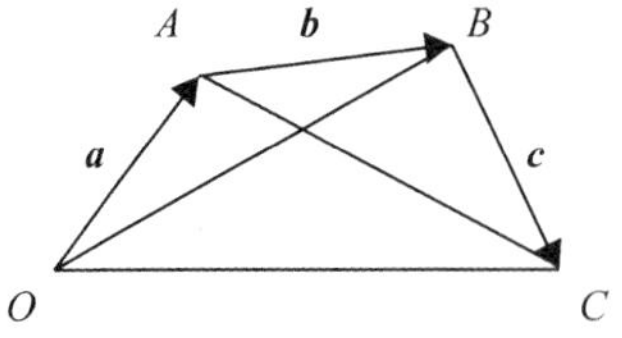

图 1.5

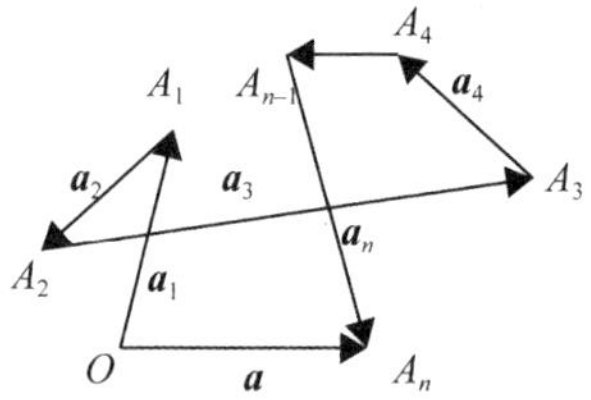

图 1.6

定义 1.2.2 向量 $\boldsymbol{a}$ 与向量 $\boldsymbol{b}$ 的反向量 $-\boldsymbol{b}$ 的和，称为两向量的差，即

$$\boldsymbol{a}-\boldsymbol{b}=\boldsymbol{a}+(-\boldsymbol{b})$$

由向量减法的定义，我们从同一起点 A 作有向线段 $\overrightarrow{AB}=\boldsymbol{a}$，$\overrightarrow{AC}=\boldsymbol{b}$(图 1.7)，则

$$\boldsymbol{a}-\boldsymbol{b}=\boldsymbol{a}+(-\boldsymbol{b})=\overrightarrow{AB}+(-\overrightarrow{AC})=\overrightarrow{CA}+\overrightarrow{AB}=\overrightarrow{CB}$$

也就是说，若把向量 $\boldsymbol{a}$ 与 $\boldsymbol{b}$ 的起点放在一起，则 $\boldsymbol{a}-\boldsymbol{b}$ 的方向是由向量 $\boldsymbol{b}$ 的终点指向向量 $\boldsymbol{a}$ 的终点(图 1.7).

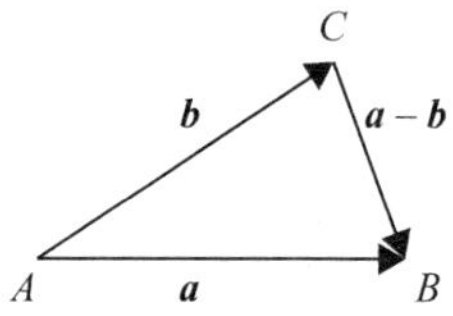

图 1.7

例 1.2.1 设 $\boldsymbol{a},\boldsymbol{b},\boldsymbol{c}$ 两两不共线，试证顺次将它们的终点与始点相连而成一个三角形的充要条件是 $\boldsymbol{a}+\boldsymbol{b}+\boldsymbol{c}=\boldsymbol{0}$.

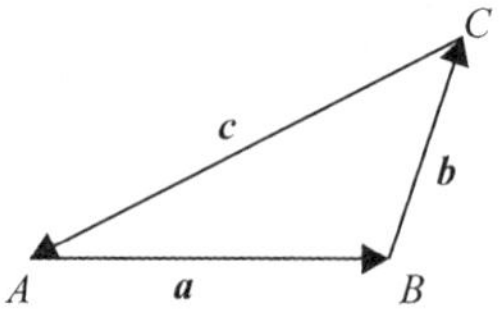

图 1.8

证明 必要性：设 $\boldsymbol{a},\boldsymbol{b},\boldsymbol{c}$ 的终点与始点相连而成一个三角形 ABC(图 1.8)，则

$$\boldsymbol{a}+\boldsymbol{b}+\boldsymbol{c}=\overrightarrow{AB}+\overrightarrow{BC}+\overrightarrow{CA}=\overrightarrow{AC}+\overrightarrow{CA}=\overrightarrow{AA}=\boldsymbol{0}$$

充分性：作向量 $\overrightarrow{AB}=\boldsymbol{a}$，$\overrightarrow{BC}=\boldsymbol{b}$，$\overrightarrow{CD}=\boldsymbol{c}$，由于

$$\boldsymbol{0}=\boldsymbol{a}+\boldsymbol{b}+\boldsymbol{c}=\overrightarrow{AB}+\overrightarrow{BC}+\overrightarrow{CD}=\overrightarrow{AC}+\overrightarrow{CD}=\overrightarrow{AD}$$

所以点 A 与 D 重合，即三向量 $\boldsymbol{a},\boldsymbol{b},\boldsymbol{c}$ 的终点与始点相连构成一个三角形.

例 1.2.2 用向量的方法证明，对角线互相平分的四边形是平行四边形.

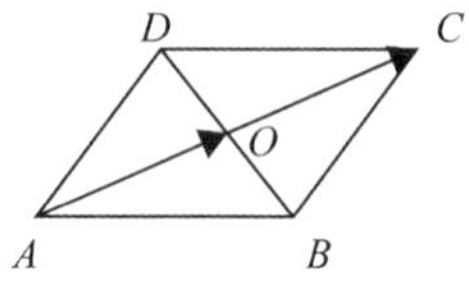

图 1.9

证明 设四边形 $ABCD$ 对角线 AC，BD 交于点 O 且互相平分(图 1.9)，从而有

$$\overrightarrow{AO}=\overrightarrow{OC},\overrightarrow{DO}=\overrightarrow{OB}$$

由图可知

$$\overrightarrow{AB}=\overrightarrow{AO}+\overrightarrow{OB}=\overrightarrow{DO}+\overrightarrow{OC}=\overrightarrow{DC}$$

这就是说，四边形的一组对边平行且相等，因此四边形 $ABCD$ 是平行四边形.

习题 1.2

1. 证明以下不等式,并说明等号成立的条件.

(1) $|\boldsymbol{a}+\boldsymbol{b}|\leqslant|\boldsymbol{a}|+|\boldsymbol{b}|$;

(2) $|\boldsymbol{a}|-|\boldsymbol{b}|\leqslant|\boldsymbol{a}-\boldsymbol{b}|$.

1.3 数与向量的乘法

由向量加法的定义可知,若干个相等的向量相加所得的和仍是向量.例如 $\boldsymbol{a}+\boldsymbol{a}+\boldsymbol{a}$ 是一个向量,长度为 $\boldsymbol{a}$ 的 3 倍,方向与 $\boldsymbol{a}$ 的方向相同,由此我们给出数与向量乘积的定义.

定义 1.3.1 实数 λ 与向量 $\boldsymbol{a}$ 的乘积是一个向量,记作 $\lambda\boldsymbol{a}$.$\lambda\boldsymbol{a}$ 的模是 $\boldsymbol{a}$ 的模的 $|\lambda|$ 倍,即 $|\lambda\boldsymbol{a}|=|\lambda||\boldsymbol{a}|$,且当 $\lambda>0$ 时,$\lambda\boldsymbol{a}$ 与 $\boldsymbol{a}$ 同向;当 $\lambda<0$ 时,$\lambda\boldsymbol{a}$ 与 $\boldsymbol{a}$ 反向;当 $\lambda=0$ 时,$\lambda\boldsymbol{a}=\boldsymbol{0}$.

由定义可知,$\boldsymbol{a}=1\times\boldsymbol{a}$,$-\boldsymbol{a}=(-1)\times\boldsymbol{a}$,$\boldsymbol{a}=|\boldsymbol{a}|\boldsymbol{a}^0$.此外,由 $|\lambda\boldsymbol{a}|=|\lambda||\boldsymbol{a}|$ 可知,$\lambda\boldsymbol{a}=\boldsymbol{0}$ 的充要条件为 $\lambda=0$ 或 $\boldsymbol{a}=\boldsymbol{0}$.

定理 1.3.1 数与向量的乘法满足下面运算规律:

(1) $1\times\boldsymbol{a}=\boldsymbol{a}$;

(2) 数乘结合律:$\lambda(\mu\boldsymbol{a})=(\lambda\mu)\boldsymbol{a}$;

(3) 数乘对数的分配律:$(\lambda+\mu)\boldsymbol{a}=\lambda\boldsymbol{a}+\mu\boldsymbol{a}$;

(4) 数乘对向量的分配律:$\lambda(\boldsymbol{a}+\boldsymbol{b})=\lambda\boldsymbol{a}+\lambda\boldsymbol{b}$.

证明 利用向量相等的概念,只需证明等式两边的向量在各种情况下模相等、方向相同即可.

(1) 显然成立.

(2) 证明数乘结合律:$\lambda(\mu\boldsymbol{a})=(\lambda\mu)\boldsymbol{a}$ 成立.

当 λ,μ 中至少有一个为 0,或 $\boldsymbol{a}=\boldsymbol{0}$ 时,(2)显然成立.当 $\lambda\neq0,\mu\neq0,\boldsymbol{a}\neq\boldsymbol{0}$ 时,显然 $\lambda(\mu\boldsymbol{a})$ 与 $(\lambda\mu)\boldsymbol{a}$ 共线.又因为 $|\lambda(\mu\boldsymbol{a})|=|\lambda||\mu\boldsymbol{a}|=|\lambda\mu||\boldsymbol{a}|$,所以它们的模相等.当 λ,μ 同号时,向量 $\lambda(\mu\boldsymbol{a})$ 与 $(\lambda\mu)\boldsymbol{a}$ 方向相同;当 λ,μ 异号时,$\lambda(\mu\boldsymbol{a})$ 和 $(\lambda\mu)\boldsymbol{a}$ 的方向与 $\boldsymbol{a}$ 的方向相反,所以 $\lambda(\mu\boldsymbol{a})$ 与 $(\lambda\mu)\boldsymbol{a}$ 的方向仍是相同的,因此(2)数乘结合律成立.

(3) 证明数乘对数的分配律:$(\lambda+\mu)\boldsymbol{a}=\boldsymbol{a}+\mu\boldsymbol{a}$ 成立.

当 $\lambda,\mu,\lambda+\mu$ 中至少有一个为 0,或 $\boldsymbol{a}=\boldsymbol{0}$ 时,(3)显然成立.

当 λ,μ 同号时,$|(\lambda+\mu)\boldsymbol{a}|=|\lambda+\mu||\boldsymbol{a}|=(|\lambda|+|\mu|)|\boldsymbol{a}|=|\lambda||\boldsymbol{a}|+|\mu||\boldsymbol{a}|$.而 $|\lambda\boldsymbol{a}+\mu\boldsymbol{a}|=|\lambda\boldsymbol{a}|+|\mu\boldsymbol{a}|$,所以,$(\lambda+\mu)\boldsymbol{a}$ 与 $\lambda\boldsymbol{a}+\mu\boldsymbol{a}$ 的模相等.

当 λ,μ 都大于 0 时，$(\lambda+\mu)\boldsymbol{a},\lambda\boldsymbol{a},\mu\boldsymbol{a}$ 的方向与 $\boldsymbol{a}$ 的方向相同；当 λ,μ 都小于 0 时，$(\lambda+\mu)\boldsymbol{a},\lambda\boldsymbol{a},\mu\boldsymbol{a}$ 的方向与 $\boldsymbol{a}$ 的方向（图 1.10）仍相同，故(3)成立.

当 λ,μ 异号时，则向量 $\lambda\boldsymbol{a}$ 与 $\mu\boldsymbol{a}$ 的方向相反，这时向量 $(\lambda+\mu)\boldsymbol{a}$ 的方向与 $\lambda\boldsymbol{a}$ 和 $\mu\boldsymbol{a}$ 中模较长的一个相同，并且它的模等于 $\lambda\boldsymbol{a}$ 和 $\mu\boldsymbol{a}$ 模的差（图 1.11）.

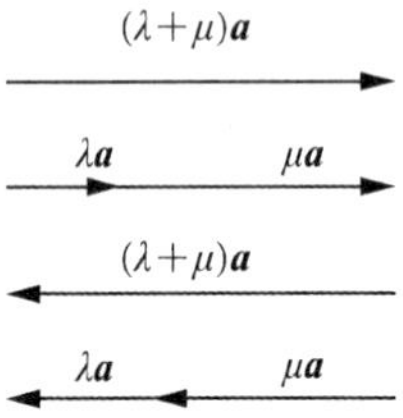

图 1.10

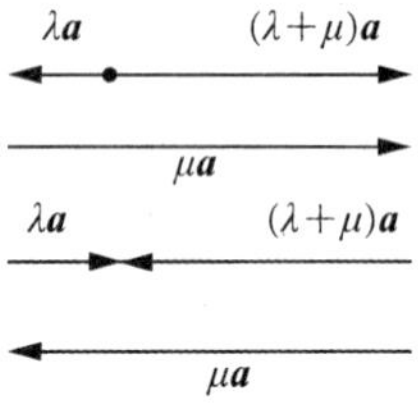

图 1.11

根据假设 $\lambda+\mu\neq0$，不妨假设 $|\lambda|>|\mu|$.

$$\begin{aligned}|(\lambda+\mu)\boldsymbol{a}|&=|\lambda+\mu|\,|\boldsymbol{a}|\\&=(|\lambda|-|\mu|)\,|\boldsymbol{a}|=|\lambda|\,|\boldsymbol{a}|-|\mu|\,|\boldsymbol{a}|\\&=|\lambda\boldsymbol{a}|-|\mu\boldsymbol{a}|=|\lambda\boldsymbol{a}+\mu\boldsymbol{a}|\end{aligned}$$

因此，(3)成立.

(4) 证明数乘对向量的分配律：$\lambda(\boldsymbol{a}+\boldsymbol{b})=\lambda\boldsymbol{a}+\lambda\boldsymbol{b}$ 成立.

若 $\lambda=0$ 或 $\boldsymbol{a},\boldsymbol{b}$ 中至少有一个为零向量，容易验证(4)成立. 当 $\lambda\neq0,\boldsymbol{a}\neq\boldsymbol{0},\boldsymbol{b}\neq\boldsymbol{0}$ 时，讨论如下.

1° 若 $\boldsymbol{a}$ 与 $\boldsymbol{b}$ 共线，取实数 μ，满足：$|\mu|=\dfrac{|\boldsymbol{b}|}{|\boldsymbol{a}|}>0$. 当 $\boldsymbol{b}$ 与 $\boldsymbol{a}$ 同向时，取 $\mu>0$；当 $\boldsymbol{b}$ 与 $\boldsymbol{a}$ 反向时，取 $\mu<0$. 这时 $\boldsymbol{b}$ 与 $\mu\boldsymbol{a}$ 同向. 此外

$$|\mu\boldsymbol{a}|=|\mu|\,|\boldsymbol{a}|=\frac{|\boldsymbol{b}|}{|\boldsymbol{a}|}|\boldsymbol{a}|=|\boldsymbol{b}|$$

所以 $\boldsymbol{b}=\mu\boldsymbol{a}$. 由数乘对数分配律，

$$\lambda(\boldsymbol{a}+\boldsymbol{b})=\lambda(1+\mu)\boldsymbol{a}=\lambda\boldsymbol{a}+\lambda\mu\boldsymbol{a}=\lambda\boldsymbol{a}+\lambda\boldsymbol{b}$$

2° 若 $\boldsymbol{a}$ 与 $\boldsymbol{b}$ 不共线，作 $\overrightarrow{OA}=\boldsymbol{a},\overrightarrow{AB}=\boldsymbol{b}$，则 $\overrightarrow{OB}=\boldsymbol{a}+\boldsymbol{b}$（图 1.12）. 作 $\overrightarrow{OA_1}=\lambda\boldsymbol{a},\overrightarrow{A_1B_1}=\lambda\boldsymbol{b}$，则 $\overrightarrow{OB_1}=\lambda\boldsymbol{a}+\lambda\boldsymbol{b}$. 三角形 OAB 与三角形 OA_1B_1 相似，从而有 $\overrightarrow{OB_1}=\lambda\overrightarrow{OB}$，即

$$\lambda\boldsymbol{a}+\lambda\boldsymbol{b}=\lambda(\boldsymbol{a}+\boldsymbol{b})$$

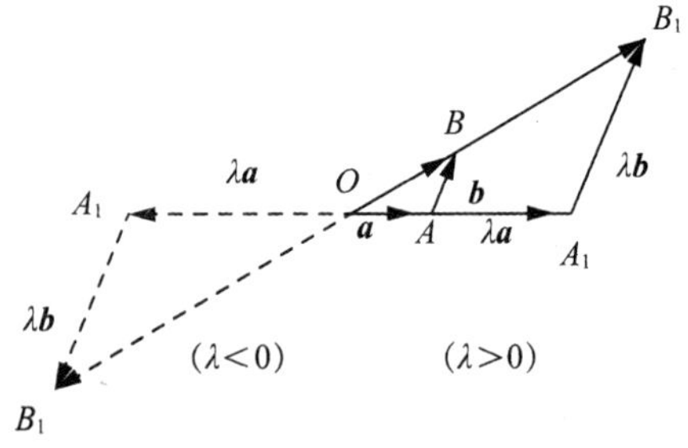

图 1.12

向量的加法、减法及数乘向量运算统称为向量的线性运算. 可以看出，向量的线性

运算规律，与多项式的加、减及数乘多项式的运算相同，因此向量的线性运算可以像多项式那样进行运算. 若 $\lambda,\mu\in\mathbb{R}$，则 $\lambda\boldsymbol{a}+\mu\boldsymbol{b}$ 称为向量 $\boldsymbol{a}$ 与 $\boldsymbol{b}$ 的一个线性组合.

例 1.3.1 化简 $5(\boldsymbol{a}+2\boldsymbol{b})-3(2\boldsymbol{a}-\boldsymbol{b})$.

解 $5(\boldsymbol{a}+2\boldsymbol{b})-3(2\boldsymbol{a}-\boldsymbol{b})=5\boldsymbol{a}+10\boldsymbol{b}-6\boldsymbol{a}+3\boldsymbol{b}=-\boldsymbol{a}+13\boldsymbol{b}$.

例 1.3.2 设 AM 是三角形 ABC 的中线，求证：

$$\overrightarrow{AM}=\frac{1}{2}(\overrightarrow{AB}+\overrightarrow{AC}) \tag{1.3.1}$$

证明 如图 1.13 所示，由于

$$\overrightarrow{AM}=\overrightarrow{AB}+\overrightarrow{BM},\overrightarrow{AM}=\overrightarrow{AC}+\overrightarrow{CM}$$

两式相加得

$$2\overrightarrow{AM}=(\overrightarrow{AB}+\overrightarrow{BM})+(\overrightarrow{AC}+\overrightarrow{CM})$$

但 $\overrightarrow{BM}+\overrightarrow{CM}=\boldsymbol{0}$，所以

$$2\overrightarrow{AM}=\overrightarrow{AB}+\overrightarrow{AC}$$

即

$$\overrightarrow{AM}=\frac{1}{2}(\overrightarrow{AB}+\overrightarrow{AC})$$

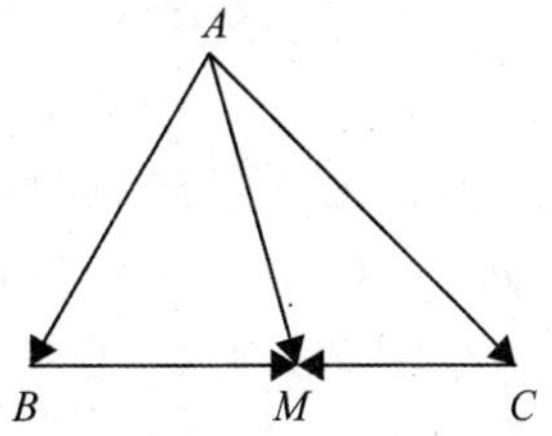

图 1.13

例 1.3.3 设一条直线上三个点 A,B,P 满足 $\overrightarrow{AP}=\lambda\overrightarrow{PB}(\lambda\neq-1)$，$O$ 是空间任意一点，求证：

$$\overrightarrow{OP}=\frac{\overrightarrow{OA}+\lambda\overrightarrow{OB}}{1+\lambda} \tag{1.3.2}$$

证明 如图 1.14 所示，由于 $\overrightarrow{AP}=\lambda\overrightarrow{PB}$，但

$$\overrightarrow{AP}=\overrightarrow{OP}-\overrightarrow{OA},\overrightarrow{PB}=\overrightarrow{OB}-\overrightarrow{OP}$$

从而

$$\overrightarrow{OP}-\overrightarrow{OA}=\lambda(\overrightarrow{OB}-\overrightarrow{OP})$$

即

$$(1+\lambda)\overrightarrow{OP}=\overrightarrow{OA}+\lambda\overrightarrow{OB}$$

所以

$$\overrightarrow{OP}=\frac{\overrightarrow{OA}+\lambda\overrightarrow{OB}}{1+\lambda}$$

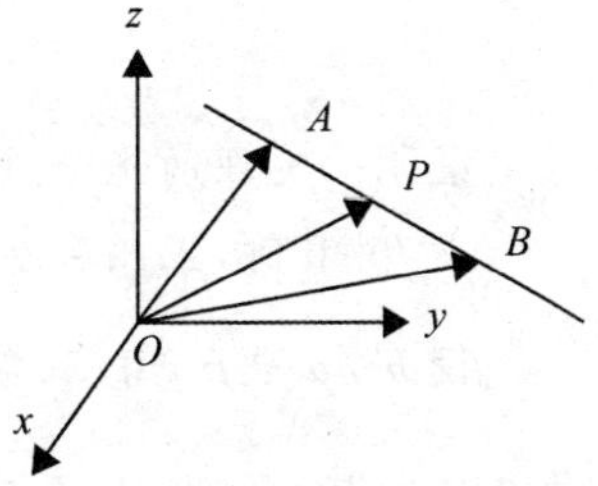

图 1.14

习题 1.3

1. 化简下列各式：

(1) $2(\boldsymbol{a}-2\boldsymbol{b})-(3\boldsymbol{a}-\boldsymbol{b})$； (2) $(x-y)(\boldsymbol{a}+\boldsymbol{b})-(x+y)(3\boldsymbol{a}-\boldsymbol{b})$.

2. 已知 $\boldsymbol{a}=\boldsymbol{e}_1+2\boldsymbol{e}_2-\boldsymbol{e}_3$，$\boldsymbol{b}=3\boldsymbol{e}_1-2\boldsymbol{e}_2-\boldsymbol{e}_3$，求 $\boldsymbol{a}+\boldsymbol{b}$，$\boldsymbol{a}-\boldsymbol{b}$ 和 $3\boldsymbol{a}-2\boldsymbol{b}$.

3. 设 L,M,N 分别是三角形 ABC 三边 BC,CA,AB 的中点，试证：三中线向量$\overrightarrow{AL}$，$\overrightarrow{BM}$，$\overrightarrow{CN}$可以构成一个三角形.

4. 用向量法证明：三角形两边中点连线平行于第三条边且等于第三条边的一半.

5. 设 M 是平行四边形 $ABCD$ 的中心，O 是任意一点，证明：

$$\overrightarrow{OA}+\overrightarrow{OB}+\overrightarrow{OC}+\overrightarrow{OD}=4\,\overrightarrow{OM}$$

1.4 共线向量与共面向量，向量的分解

由上节可知，向量的加法、减法及数乘向量运算统称为向量的线性运算，且将 $\lambda\boldsymbol{a}+\mu\boldsymbol{b}(\lambda,\mu\in\mathbb{R})$ 称为 $\boldsymbol{a}$ 与 $\boldsymbol{b}$ 的一个线性组合. 对于一般情况，我们有以下定义.

定义 1.4.1 由向量 $\boldsymbol{a}_1,\boldsymbol{a}_2,\cdots,\boldsymbol{a}_n$ 与数量 $\lambda_1,\lambda_2,\cdots,\lambda_n$ 所组成的向量

$$\lambda_1\boldsymbol{a}_1+\lambda_2\boldsymbol{a}_2+\cdots+\lambda_n\boldsymbol{a}_n$$

叫做向量 $\boldsymbol{a}_1,\boldsymbol{a}_2,\cdots,\boldsymbol{a}_n$ 的线性组合.

当向量 $\boldsymbol{a}$ 是 $\boldsymbol{a}_1,\boldsymbol{a}_2,\cdots,\boldsymbol{a}_n$ 的线性组合时，即

$$\boldsymbol{a}=\lambda_1\boldsymbol{a}_1+\lambda_2\boldsymbol{a}_2+\cdots+\lambda_n\boldsymbol{a}_n$$

我们称向量 $\boldsymbol{a}$ 可以用向量 $\boldsymbol{a}_1,\boldsymbol{a}_2,\cdots,\boldsymbol{a}_n$ 线性表示，或者称向量 $\boldsymbol{a}$ 可以分解为向量 $\boldsymbol{a}_1,\boldsymbol{a}_2,\cdots,\boldsymbol{a}_n$ 的线性组合.

前面我们已经研究过向量的和的概念，现在反过来研究向量的分解问题. 我们知道，零向量与任何向量共线，一般地，关于两个向量共线，有以下定理.

定理 1.4.1 向量 $\boldsymbol{b}$ 与非零向量 $\boldsymbol{a}$ 共线的充分必要条件是存在唯一的实数 λ，使得

$$\boldsymbol{b}=\lambda\boldsymbol{a} \tag{1.4.1}$$

证明 定理的充分性是显然的，下面证明定理的必要性.

当 $\boldsymbol{b}=\boldsymbol{0}$ 时，显然存在 $\lambda=0$，使得 $\boldsymbol{b}=\lambda\boldsymbol{a}$.

设 $\boldsymbol{b}/\!/\boldsymbol{a}$ 且 $\boldsymbol{b}\neq\boldsymbol{0}$，取实数 λ，满足：$|\lambda|=\dfrac{|\boldsymbol{b}|}{|\boldsymbol{a}|}>0$. 当 $\boldsymbol{b}$ 与 $\boldsymbol{a}$ 同向时，取 $\lambda>0$；当 $\boldsymbol{b}$ 与 $\boldsymbol{a}$ 反向时，取 $\lambda<0$；这时 $\boldsymbol{b}$ 与 $\lambda\boldsymbol{a}$ 同向. 此外

$$|\lambda\boldsymbol{a}|=|\lambda|\,|\boldsymbol{a}|=\frac{|\boldsymbol{b}|}{|\boldsymbol{a}|}|\boldsymbol{a}|=|\boldsymbol{b}|$$

所以 $\boldsymbol{b}=\lambda\boldsymbol{a}$.

再证明实数 λ 的唯一性. 设 $\boldsymbol{b}=\lambda\boldsymbol{a}$，又设 $\boldsymbol{b}=\mu\boldsymbol{a}$，两式相减，得

$$(\lambda-\mu)\boldsymbol{a}=\boldsymbol{0}$$

即 $|\lambda-\mu||\boldsymbol{a}|=0$. 因 $\boldsymbol{a}\neq\boldsymbol{0}$，所以 $|\boldsymbol{a}|\neq0$，故 $|\lambda-\mu|=0$，即 $\lambda=\mu$.

特别地，对于非零向量 $\boldsymbol{a}$，取 $\lambda=\dfrac{1}{|\boldsymbol{a}|}>0$，则 $\lambda\boldsymbol{a}=\dfrac{1}{|\boldsymbol{a}|}\boldsymbol{a}$ 是与$\boldsymbol{a}$同方向的单位向量，即

$$\boldsymbol{a}^0=\frac{1}{|\boldsymbol{a}|}\boldsymbol{a} \tag{1.4.2}$$

上式表明，一个非零向量除以它的模的结果是一个与原向量同方向的单位向量. 将式(1.4.2)变形为

$$\boldsymbol{a}=|\boldsymbol{a}|\boldsymbol{a}^0 \tag{1.4.3}$$

这表明任一非零向量均可用与其同方向的单位向量的数乘来表示，并且所乘的系数就是该向量的模 $|\boldsymbol{a}|$.

我们知道，共线的向量总是共面的，三个向量中有两个共线，这三个向量也共面. 关于三个向量共面有以下定理.

定理 1.4.2 向量 $\boldsymbol{c}$ 与两个不共线向量 $\boldsymbol{a},\boldsymbol{b}$ 共面的充要条件是 $\boldsymbol{c}$ 可以分解成向量 $\boldsymbol{a},\boldsymbol{b}$ 的线性组合，即

$$\boldsymbol{c}=\lambda\boldsymbol{a}+\mu\boldsymbol{b} \tag{1.4.4}$$

其中 λ,μ 由 $\boldsymbol{a},\boldsymbol{b},\boldsymbol{c}$ 唯一确定.

证明 必要性：首先，若 $\boldsymbol{c}/\!/\boldsymbol{a}$（或 $\boldsymbol{c}/\!/\boldsymbol{b}$），由定理 1.4.1 可知，$\boldsymbol{c}=\lambda\boldsymbol{a}$ ($\boldsymbol{c}=\mu\boldsymbol{b}$)，从而 $\boldsymbol{c}=\lambda\boldsymbol{a}+0\boldsymbol{b}$. 特别地，当 $\boldsymbol{c}=\boldsymbol{0}$ 时有 $\boldsymbol{c}=0\boldsymbol{a}+0\boldsymbol{b}$. 若 $\boldsymbol{c}$ 与 $\boldsymbol{a},\boldsymbol{b}$ 都不共线，将 $\boldsymbol{a},\boldsymbol{b},\boldsymbol{c}$ 的起点平移到点 O（图 1.15），用 C 表示向量 $\boldsymbol{c}$ 的终点，过 C 作向量 $\boldsymbol{a},\boldsymbol{b}$ 的平行线 CB 和 CA，构成平行四边形 $OACB$. 根据向量加法的平行四边形法则，

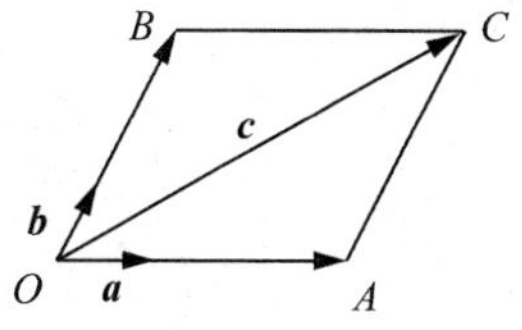

图 1.15

$$\boldsymbol{c}=\overrightarrow{OC}=\overrightarrow{OA}+\overrightarrow{OB}$$

由方程(1.4.1)知

$$\overrightarrow{OA}=|\overrightarrow{OA}|\boldsymbol{a}^0=|\overrightarrow{OA}|\frac{1}{|\boldsymbol{a}|}\boldsymbol{a}$$

$$\overrightarrow{OB}=|\overrightarrow{OB}|\boldsymbol{b}^0=|\overrightarrow{OB}|\frac{1}{|\boldsymbol{b}|}\boldsymbol{b}$$

令 $\lambda=\dfrac{|\overrightarrow{OA}|}{|\boldsymbol{a}|}$，$\mu=\dfrac{|\overrightarrow{OB}|}{|\boldsymbol{b}|}$，则

$$\boldsymbol{c}=\lambda\boldsymbol{a}+\mu\boldsymbol{b}$$

充分性：设 $\boldsymbol{c}=\lambda\boldsymbol{a}+\mu\boldsymbol{b}$，若 λ,μ 中有一个为零，例如 $\lambda=0$，那么，$\boldsymbol{c}=\mu\boldsymbol{b}$，所以，$\boldsymbol{c}$

与 $\boldsymbol{b}$ 共线，由此 $\boldsymbol{a},\boldsymbol{b},\boldsymbol{c}$ 共面；若 λ,μ 都不为零，由向量加法的平行四边形法则知，$\boldsymbol{c}$ 是以 $\lambda\boldsymbol{a}$ 与 $\mu\boldsymbol{b}$ 为邻边平行四边形的对角线向量，所以 $\boldsymbol{c},\lambda\boldsymbol{a},\mu\boldsymbol{b}$ 共面，由此可知 $\boldsymbol{a},\boldsymbol{b},\boldsymbol{c}$ 共面.

最后证明实数 λ,μ 由向量 $\boldsymbol{a},\boldsymbol{b},\boldsymbol{c}$ 唯一确定. 若还存在 λ',μ' 使得

$$\boldsymbol{c}=\lambda'\boldsymbol{a}+\mu'\boldsymbol{b} \tag{1.4.5}$$

则方程(1.4.4)－方程(1.4.5)，得

$$(\lambda-\lambda')\boldsymbol{a}+(\mu-\mu')\boldsymbol{b}=\boldsymbol{0}$$

若 $\lambda\neq\lambda'$，则

$$\boldsymbol{a}=-\frac{\mu-\mu'}{\lambda-\lambda'}\boldsymbol{b}$$

即 $\boldsymbol{a},\boldsymbol{b}$ 共线，这与 $\boldsymbol{a},\boldsymbol{b}$ 不共线的假设矛盾，所以一定有 $\lambda=\lambda'$.

同理可以证明 $\mu=\mu'$. 因此，实数 λ,μ 由向量 $\boldsymbol{a},\boldsymbol{b},\boldsymbol{c}$ 唯一确定.

方程(1.4.4)叫做向量 $\boldsymbol{c}$ 按 $\boldsymbol{a}$ 和 $\boldsymbol{b}$ 的分解式，数 λ 和 μ 叫做分解系数.

特别地，若 $\boldsymbol{i},\boldsymbol{j}$ 是两个互相垂直的单位向量，$\boldsymbol{c}$ 与 $\boldsymbol{i},\boldsymbol{j}$ 共面，则存在唯一的实数 x,y 使得

$$\boldsymbol{c}=x\boldsymbol{i}+y\boldsymbol{j}$$

与平面上向量的分解相似，空间任意向量也可以分解为三个不共面的非零向量的线性组合.

定理 1.4.3 设 $\boldsymbol{a},\boldsymbol{b},\boldsymbol{c}$ 为三个不共面的向量，则空间任意向量 $\boldsymbol{d}$ 总可以分解为 $\boldsymbol{a},\boldsymbol{b},\boldsymbol{c}$ 的线性组合，即

$$\boldsymbol{d}=\lambda\boldsymbol{a}+\mu\boldsymbol{b}+\nu\boldsymbol{c} \tag{1.4.6}$$

其中 λ,μ,ν 由 $\boldsymbol{a},\boldsymbol{b},\boldsymbol{c},\boldsymbol{d}$ 唯一确定.

证明 因为 $\boldsymbol{a},\boldsymbol{b},\boldsymbol{c}$ 不共面，所以 $\boldsymbol{a}\neq\boldsymbol{0},\boldsymbol{b}\neq\boldsymbol{0},\boldsymbol{c}\neq\boldsymbol{0}$，并且它们彼此不共线. 若 $\boldsymbol{d}$ 与 $\boldsymbol{a},\boldsymbol{b},\boldsymbol{c}$ 中两个共面，例如 $\boldsymbol{d}$ 与 $\boldsymbol{a},\boldsymbol{b}$ 共面，则由定理 1.4.2 知，$\boldsymbol{d}$ 可以分解为 $\boldsymbol{a},\boldsymbol{b}$ 的线性组合，即

$$\boldsymbol{d}=\lambda\boldsymbol{a}+\mu\boldsymbol{b}$$

从而有

$$\boldsymbol{d}=\lambda\boldsymbol{a}+\mu\boldsymbol{b}+0\boldsymbol{c}$$

特别地，若 $\boldsymbol{d}=\boldsymbol{0}$，则 $\boldsymbol{d}=0\boldsymbol{a}+0\boldsymbol{b}+0\boldsymbol{c}$.

若 $\boldsymbol{d}$ 与 $\boldsymbol{a},\boldsymbol{b},\boldsymbol{c}$ 中任意两个都不共面，把它们的起点归结到共同的始点 O，使得 $\overrightarrow{OA}=\boldsymbol{a},\overrightarrow{OB}=\boldsymbol{b},\overrightarrow{OC}=\boldsymbol{c},\overrightarrow{OD}=\boldsymbol{d}$(图 1.16). 自 D 作三个平面，分别平行于平面

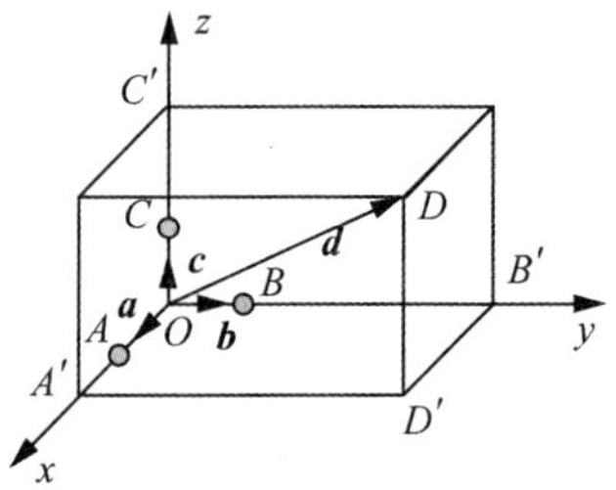

图 1.16

OBC, OCA, OAB，且与直线 OA, OB, OC 分别相交于点 A', B', C'，于是得到了以 $\overrightarrow{OA'}, \overrightarrow{OB'}, \overrightarrow{OC'}$ 为相邻三棱、$\overrightarrow{OD}$ 为对角线的平行六面体(图 1.17). 由于

$$\boldsymbol{d}=\overrightarrow{OD}=\overrightarrow{OA'}+\overrightarrow{A'D'}+\overrightarrow{D'D}=\overrightarrow{OA'}+\overrightarrow{OB'}+\overrightarrow{OC'} \tag{1.4.7}$$

又 $\overrightarrow{OA'} /\!/ \boldsymbol{a}, \overrightarrow{OB'} /\!/ \boldsymbol{b}, \overrightarrow{OC'} /\!/ \boldsymbol{c}$，根据定理 1.4.1，有

$$\overrightarrow{OA'}=\lambda \boldsymbol{a}, \overrightarrow{OB'}=\mu \boldsymbol{b}, \overrightarrow{OC'}=\nu \boldsymbol{c} \tag{1.4.8}$$

将方程(1.4.8)代入方程(1.4.7)，得

$$\boldsymbol{d}=\lambda \boldsymbol{a}+\mu \boldsymbol{b}+\nu \boldsymbol{c}$$

最后证明 λ, μ, ν 被 $\boldsymbol{a}, \boldsymbol{b}, \boldsymbol{c}$ 唯一确定. 如果还存在 λ', μ', ν' 使得

$$\boldsymbol{d}=\lambda' \boldsymbol{a}+\mu' \boldsymbol{b}+\nu' \boldsymbol{c} \tag{1.4.9}$$

由方程(1.4.8)－方程(1.4.9)，得

$$(\lambda-\lambda')\boldsymbol{a}+(\mu-\mu')\boldsymbol{b}+(\nu-\nu')\boldsymbol{c}=\boldsymbol{0}$$

如果 $\lambda' \neq \lambda$，那么有

$$\boldsymbol{a}=-\frac{\mu-\mu'}{\lambda-\lambda'}\boldsymbol{b}-\frac{\nu-\nu'}{\lambda-\lambda'}\boldsymbol{c}$$

即 $\boldsymbol{a}$ 可以分解为 $\boldsymbol{b}, \boldsymbol{c}$ 的线性组合，从而有 $\boldsymbol{a}, \boldsymbol{b}, \boldsymbol{c}$ 共面，这与题设矛盾. 所以 $\lambda'=\lambda$.

同理可得 $\mu'=\mu, \nu'=\nu$. 所以方程(1.4.6)中的 λ, μ, ν 被 $\boldsymbol{a}, \boldsymbol{b}, \boldsymbol{c}$ 唯一确定.

特别地，若 $\boldsymbol{i}, \boldsymbol{j}, \boldsymbol{k}$ 是两两垂直的单位向量，$\boldsymbol{c}$ 是空间任意向量，则 $\boldsymbol{c}$ 可以分解为 $\boldsymbol{i}, \boldsymbol{j}, \boldsymbol{k}$ 线性组合，即存在唯一的实数 x, y, z，使得

$$\boldsymbol{c}=x\boldsymbol{i}+y\boldsymbol{j}+z\boldsymbol{k}$$

例 1.4.1 如图 1.17，$\overrightarrow{OA}, \overrightarrow{OB}, \overrightarrow{OC}$ 是三个两两不共线的向量，且 $\overrightarrow{OC}=\lambda \overrightarrow{OA}+\mu \overrightarrow{OB}$，试证：$A, B, C$ 三点共线的充要条件是 $\lambda+\mu=1$.

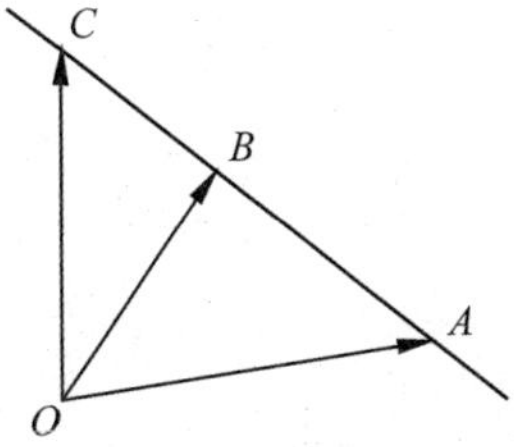

图 1.17

证明 必要性：由 A, B, C 共线，可知 $\overrightarrow{AC} /\!/ \overrightarrow{CB}$. 由定理 1.4.1 知，存在实数 m 使得

$$\overrightarrow{AC}=m\overrightarrow{CB}$$

因为 A, B, C 是不同的三个点，所以 $m \neq -1$，于是

$$\overrightarrow{OC}-\overrightarrow{OA}=m(\overrightarrow{OB}-\overrightarrow{OC})$$

即

$$(1+m)\overrightarrow{OC}=\overrightarrow{OA}+m\overrightarrow{OB}$$

从而

$$\overrightarrow{OC}=\frac{1}{1+m}\overrightarrow{OA}+\frac{m}{1+m}\overrightarrow{OB}$$

但已知$\overrightarrow{OC}=\lambda\overrightarrow{OA}+\mu\overrightarrow{OB}$，由$\overrightarrow{OC}$对$\overrightarrow{OA}$，$\overrightarrow{OB}$分解的唯一性，可得

$$\lambda=\frac{1}{1+m},\mu=\frac{m}{1+m}$$

从而

$$\lambda+\mu=\frac{1}{1+m}+\frac{m}{1+m}=1$$

充分性：设$\lambda+\mu=1$，则有

$$\overrightarrow{OC}=\lambda\overrightarrow{OA}+\mu\overrightarrow{OB}=\lambda\overrightarrow{OA}+(1-\lambda)\overrightarrow{OB}=\overrightarrow{OB}+\lambda(\overrightarrow{OA}-\overrightarrow{OB})$$

即

$$\overrightarrow{OC}-\overrightarrow{OB}=\lambda(\overrightarrow{OA}-\overrightarrow{OB})$$

所以$\overrightarrow{BC}=\lambda\overrightarrow{BA}$，从而$\overrightarrow{BC}\parallel\overrightarrow{BA}$，故$A,B,C$三点共线.

例 1.4.2 设G是三角形ABC的重心，O是空间任意点，证明

$$\overrightarrow{OG}=\frac{1}{3}(\overrightarrow{OA}+\overrightarrow{OB}+\overrightarrow{OC})$$

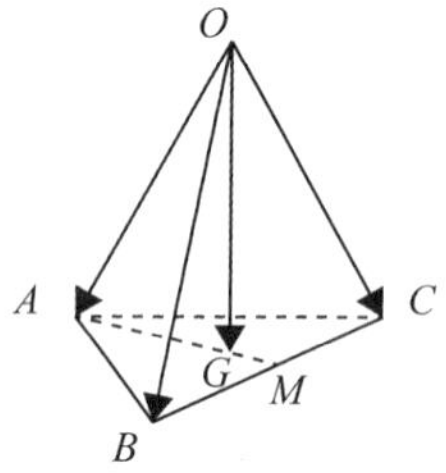

图 1.18

证明 如图 1.18，连接AG交BC于M，由条件知M是BC的中点，从而有

$$\overrightarrow{AM}=\frac{1}{2}(\overrightarrow{AB}+\overrightarrow{AC})$$

由G是三角形ABC的重心，可得$\overrightarrow{AG}=\frac{2}{3}\overrightarrow{AM}$，所以

$$\begin{aligned}\overrightarrow{OG}&=\overrightarrow{OA}+\overrightarrow{AG}=\overrightarrow{OA}+\frac{2}{3}\overrightarrow{AM}\\&=\overrightarrow{OA}+\frac{1}{3}(\overrightarrow{AB}+\overrightarrow{AC})\\&=\overrightarrow{OA}+\frac{1}{3}(\overrightarrow{OB}-\overrightarrow{OA}+\overrightarrow{OC}-\overrightarrow{OA})\\&=\frac{1}{3}(\overrightarrow{OA}+\overrightarrow{OB}+\overrightarrow{OC})\end{aligned}$$

习题 1.4

1. 设$\boldsymbol{e}_1,\boldsymbol{e}_2$不共线，$\boldsymbol{a}=2\boldsymbol{e}_1-\boldsymbol{e}_2$，$\boldsymbol{b}=3\boldsymbol{e}_1-2\boldsymbol{e}_2$. 则$\boldsymbol{a},\boldsymbol{b}$是否共线？

2. 设$\boldsymbol{e}_1,\boldsymbol{e}_2$不共线. 试确定$\boldsymbol{a}=a_1\boldsymbol{e}_1+a_2\boldsymbol{e}_2$，$\boldsymbol{b}=b_1\boldsymbol{e}_1+b_2\boldsymbol{e}_2$共线的条件.

3. 试证明两向量$\boldsymbol{a},\boldsymbol{b}$共线的充要条件是：存在不全为零的实数$\lambda,\mu$，使得$\lambda\boldsymbol{a}+\mu\boldsymbol{b}=\boldsymbol{0}$.

4. 试证明三向量$\boldsymbol{a},\boldsymbol{b},\boldsymbol{c}$共面的充要条件是：存在不全为零的实数$\lambda,\mu,\nu$，使得

$\lambda\boldsymbol{a}+\mu\boldsymbol{b}+\nu\boldsymbol{c}=\boldsymbol{0}$.

5. 设 $\boldsymbol{a}=\boldsymbol{e}_1+2\boldsymbol{e}_2+3\boldsymbol{e}_3$，$\boldsymbol{b}=2\boldsymbol{e}_1-\boldsymbol{e}_2$，$\boldsymbol{c}=5\boldsymbol{e}_2+6\boldsymbol{e}_3$. 试证 $\boldsymbol{a},\boldsymbol{b},\boldsymbol{c}$ 共面.

1.5 空间直角坐标系

1.5.1 空间直角坐标系

在空间任取一点 O，从 O 引入三个不共面的向量 $\boldsymbol{e}_1,\boldsymbol{e}_2,\boldsymbol{e}_3$，则由定理 1.4.3 可知，空间任意向量 $\boldsymbol{r}$ 可以分解成

$$\boldsymbol{r}=x\boldsymbol{e}_1+y\boldsymbol{e}_2+z\boldsymbol{e}_3 \tag{1.5.1}$$

并且 x,y,z 是唯一的一组实数组.

定点 O 和不共面的向量 $\boldsymbol{e}_1,\boldsymbol{e}_2,\boldsymbol{e}_3$ 全体称为空间中的一个标架，记为 $\{O;\boldsymbol{e}_1,\boldsymbol{e}_2,\boldsymbol{e}_3\}$. 若 $\boldsymbol{e}_1,\boldsymbol{e}_2,\boldsymbol{e}_3$ 都是单位向量，则称 $\{O;\boldsymbol{e}_1,\boldsymbol{e}_2,\boldsymbol{e}_3\}$ 是笛卡尔标架；若 $\boldsymbol{e}_1,\boldsymbol{e}_2,\boldsymbol{e}_3$ 是单位向量且两两垂直，则称 $\{O;\boldsymbol{e}_1,\boldsymbol{e}_2,\boldsymbol{e}_3\}$ 是笛卡尔直角标架（幺正标架），简称直角标架.

若标架 $\{O;\boldsymbol{e}_1,\boldsymbol{e}_2,\boldsymbol{e}_3\}$ 中 $\boldsymbol{e}_1,\boldsymbol{e}_2,\boldsymbol{e}_3$ 的关系和右手的拇指、食指、中指相同，则称这个标架是右手标架（右旋标架）；若 $\boldsymbol{e}_1,\boldsymbol{e}_2,\boldsymbol{e}_3$ 的关系和左手的拇指、食指、中指相同，则称这个标架是左手标架（左旋标架）.

我们把方程(1.5.1)中数组 x,y,z 称为向量 $\boldsymbol{r}$ 关于 $\{O;\boldsymbol{e}_1,\boldsymbol{e}_2,\boldsymbol{e}_3\}$ 的坐标或分量，记为 $\boldsymbol{r}\{x,y,z\}$ 或 $\{x,y,z\}$.

取定标架 $\{O;\boldsymbol{e}_1,\boldsymbol{e}_2,\boldsymbol{e}_3\}$ 后，空间任意一点 P 对应的向量 $\overrightarrow{OP}$ 称为点 P 的向径或位置向量. $\overrightarrow{OP}$ 关于 $\{O;\boldsymbol{e}_1,\boldsymbol{e}_2,\boldsymbol{e}_3\}$ 的坐标称为点 P 在标架下的坐标，记为 $P(x,y,z)$.

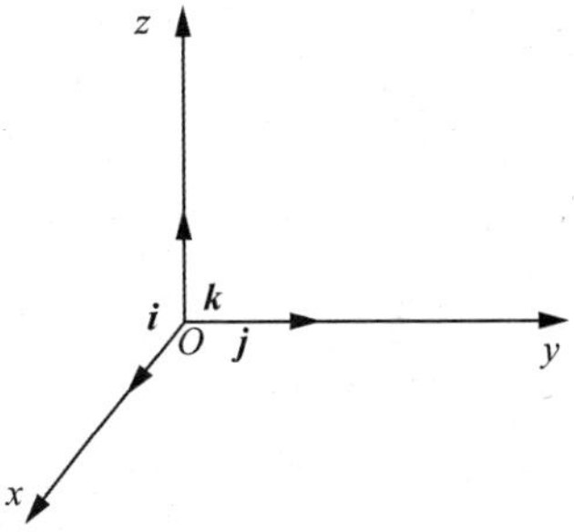

图 1.19

取定标架 $\{O;\boldsymbol{e}_1,\boldsymbol{e}_2,\boldsymbol{e}_3\}$ 后，空间中的点（向量）与其坐标 (x,y,z) 是一一对应的，这种一一对应的关系称为空间坐标系. 由于坐标系由标架唯一确定，故可以用标架的记号来表示坐标系，如图 1.19，由右手直角标架 $\{O;\boldsymbol{i},\boldsymbol{j},\boldsymbol{k}\}$ 所决定的坐标系称为右手坐标系，仍用 $\{O;\boldsymbol{i},\boldsymbol{j},\boldsymbol{k}\}$ 表示. 以后空间直角坐标系都用 $\{O;\boldsymbol{i},\boldsymbol{j},\boldsymbol{k}\}$ 表示.

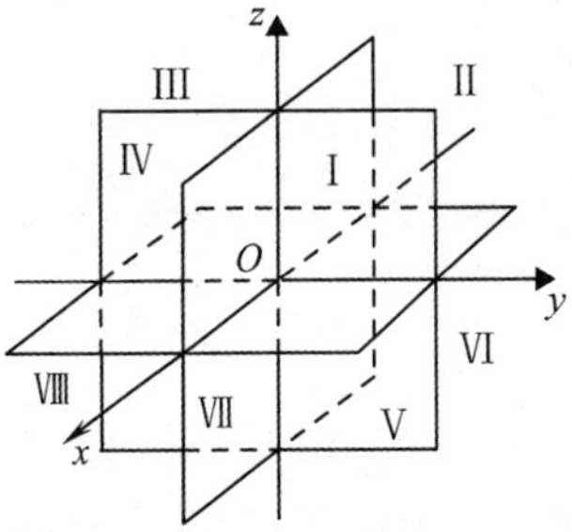

图 1.20

如图 1.20，Ox,Oy,Oz 称为 x 轴、y 轴和 z 轴. 由两个坐标轴所确定的平面称为坐标平面，简称坐标面. x 轴、y 轴、z 轴可以确定 xOy，yOz，zOx 三个坐标平面. 这三个坐标平面把空间分成八个部分，称为空间直角坐标系的八个卦限（如图 1.20）. 其中以 x

轴、y轴和z轴的正向为棱的部分称为第Ⅰ卦限，在xOy平面上方的其余三个部分，从z轴的正向看，按逆时针方向依次叫第Ⅱ、Ⅲ、Ⅳ卦限；对于xOy平面下方的四个部分，在第Ⅰ卦限正下方的部分叫第Ⅴ卦限，其余部分按逆时针方向依次叫做第Ⅵ、Ⅶ、Ⅷ卦限.

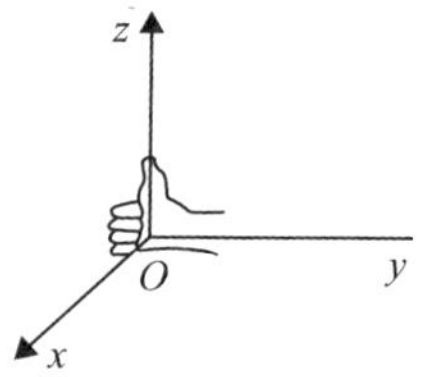

图 1.21

在空间直角坐标系中，轴Ox,Oy,Oz的方向一般都采用右手系，即用右手握住z轴，当右手的四个手指从x轴正向以90°的角度转向y轴的正向时，大拇指的指向就是z轴的正向(图 1.21).

1.5.2 向量的坐标表示与运算

取空间直角坐标系$\{O;\boldsymbol{i},\boldsymbol{j},\boldsymbol{k}\}$，设$M_1(x_1,y_1,z_1)$，$M_2(x_2,y_2,z_2)$为空间两点，下面我们来表示向量$\overrightarrow{M_1M_2}$.

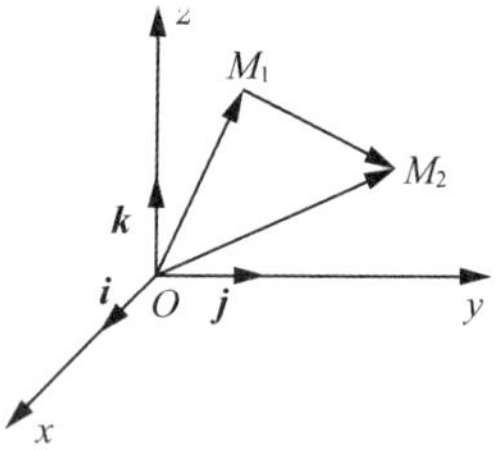

图 1.22

如图 1.22，$\overrightarrow{OM_1}=x_1\boldsymbol{i}+y_1\boldsymbol{j}+z_1\boldsymbol{k}$，$\overrightarrow{OM_2}=x_2\boldsymbol{i}+y_2\boldsymbol{j}+z_2\boldsymbol{k}$，则

$$\begin{aligned}\overrightarrow{M_1M_2}=\overrightarrow{OM_2}-\overrightarrow{OM_1}&=x_2\boldsymbol{i}+y_2\boldsymbol{j}+z_2\boldsymbol{k}-(x_1\boldsymbol{i}+y_1\boldsymbol{j}+z_1\boldsymbol{k})\\&=(x_2-x_1)\boldsymbol{i}+(y_2-y_1)\boldsymbol{j}+(z_2-z_1)\boldsymbol{k}\\&=\{x_2-x_1,y_2-y_1,z_2-z_1\}\end{aligned}$$

由此我们可以得到以下定理.

定理 1.5.1 向量的坐标等于其终点的坐标减去起点的坐标.

至此，向量已有了几何表达形式，也有了代数表达形式，因此，我们可以将向量的运算及相关结果表达成代数形式.

定理 1.5.2 设$\boldsymbol{a}=\{X_1,Y_1,Z_1\}$，$\boldsymbol{b}=\{X_2,Y_2,Z_2\}$，$\lambda$是实数，则有：

(1) $\boldsymbol{a}+\boldsymbol{b}=\{X_1+X_2,Y_1+Y_2,Z_1+Z_2\}$；

(2) $\lambda\boldsymbol{a}=\{\lambda X_1,\lambda Y_1,\lambda Z_1\}$.

证明 (1)
$$\begin{aligned}\boldsymbol{a}+\boldsymbol{b}&=(X_1\boldsymbol{i}+Y_1\boldsymbol{j}+Z_1\boldsymbol{k})+(X_2\boldsymbol{i}+Y_2\boldsymbol{j}+Z_2\boldsymbol{k})\\&=(X_1+X_2)\boldsymbol{i}+(Y_1+Y_2)\boldsymbol{j}+(Z_1+Z_2)\boldsymbol{k}\\&=\{X_1+X_2,Y_1+Y_2,Z_1+Z_2\}\end{aligned}$$

(2) $\lambda\boldsymbol{a}=\lambda(X_1\boldsymbol{i}+Y_1\boldsymbol{j}+Z_1\boldsymbol{k})=\{\lambda X_1,\lambda Y_1,\lambda Z_1\}$

定理 1.5.3 非零向量$\boldsymbol{a}\{X_1,Y_1,Z_1\}$，$\boldsymbol{b}\{X_2,Y_2,Z_2\}$共线的充要条件为

$$\frac{X_1}{X_2}=\frac{Y_1}{Y_2}=\frac{Z_1}{Z_2}$$

证明 由定理 1.4.1 可知，向量$\boldsymbol{a}$,$\boldsymbol{b}$共线的充要条件是其中一向量可以用另一个向量线性表示，不妨设$\boldsymbol{a}=\lambda\boldsymbol{b}$，则

$$\{X_1,Y_1,Z_1\}=\lambda\{X_2,Y_2,Z_2\}=\{\lambda X_2,\lambda Y_2,\lambda Z_2\}$$

从而可得

$$X_1=\lambda X_2, Y_1=\lambda Y_2, Z_1=\lambda Z_2$$

所以

$$\frac{X_1}{X_2}=\frac{Y_1}{Y_2}=\frac{Z_1}{Z_2}=\lambda$$

推论 1 三点 $A(x_1,y_1,z_1)$，$B(x_2,y_2,z_2)$，$C(x_3,y_3,z_3)$共线的充要条件为

$$\frac{x_2-x_1}{x_3-x_1}=\frac{y_2-y_1}{y_3-y_1}=\frac{z_2-z_1}{z_3-z_1}$$

推论 2 设 $P_1\neq P_2$. 若点 P 满足$\overrightarrow{P_1P}=\lambda\overrightarrow{PP_2}$，称 P 为分$\overrightarrow{P_1P_2}$为定比 λ 的分点.

例 1.5.1 设 $P_1(x_1,y_1,z_1)$，$P_2(x_2,y_2,z_2)$，P 为分$\overrightarrow{P_1P_2}$成定比 $\lambda(\lambda\neq-1)$的分点，求 P 的坐标.

解 由方程(1.3.2)知

$$\overrightarrow{OP}=\frac{\overrightarrow{OP_1}+\lambda\overrightarrow{OP_2}}{1+\lambda}$$

设 P 点的坐标为(x,y,z)，将 P_1，P_2 的坐标代入上式，得到

$$x=\frac{x_1+\lambda x_2}{1+\lambda}, y=\frac{y_1+\lambda y_2}{1+\lambda}, z=\frac{z_1+\lambda z_2}{1+\lambda} \tag{1.5.1}$$

由方程(1.5.1)可知，若 P 是 P_1P_2 的中点，则 P 的坐标为

$$x=\frac{x_1+x_2}{2}, y=\frac{y_1+y_2}{2}, z=\frac{z_1+z_2}{2} \tag{1.5.2}$$

习题 1.5

1. 在标架$\{O;\boldsymbol{e}_1,\boldsymbol{e}_2,\boldsymbol{e}_3\}$下，$\boldsymbol{a}=\{0,-1,0\}$，$\boldsymbol{b}=\{1,2,3\}$，$\boldsymbol{c}=\{2,0,5\}$，求 $\boldsymbol{a}+2\boldsymbol{b}-3\boldsymbol{c}$的坐标.

2. 已知向量 $\boldsymbol{a}=5\boldsymbol{i}+\lambda\boldsymbol{j}-\boldsymbol{k}$ 与 $\boldsymbol{b}=-\boldsymbol{i}+2\boldsymbol{j}+\mu\boldsymbol{k}$ 平行，求 λ 与 μ 的值.

3. 在标架$\{O;\boldsymbol{e}_1,\boldsymbol{e}_2,\boldsymbol{e}_3\}$下，$A(0,1,1)$，$B(-1,0,2)$，$C(-4,-3,5)$，问：$A$，$B$，$C$ 三点是否共线？若共线，写出线性表达式.

1.6 两向量的数量积

1.6.1 向量在轴上的射影

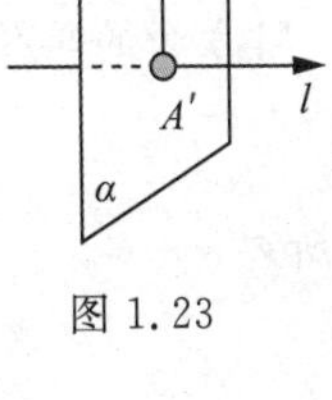

图 1.23

定义 1.6.1 设空间的一点 A 与一轴 l，通过 A 作垂直于轴 l 的平面 α，我们把这个平面与轴 l 的交点A'叫做点 A 在轴 l 上的射影(图 1.23).

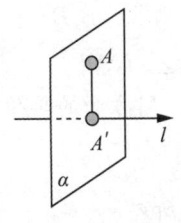

定义 1.6.2 设向量$\overrightarrow{AB}$的起点 A 和终点 B 在轴 l 上的射影分别为A'和B'，那么向量$\overrightarrow{A'B'}$叫做向量$\overrightarrow{AB}$在轴 l 上的射影向量（图 1.24），记作射影向量$_l\overrightarrow{AB}$.

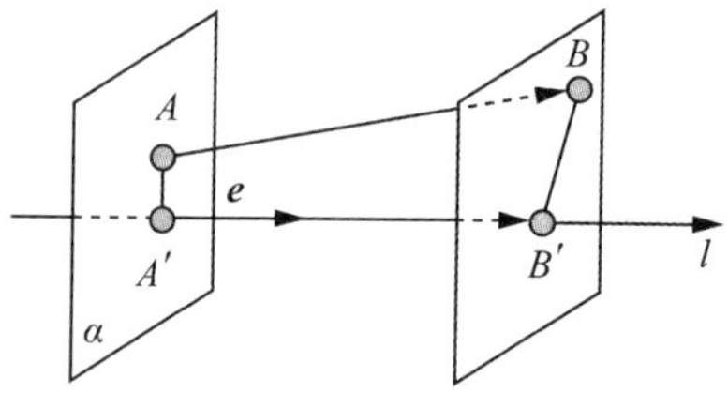

图 1.24

如果在轴上取与轴同方向的单位向量 $\boldsymbol{e}$，那么有

$$射影向量_l\overrightarrow{AB}=\overrightarrow{A'B'}=x\boldsymbol{e}$$

这里的 x 叫做向量$\overrightarrow{AB}$在轴 l 上的射影，记作射影$_l\overrightarrow{AB}$，即

$$射影_l\overrightarrow{AB}=x$$

我们也可以把射影向量$_l\overrightarrow{AB}$与射影$_l\overrightarrow{AB}$分别写作射影向量$_e\overrightarrow{AB}$与射影$_e\overrightarrow{AB}$，并且分别叫做$\overrightarrow{AB}$在向量 $\boldsymbol{e}$ 上的射影向量与$\overrightarrow{AB}$在向量 $\boldsymbol{e}$ 上的射影.

显然，射影$_l\overrightarrow{AB}$的数值与$\overrightarrow{AB}$和轴 l 的夹角（即$\overrightarrow{AB}$和 $\boldsymbol{e}$ 的夹角）的大小有关. 现在来规定两向量的夹角.

定义 1.6.3 设 $\boldsymbol{a},\boldsymbol{b}$ 是两个非零向量，自空间任意点 O 作$\overrightarrow{OA}=\boldsymbol{a}$，$\overrightarrow{OB}=\boldsymbol{b}$（图 1.25）. 由射线 OA 和 OB 构成的在 0 与 π 之间的角叫做向量 $\boldsymbol{a}$ 与 $\boldsymbol{b}$ 的夹角，记做$\angle(\boldsymbol{a},\boldsymbol{b})$.

按规定，若 $\boldsymbol{a}$ 与 $\boldsymbol{b}$ 同向，那么$\angle(\boldsymbol{a},\boldsymbol{b})=0$；如果 $\boldsymbol{a}$ 与 $\boldsymbol{b}$ 反向，那么$\angle(\boldsymbol{a},\boldsymbol{b})=\pi$；如果 $\boldsymbol{a}$ 不平行于 $\boldsymbol{b}$，那么 $0<\angle(\boldsymbol{a},\boldsymbol{b})<\pi$.

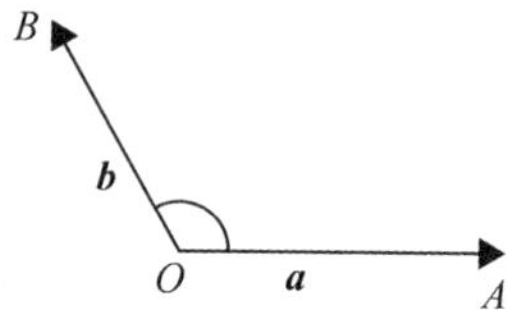

图 1.25

定理 1.6.1 向量$\overrightarrow{AB}$在轴 l 上的射影等于向量的模乘以轴与该向量的夹角的余弦，即

$$射影_l\overrightarrow{AB}=|\overrightarrow{AB}|\cos\theta,\quad \theta=\angle(l,\overrightarrow{AB}) \tag{1.6.1}$$

证明 当 $\theta=\frac{\pi}{2}$ 时，命题显然成立. 当 $\theta\neq\frac{\pi}{2}$ 时，通过 A,B 两点分别作垂直于 l 轴的平面 α,β，它们与轴 l 之间的交点分别是 A',B'，那么$\overrightarrow{A'B'}=$射影向量$_l\overrightarrow{AB}$. 再作$\overrightarrow{A'B_1}=\overrightarrow{AB}$，易知终点 B_1 必在 β 平面上. 因为 $\beta\perp l$，所以 $B_1B'\perp l$，$\triangle A'B'B_1$ 为直角三角形，且$\angle(l,\overrightarrow{A'B_1})=\angle(l,\overrightarrow{AB})=\theta$（图 1.26）. 设 $\boldsymbol{e}$ 为 l 上与 l 同方向的单位向量，那么

$$\overrightarrow{A'B'}=x\boldsymbol{e}$$

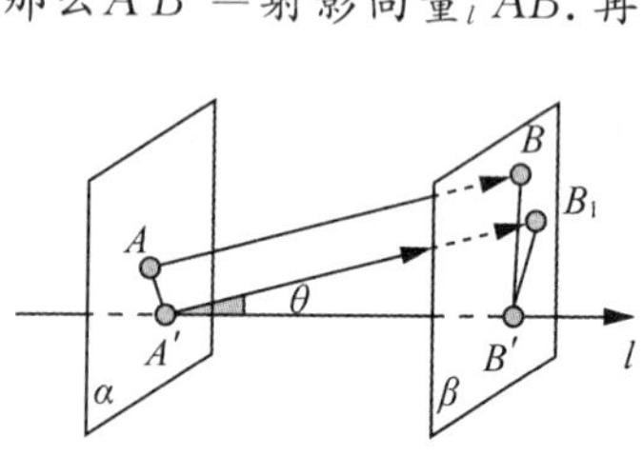

图 1.26

所以

$$x=\text{射影}_l\overrightarrow{AB}$$

当 $0\leqslant\theta\leqslant\frac{\pi}{2}$ 时，$\overrightarrow{A'B'}$ 与 $\boldsymbol{e}$ 同向，

$$x=|\overrightarrow{A'B'}|=|\overrightarrow{A'B_1}|\cos\theta=|\overrightarrow{AB}|\cos\theta$$

当 $\frac{\pi}{2}\leqslant\theta\leqslant\pi$ 时，$\overrightarrow{A'B'}$ 与 $\boldsymbol{e}$ 反向，

$$x=-|\overrightarrow{A'B'}|=-|\overrightarrow{A'B_1}|\cos(\pi-\theta)=|\overrightarrow{AB}|\cos\theta$$

从而当 $0\leqslant\theta\leqslant\pi$ 时，总有

$$\text{射影}_l\overrightarrow{AB}=|\overrightarrow{AB}|\cos\theta$$

推论 相等的向量在同一轴上的射影相等.

定理 1.6.2 对于任意向量 $\boldsymbol{a},\boldsymbol{b}$ 有

$$\text{射影}_l(\boldsymbol{a}+\boldsymbol{b})=\text{射影}_l\boldsymbol{a}+\text{射影}_l\boldsymbol{b}. \tag{1.6.2}$$

证明 取 $\overrightarrow{AB}=\boldsymbol{a}$，$\overrightarrow{BC}=\boldsymbol{b}$，那么 $\overrightarrow{AC}=\boldsymbol{a}+\boldsymbol{b}$（图 1.27）. 设 A',B',C' 分别是 A,B,C 在轴 l 上的射影，那么显然有

$$\overrightarrow{A'C'}=\overrightarrow{A'B'}+\overrightarrow{B'C'}$$

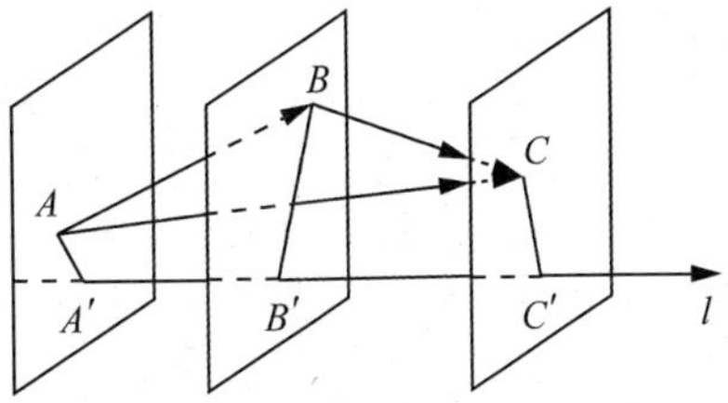

图 1.27

所以

$$\text{射影向量}_l\overrightarrow{AC}=\text{射影向量}_l\overrightarrow{AB}+\text{射影向量}_l\overrightarrow{BC}$$

即

$$(\text{射影}_l\overrightarrow{AC})\boldsymbol{e}=(\text{射影}_l\overrightarrow{AB}+\text{射影}_l\overrightarrow{BC})\boldsymbol{e}$$

其中 $\boldsymbol{e}$ 为轴 l 上与 l 同向量的单位向量. 所以

$$\text{射影}_l\overrightarrow{AC}=\text{射影}_l\overrightarrow{AB}+\text{射影}_l\overrightarrow{BC}$$

即

$$\text{射影}_l(\boldsymbol{a}+\boldsymbol{b})=\text{射影}_l\boldsymbol{a}+\text{射影}_l\boldsymbol{b}$$

定理 1.6.3 对于任意向量 $\boldsymbol{a}$ 与任意实数 λ 有

$$\text{射影}_l(\lambda\boldsymbol{a})=\lambda\,\text{射影}_l\boldsymbol{a} \tag{1.6.3}$$

证明 如果 $\lambda=0$ 或 $\boldsymbol{a}=\boldsymbol{0}$，定理显然成立. 设 $\lambda\neq0$，$\boldsymbol{a}\neq\boldsymbol{0}$，且 $\theta=\angle(l,\boldsymbol{a})$，那么，当 $\lambda>0$ 时，有 $\angle(l,\lambda\boldsymbol{a})=\angle(l,\boldsymbol{a})=\theta$，所以

$$\text{射影}_l(\lambda\boldsymbol{a})=|\lambda\boldsymbol{a}|\cos\theta=\lambda|\boldsymbol{a}|\cos\theta=\lambda\,\text{射影}_l\boldsymbol{a}$$

当 $\lambda<0$ 时，有

$$\angle(l,\lambda\boldsymbol{a})=\pi-\angle(l,\boldsymbol{a})=\pi-\theta$$

所以

$$射影_l(\lambda\boldsymbol{a})=|\lambda\boldsymbol{a}|\cos(\pi-\theta)=\lambda|\boldsymbol{a}|\cos\theta=\lambda\,射影_l\boldsymbol{a}$$

因此，方程(1.6.3)成立.

1.6.2 两向量的数量积

在物理学中，我们知道一个质点在力 $\boldsymbol{f}$ 的作用下，经过位移 $\overrightarrow{PP'}=\boldsymbol{s}$，那么这个力所做的功为

$$W=|\boldsymbol{f}||\boldsymbol{s}|\cos\theta$$

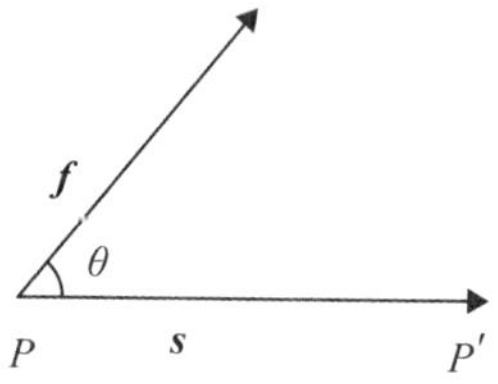

图 1.28

其中 θ 为 $\boldsymbol{f}$ 和 $\boldsymbol{s}$ 的夹角(图 1.28). 这里的功 W 是由向量 $\boldsymbol{f}$ 和 $\boldsymbol{s}$ 按上式确定的一个数量. 类似的情况在其他问题中也常遇到. 这类模型在数学中抽象可得到以下定义.

定义 1.6.4 两个向量 $\boldsymbol{a}$ 和 $\boldsymbol{b}$ 的模和它们夹角余弦的乘积叫做向量 $\boldsymbol{a}$ 和 $\boldsymbol{b}$ 的数量积(也称内积)，记做 $\boldsymbol{a}\cdot\boldsymbol{b}$ 或 $\boldsymbol{ab}$，即

$$\boldsymbol{a}\cdot\boldsymbol{b}=|\boldsymbol{a}||\boldsymbol{b}|\cos\angle(\boldsymbol{a},\boldsymbol{b}) \tag{1.6.4}$$

两向量的数量积是一个数量而不是向量. 特别地，当两向量中有一个为零向量时，例如 $\boldsymbol{b}=\boldsymbol{0}$，那么 $|\boldsymbol{b}|=0$，从而有 $\boldsymbol{a}\cdot\boldsymbol{b}=0$.

当 $\boldsymbol{a},\boldsymbol{b}$ 为两非零向量时，由方程(1.6.1)可得

$$|\boldsymbol{b}|\cos\angle(\boldsymbol{a},\boldsymbol{b})=射影_{\boldsymbol{a}}\boldsymbol{b}$$

$$|\boldsymbol{a}|\cos\angle(\boldsymbol{a},\boldsymbol{b})=射影_{\boldsymbol{b}}\boldsymbol{a}$$

所以，由方程(1.6.4)可得

$$\boldsymbol{a}\cdot\boldsymbol{b}=|\boldsymbol{a}|\,射影_{\boldsymbol{a}}\boldsymbol{b}=|\boldsymbol{b}|\,射影_{\boldsymbol{b}}\boldsymbol{a} \tag{1.6.5}$$

这就是说，两个向量的数量积等于其中一个向量的模与另一个向量在这个向量上射影之积. 特别地，当 $\boldsymbol{b}$ 为单位向量 $\boldsymbol{e}$ 时，有

$$\boldsymbol{a}\cdot\boldsymbol{e}=射影_{\boldsymbol{e}}\boldsymbol{a}$$

根据定义 1.6.4，一个质点在力 $\boldsymbol{f}$ 的作用下，经过位移 $\boldsymbol{s}$ 所做的功可用数量积表示为 $W=\boldsymbol{f}\cdot\boldsymbol{s}$.

1)数量积的性质

由数量积的定义可知，$\boldsymbol{a}\cdot\boldsymbol{a}=|\boldsymbol{a}|^2$. 我们把数量积 $\boldsymbol{a}\cdot\boldsymbol{a}$ 叫做向量 $\boldsymbol{a}$ 的数量平方，并记作 $\boldsymbol{a}^2$，即

$$\boldsymbol{a}^2=|\boldsymbol{a}|^2 \text{ 或 } |\boldsymbol{a}|=\sqrt{\boldsymbol{a}^2}. \tag{1.6.6}$$

此外，当 $\boldsymbol{a}\neq\boldsymbol{0},\boldsymbol{b}\neq\boldsymbol{0}$，我们可以得到两向量的夹角公式

$$\cos\angle(\boldsymbol{a},\boldsymbol{b})=\frac{\boldsymbol{a}\cdot\boldsymbol{b}}{|\boldsymbol{a}||\boldsymbol{b}|} \tag{1.6.7}$$

定理 1.6.4 两向量 $\boldsymbol{a}$ 与 $\boldsymbol{b}$ 相互垂直的充要条件是 $\boldsymbol{a}\cdot\boldsymbol{b}=0$.

证明 当 $\boldsymbol{a}\perp\boldsymbol{b}$ 时，$\cos\angle(\boldsymbol{a},\boldsymbol{b})=0$，于是 $\boldsymbol{a}\cdot\boldsymbol{b}=0$；反过来，当 $\boldsymbol{a}\cdot\boldsymbol{b}=0$ 时，如果 $\boldsymbol{a},\boldsymbol{b}$ 均为非零向量，则由方程(1.6.7)得 $\cos\angle(\boldsymbol{a},\boldsymbol{b})=0$；如果 $\boldsymbol{a},\boldsymbol{b}$ 中有零向量，由于零向量的方向不定，可以把它看成与任意向量垂直，所以有 $\boldsymbol{a}\perp\boldsymbol{b}$，从而定理得证.

下面讨论向量的数量积的运算规律.

定理 1.6.5 向量的数量积满足下面的运算规律

(1) 交换律：$\boldsymbol{a}\cdot\boldsymbol{b}=\boldsymbol{b}\cdot\boldsymbol{a}$； (1.6.8)

(2) 关于数因子的结合律：$(\lambda\boldsymbol{a})\cdot\boldsymbol{b}=\lambda(\boldsymbol{a}\cdot\boldsymbol{b})=\boldsymbol{a}\cdot(\lambda\boldsymbol{b})$； (1.6.9)

(3) 分配律：$(\boldsymbol{a}+\boldsymbol{b})\cdot\boldsymbol{c}=\boldsymbol{a}\cdot\boldsymbol{c}+\boldsymbol{b}\cdot\boldsymbol{c}$； (1.6.10)

(4) $\boldsymbol{a}\cdot\boldsymbol{a}=\boldsymbol{a}^2>0(\boldsymbol{a}\neq\boldsymbol{0})$. (1.6.11)

证明 方程(1.6.8)，(1.6.9)，(1.6.10)中如果有零向量，那么它们显然成立. 下面的证明，假设它们都是非零向量.

(1) $\boldsymbol{a}\cdot\boldsymbol{b}=|\boldsymbol{a}||\boldsymbol{b}|\cos\angle(\boldsymbol{a},\boldsymbol{b})=|\boldsymbol{b}||\boldsymbol{a}|\cos\angle(\boldsymbol{b},\boldsymbol{a})=\boldsymbol{b}\cdot\boldsymbol{a}$.

(2) 若 $\lambda=0$，方程(1.6.9)显然成立；若 $\lambda\neq0$，由方程(1.6.3)和(1.6.5)可得

$$(\lambda\boldsymbol{a})\cdot\boldsymbol{b}=|\boldsymbol{b}|\text{射影}_{\boldsymbol{b}}(\lambda\boldsymbol{a})=|\boldsymbol{b}|(\lambda\,\text{射影}_{\boldsymbol{b}}\boldsymbol{a})=\lambda(|\boldsymbol{b}|\text{射影}_{\boldsymbol{b}}\boldsymbol{a})=\lambda(\boldsymbol{a}\cdot\boldsymbol{b})$$

所以

$$\boldsymbol{a}\cdot(\lambda\boldsymbol{b})=(\lambda\boldsymbol{b})\cdot\boldsymbol{a}=\lambda(\boldsymbol{a}\cdot\boldsymbol{b})=(\lambda\boldsymbol{a})\cdot\boldsymbol{b}$$

(3) 由方程(1.6.2)和(1.6.5)得

$$\begin{aligned}(\boldsymbol{a}+\boldsymbol{b})\cdot\boldsymbol{c}&=|\boldsymbol{c}|\text{射影}_{\boldsymbol{c}}(\boldsymbol{a}+\boldsymbol{b})\\&=|\boldsymbol{c}|(\text{射影}_{\boldsymbol{c}}\boldsymbol{a}+\text{射影}_{\boldsymbol{c}}\boldsymbol{b})\\&=|\boldsymbol{c}|\text{射影}_{\boldsymbol{c}}\boldsymbol{a}+|\boldsymbol{c}|\text{射影}_{\boldsymbol{c}}\boldsymbol{b}\\&=\boldsymbol{a}\cdot\boldsymbol{c}+\boldsymbol{b}\cdot\boldsymbol{c}\end{aligned}$$

所以方程(1.6.10)成立.

(4) 方程(1.6.11)显然成立.

推论 $(\lambda\boldsymbol{a}+\mu\boldsymbol{b})\cdot\boldsymbol{c}=\lambda(\boldsymbol{a}\cdot\boldsymbol{c})+\mu(\boldsymbol{b}\cdot\boldsymbol{c})$.

根据向量的数量积的这些运算规律可知，对于向量数量积的运算，可以像多项式的乘法那样进行展开，例如

$$(\boldsymbol{a}+\boldsymbol{b})\cdot(\boldsymbol{a}-\boldsymbol{b})=\boldsymbol{a}^2-\boldsymbol{b}^2$$

$$(\boldsymbol{a}\pm\boldsymbol{b})^2=\boldsymbol{a}^2\pm2\boldsymbol{a}\cdot\boldsymbol{b}+\boldsymbol{b}^2$$

$$(2\boldsymbol{a}+3\boldsymbol{b})\cdot(\boldsymbol{c}-4\boldsymbol{d})=2\boldsymbol{a}\cdot\boldsymbol{c}+3\boldsymbol{b}\cdot\boldsymbol{c}-8\boldsymbol{a}\cdot\boldsymbol{d}-12\boldsymbol{b}\cdot\boldsymbol{d}$$

2)数量积的坐标表示

设 $\boldsymbol{a}=X_1\boldsymbol{i}+Y_1\boldsymbol{j}+Z_1\boldsymbol{k}$,$\boldsymbol{b}=X_2\boldsymbol{i}+Y_2\boldsymbol{j}+Z_2\boldsymbol{k}$,那么

$$\begin{aligned}\boldsymbol{a}\cdot\boldsymbol{b}&=(X_1\boldsymbol{i}+Y_1\boldsymbol{j}+Z_1\boldsymbol{k})\cdot(X_2\boldsymbol{i}+Y_2\boldsymbol{j}+Z_2\boldsymbol{k})\\&=X_1X_2\boldsymbol{i}\cdot\boldsymbol{i}+X_1Y_2\boldsymbol{i}\cdot\boldsymbol{j}+X_1Z_2\boldsymbol{i}\cdot\boldsymbol{k}\\&\quad+Y_1X_2\boldsymbol{j}\cdot\boldsymbol{i}+Y_1Y_2\boldsymbol{j}\cdot\boldsymbol{j}+Y_1Z_2\boldsymbol{j}\cdot\boldsymbol{k}\\&\quad+Z_1X_2\boldsymbol{k}\cdot\boldsymbol{i}+Z_1Y_2\boldsymbol{k}\cdot\boldsymbol{j}+Z_1Z_2\boldsymbol{k}\cdot\boldsymbol{k}\end{aligned}$$

因为 $\boldsymbol{i},\boldsymbol{j},\boldsymbol{k}$ 是两两相互垂直的单位向量,所以

$$\boldsymbol{i}\cdot\boldsymbol{i}=1,\boldsymbol{j}\cdot\boldsymbol{j}=1,\boldsymbol{k}\cdot\boldsymbol{k}=1,\boldsymbol{i}\cdot\boldsymbol{j}=\boldsymbol{j}\cdot\boldsymbol{i}=\boldsymbol{i}\cdot\boldsymbol{k}=\boldsymbol{k}\cdot\boldsymbol{i}=\boldsymbol{j}\cdot\boldsymbol{k}=\boldsymbol{k}\cdot\boldsymbol{j}=0$$

因而 $\boldsymbol{a}\cdot\boldsymbol{b}=X_1X_2+Y_1Y_2+Z_1Z_2$.

定理 1.6.6 设 $\boldsymbol{a}=X_1\boldsymbol{i}+Y_1\boldsymbol{j}+Z_1\boldsymbol{k}$,$\boldsymbol{b}=X_2\boldsymbol{i}+Y_2\boldsymbol{j}+Z_2\boldsymbol{k}$,那么

$$\boldsymbol{a}\cdot\boldsymbol{b}=X_1X_2+Y_1Y_2+Z_1Z_2$$

由数量积的坐标表示公式,我们可以得到以下推论.

推论 1 设 $\boldsymbol{a}=X\boldsymbol{i}+Y\boldsymbol{j}+Z\boldsymbol{k}$,那么

$$\boldsymbol{a}\cdot\boldsymbol{i}=\text{射影}_{\boldsymbol{i}}\boldsymbol{a}=X,\quad \boldsymbol{a}\cdot\boldsymbol{j}=\text{射影}_{\boldsymbol{j}}\boldsymbol{a}=Y,\quad \boldsymbol{a}\cdot\boldsymbol{k}=\text{射影}_{\boldsymbol{k}}\boldsymbol{a}=Z \tag{1.6.12}$$

推论 2 设 $\boldsymbol{a}=X\boldsymbol{i}+Y\boldsymbol{j}+Z\boldsymbol{k}$,那么

$$|\boldsymbol{a}|=\sqrt{\boldsymbol{a}^2}=\sqrt{X^2+Y^2+Z^2} \tag{1.6.13}$$

推论 3 空间两点 $P_1(x_1,y_1,z_1)$,$P_2(x_2,y_2,z_2)$间的距离是

$$d=|\overrightarrow{P_1P_2}|=\sqrt{(x_2-x_1)^2+(y_2-y_1)^2+(z_2-z_1)^2}$$

设 $\boldsymbol{a}=X_1\boldsymbol{i}+Y_1\boldsymbol{j}+Z_1\boldsymbol{k}$,$\boldsymbol{b}=X_2\boldsymbol{i}+Y_2\boldsymbol{j}+Z_2\boldsymbol{k}$,由方程(1.6.7)可知,两向量的夹角公式在坐标下可以表示为

$$\cos\angle(\boldsymbol{a},\boldsymbol{b})=\frac{\boldsymbol{a}\cdot\boldsymbol{b}}{|\boldsymbol{a}||\boldsymbol{b}|}=\frac{X_1X_2+Y_1Y_2+Z_1Z_2}{\sqrt{X_1^2+Y_1^2+Z_1^2}\sqrt{X_2^2+Y_2^2+Z_2^2}} \tag{1.6.14}$$

从而可得两向量 $\boldsymbol{a},\boldsymbol{b}$ 垂直的充要条件是 $X_1X_2+Y_1Y_2+Z_1Z_2=0$.

3)向量的方向余弦

定义 1.6.5 向量与坐标轴的夹角称为向量的方向角,方向角的余弦称为向量的方向余弦.

设向量 $\boldsymbol{a}$ 的方向角为

$$\alpha=\angle(\boldsymbol{a},\boldsymbol{i}),\quad \beta=\angle(\boldsymbol{a},\boldsymbol{j}),\quad \gamma=\angle(\boldsymbol{a},\boldsymbol{k})$$

其中 $\boldsymbol{i}=\{1,0,0\}$,$\boldsymbol{j}=\{0,1,0\}$,$\boldsymbol{k}=\{0,0,1\}$,则由两向量的夹角公式可以得到以下结果.

定理 1.6.7 非零向量 $\boldsymbol{a}=X\boldsymbol{i}+Y\boldsymbol{j}+Z\boldsymbol{k}$ 的方向余弦是

$$\cos\alpha=\frac{X}{\sqrt{X^2+Y^2+Z^2}}$$

$$\cos\beta=\frac{Y}{\sqrt{X^2+Y^2+Z^2}}$$

$$\cos\gamma=\frac{Z}{\sqrt{X^2+Y^2+Z^2}}$$

显然,向量的方向余弦满足

$$\cos^2\alpha+\cos^2\beta+\cos^2\gamma=1$$

由于

$$\boldsymbol{a}^0=\frac{1}{|\boldsymbol{a}|}\boldsymbol{a}=\left\{\frac{X}{\sqrt{X^2+Y^2+Z^2}},\frac{Y}{\sqrt{X^2+Y^2+Z^2}},\frac{Z}{\sqrt{X^2+Y^2+Z^2}}\right\}$$

所以

$$\boldsymbol{a}^0=\{\cos\alpha,\cos\beta,\cos\gamma\}$$

这就是说,一个向量的单位向量的坐标等于这个向量的方向余弦.

例 1.6.1　已知$|\boldsymbol{a}|=2$,$|\boldsymbol{b}|=3$,$\angle(\boldsymbol{a},\boldsymbol{b})=\frac{2}{3}\pi$,求$\boldsymbol{a}\cdot\boldsymbol{b}$,$(\boldsymbol{a}-2\boldsymbol{b})(\boldsymbol{a}+\boldsymbol{b})$,$|\boldsymbol{a}+\boldsymbol{b}|$,射影$_{\boldsymbol{b}}\boldsymbol{a}$.

解　由两向量的数量积定义得

$$\boldsymbol{a}\cdot\boldsymbol{b}=|\boldsymbol{a}||\boldsymbol{b}|\cos\angle(\boldsymbol{a},\boldsymbol{b})=2\times3\times\cos\frac{2}{3}\pi=2\times3\times\left(-\frac{1}{2}\right)=-3$$

$$\begin{aligned}(\boldsymbol{a}-2\boldsymbol{b})\cdot(\boldsymbol{a}+\boldsymbol{b})&=\boldsymbol{a}\cdot\boldsymbol{a}+\boldsymbol{a}\cdot\boldsymbol{b}-2\boldsymbol{b}\cdot\boldsymbol{a}-2\boldsymbol{b}\cdot\boldsymbol{b}\\&=|\boldsymbol{a}|^2-\boldsymbol{a}\cdot\boldsymbol{b}-2|\boldsymbol{b}|^2=2^2-(-3)-2\times3^2=-11\end{aligned}$$

$$\begin{aligned}|\boldsymbol{a}+\boldsymbol{b}|^2&=(\boldsymbol{a}+\boldsymbol{b})\cdot(\boldsymbol{a}+\boldsymbol{b})=\boldsymbol{a}\cdot\boldsymbol{a}+\boldsymbol{a}\cdot\boldsymbol{b}+\boldsymbol{b}\cdot\boldsymbol{a}+\boldsymbol{b}\cdot\boldsymbol{b}\\&=|\boldsymbol{a}|^2+2\boldsymbol{a}\cdot\boldsymbol{b}+|\boldsymbol{b}|^2=2^2+2\times(-3)+3^2=7\end{aligned}$$

因此

$$|\boldsymbol{a}+\boldsymbol{b}|=\sqrt{7}$$

$$\text{射影}_{\boldsymbol{b}}\boldsymbol{a}=\frac{\boldsymbol{a}\cdot\boldsymbol{b}}{|\boldsymbol{b}|}=-1$$

例 1.6.2　在空间直角坐标系中,设三点$A(5,-4,1)$,$B(3,2,1)$,$C(2,-5,0)$.证明:$\triangle ABC$是直角三角形.

证明　由题意可知

$$\overrightarrow{AB}=\{-2,6,0\},\overrightarrow{AC}=\{-3,-1,-1\}$$

则

$$\overrightarrow{AB}\cdot\overrightarrow{AC}=(-2)\times(-3)+6\times(-1)+0\times(-1)=0$$

所以

$$\overrightarrow{AB}\perp\overrightarrow{AC}$$

即$\triangle ABC$是直角三角形.

习题 1.6

1. 设 $a=2,b=4,\angle(\boldsymbol{a},\boldsymbol{b})=\dfrac{\pi}{3}$,求 $\boldsymbol{a}\cdot\boldsymbol{b},(2\boldsymbol{a}-\boldsymbol{b})\cdot\boldsymbol{b},|\boldsymbol{a}-\boldsymbol{b}|$.

2. 设向量 $\boldsymbol{a},\boldsymbol{b},\boldsymbol{c}$ 两两垂直,且 $|\boldsymbol{a}|=1,|\boldsymbol{b}|=2,|\boldsymbol{c}|=3$,求向量 $\boldsymbol{d}=\boldsymbol{a}+\boldsymbol{b}+\boldsymbol{c}$ 的模及$\angle(\boldsymbol{d},\boldsymbol{a})$.

3. 设 $\boldsymbol{a},\boldsymbol{b},\boldsymbol{c}$ 为单位向量,且满足 $\boldsymbol{a}+\boldsymbol{b}+\boldsymbol{c}=\boldsymbol{0}$,求 $\boldsymbol{a}\cdot\boldsymbol{b}+\boldsymbol{b}\cdot\boldsymbol{c}+\boldsymbol{c}\cdot\boldsymbol{a}$.

4. 在空间直角坐标系中,已知

(1) $\boldsymbol{a}=\{-1,2,3\},\boldsymbol{b}=\{2,-2,1\}$,

(2) $\boldsymbol{a}=\{2,2,0\},\boldsymbol{b}=\{0,2,-2\}$,

求 $\boldsymbol{a}\cdot\boldsymbol{b},2\boldsymbol{a}\cdot 5\boldsymbol{b},|\boldsymbol{a}|,\cos\angle(\boldsymbol{a},\boldsymbol{b})$.

5. 已知三点 $M(1,1,1),A(2,2,1),B(2,1,2)$,求$\angle AMB$.

6. 设已知两点 $A(2,2,\sqrt{2})$和 $B(1,3,0)$,计算向量$\overrightarrow{AB}$的模、方向余弦和方向角.

1.7 两向量的向量积

在物理学中,力矩表示一外力对物体的转动所产生的影响.设一杠杆的一端 O 固定,力 $\boldsymbol{f}$ 作用于杠杆上的点 A 处,$\boldsymbol{f}$ 与$\overrightarrow{OA}$的夹角为θ,则杠杆在 $\boldsymbol{f}$ 的作用下绕 O 点转动,这时可用力矩 $\boldsymbol{m}$ 来描述.力 $\boldsymbol{f}$ 对 O 的力矩 $\boldsymbol{m}$ 是个向量,$\boldsymbol{m}$ 的大小为

$$|\boldsymbol{m}|=|\overrightarrow{OA}|\,|\boldsymbol{f}|\sin\angle(\overrightarrow{OA},\boldsymbol{f})$$

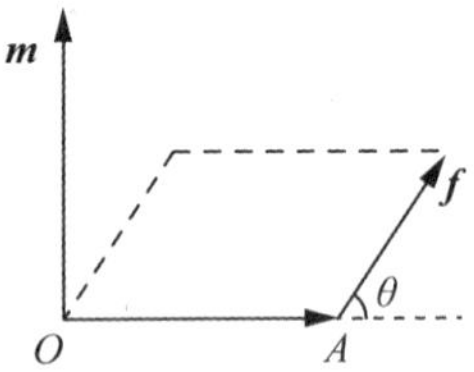

图 1.29

$\boldsymbol{m}$ 的方向与$\overrightarrow{OA}$及 $\boldsymbol{f}$ 都垂直,且$\overrightarrow{OA},\boldsymbol{f},\boldsymbol{m}$ 成右手系(图 1.29).

在实际生活中,我们会经常遇到像这样由两个向量所决定的另一个向量,由此,我们引入两向量的向量积概念.

定义 1.7.1 两向量 $\boldsymbol{a}$ 与 $\boldsymbol{b}$ 的向量积(也称外积或叉积)是一个向量,记为 $\boldsymbol{a}\times\boldsymbol{b}$,它的模为

$$|\boldsymbol{a}\times\boldsymbol{b}|=|\boldsymbol{a}|\,|\boldsymbol{b}|\sin\angle(\boldsymbol{a},\boldsymbol{b})\tag{1.7.1}$$

其方向与 $\boldsymbol{a},\boldsymbol{b}$ 均垂直,且 $\boldsymbol{a},\boldsymbol{b},\boldsymbol{a}\times\boldsymbol{b}$ 成右手系(图 1.30).

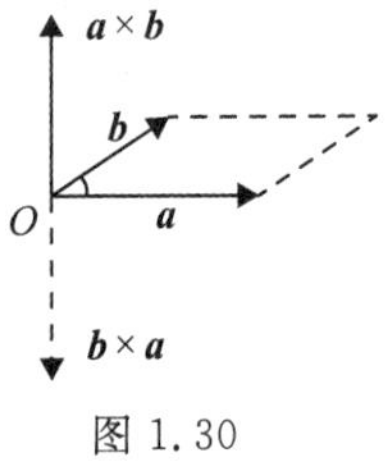

图 1.30

显然,力 $\boldsymbol{f}$ 关于点 O 的力矩可用向量积来表示,$\boldsymbol{m}=\overrightarrow{OA}\times\boldsymbol{f}$.

1)向量积的性质

由于平行四边形的面积等于它两邻边长的乘积再乘以夹角的正弦,则由方程(1.7.1)可以得到向量积模的几何意义.

定理 1.7.1 两不共线向量 $\boldsymbol{a}$ 与 $\boldsymbol{b}$ 向量积的模 $|\boldsymbol{a}\times\boldsymbol{b}|$ 是以 $\boldsymbol{a},\boldsymbol{b}$ 为邻边的平行四边形的面积.

定理 1.7.2 两个向量 $\boldsymbol{a}$ 与 $\boldsymbol{b}$ 共线(平行)的充要条件是它们的向量积为零向量,即

$$\boldsymbol{a}/\!/\boldsymbol{b}\Leftrightarrow\boldsymbol{a}\times\boldsymbol{b}=\boldsymbol{0} \tag{1.7.2}$$

证明 若 $\boldsymbol{a},\boldsymbol{b}$ 有一个为零向量,则 $\boldsymbol{a}/\!/\boldsymbol{b}$,且 $|\boldsymbol{a}\times\boldsymbol{b}|=0$,显然定理成立.若 $\boldsymbol{a},\boldsymbol{b}$ 为非零向量,$\boldsymbol{a}/\!/\boldsymbol{b}$ 的充要条件为 $\sin\angle(\boldsymbol{a},\boldsymbol{b})=0$.由方程(1.7.1)可知 $|\boldsymbol{a}\times\boldsymbol{b}|=0$,从而 $\boldsymbol{a}\times\boldsymbol{b}=\boldsymbol{0}$.

推论 设 $\boldsymbol{a}$ 是任意向量,则 $\boldsymbol{a}\times\boldsymbol{a}=\boldsymbol{0}$.

下面我们讨论向量的向量积的运算性质.

定理 1.7.3 对任意向量 $\boldsymbol{a},\boldsymbol{b},\boldsymbol{c}$ 及任意实数 λ,有

(1) 反交换律:$\boldsymbol{a}\times\boldsymbol{b}=-(\boldsymbol{b}\times\boldsymbol{a})$; (1.7.3)

(2) 与数因子的结合律:$(\lambda\boldsymbol{a})\times\boldsymbol{b}=\lambda(\boldsymbol{a}\times\boldsymbol{b})=\boldsymbol{a}\times(\lambda\boldsymbol{b})$; (1.7.4)

(3) 分配律:$(\boldsymbol{a}+\boldsymbol{b})\times\boldsymbol{c}=\boldsymbol{a}\times\boldsymbol{c}+\boldsymbol{b}\times\boldsymbol{c}$. (1.7.5)

证明 (1) 若 $\boldsymbol{a}/\!/\boldsymbol{b}$,则 $\boldsymbol{a}\times\boldsymbol{b}$ 与 $\boldsymbol{b}\times\boldsymbol{a}$ 都是零向量,因此方程(1.7.3)成立;若 $\boldsymbol{a}$ 与 $\boldsymbol{b}$ 不平行,则

$$|\boldsymbol{a}\times\boldsymbol{b}|=|\boldsymbol{a}||\boldsymbol{b}|\sin\angle(\boldsymbol{a},\boldsymbol{b})=|\boldsymbol{b}||\boldsymbol{a}|\sin\angle(\boldsymbol{b},\boldsymbol{a})=|\boldsymbol{b}\times\boldsymbol{a}|$$

此外,由图 1.31 可知 $\boldsymbol{a}\times\boldsymbol{b}$ 与 $\boldsymbol{b}\times\boldsymbol{a}$ 方向相反,方程(1.7.3)成立.

(2) 若 $\lambda=0$ 或 $\boldsymbol{a}/\!/\boldsymbol{b}$,方程(1.7.4)显然成立.若 $\lambda\neq0$ 且 $\boldsymbol{a}$ 与 $\boldsymbol{b}$ 不平行,由于

$$|(\lambda\boldsymbol{a})\times\boldsymbol{b}|=|\lambda||\boldsymbol{a}||\boldsymbol{b}|\sin\angle(\lambda\boldsymbol{a},\boldsymbol{b})$$
$$|\lambda(\boldsymbol{a}\times\boldsymbol{b})|=|\lambda||\boldsymbol{a}||\boldsymbol{b}|\sin\angle(\boldsymbol{a},\boldsymbol{b})$$
$$|\boldsymbol{a}\times(\lambda\boldsymbol{b})|=|\lambda||\boldsymbol{a}||\boldsymbol{b}|\sin\angle(\boldsymbol{a},\lambda\boldsymbol{b})$$

并且不论 $\lambda>0$ 还是 $\lambda<0$,都有

$$\sin\angle(\lambda\boldsymbol{a},\boldsymbol{b})=\sin\angle(\boldsymbol{a},\boldsymbol{b})=\sin\angle(\boldsymbol{a},\lambda\boldsymbol{b})$$

因此,

$$|(\lambda\boldsymbol{a})\times\boldsymbol{b}|=|\lambda(\boldsymbol{a}\times\boldsymbol{b})|=|\boldsymbol{a}\times(\lambda\boldsymbol{b})|$$

此外,当 $\lambda>0$ 时,$(\lambda\boldsymbol{a})\times\boldsymbol{b}$,$\lambda(\boldsymbol{a}\times\boldsymbol{b})$,$\boldsymbol{a}\times(\lambda\boldsymbol{b})$ 的方向都与 $\boldsymbol{a}\times\boldsymbol{b}$ 的方向相同;当 $\lambda<0$ 时,$(\lambda\boldsymbol{a})\times\boldsymbol{b}$,$\lambda(\boldsymbol{a}\times\boldsymbol{b})$,$\boldsymbol{a}\times(\lambda\boldsymbol{b})$ 的方向都与 $\boldsymbol{a}\times\boldsymbol{b}$ 的方向相反,从而这三个向量的方向相同,所以式(1.7.4)得证.

(3) 设 $\boldsymbol{c}^0$ 是向量 $\boldsymbol{c}$ 的单位向量,则 $\boldsymbol{c}=|\boldsymbol{c}|\boldsymbol{c}^0$,因此

$$(\boldsymbol{a}+\boldsymbol{b})\times\boldsymbol{c}=|\boldsymbol{c}|(\boldsymbol{a}+\boldsymbol{b})\times\boldsymbol{c}^0,\boldsymbol{a}\times\boldsymbol{c}=|\boldsymbol{c}|\boldsymbol{a}\times\boldsymbol{c}^0,\boldsymbol{b}\times\boldsymbol{c}=|\boldsymbol{c}|\boldsymbol{b}\times\boldsymbol{c}^0$$

所以,欲证方程(1.7.5),只需证

$$(\boldsymbol{a}+\boldsymbol{b})\times\boldsymbol{c}^0=\boldsymbol{a}\times\boldsymbol{c}^0+\boldsymbol{b}\times\boldsymbol{c}^0 \tag{1.7.6}$$

下面我们分两步来证明方程(1.7.6).

i) 用作图法表示向量 $\boldsymbol{a}\times\boldsymbol{c}^0$.

设$\overrightarrow{OA}=\boldsymbol{a}$,$\overrightarrow{OE}=\boldsymbol{c}^0$,平面 π 过点 O 且垂直于 $\boldsymbol{c}^0$(图 1.31).设$\angle(\boldsymbol{a},\boldsymbol{c}^0)=\varphi$,$A$ 在平面 π 上的射影为 A_1.将向量$\overrightarrow{OA_1}$在平面 π 内绕 O 依顺时针方向旋转 $90°$(自 $\boldsymbol{c}^0$ 的终点 E 观察平面),得到向量$\overrightarrow{OA_2}$.由于 $\boldsymbol{a}$,$\boldsymbol{c}^0$,$\overrightarrow{OA_1}$共面,于是

$$|\overrightarrow{OA_2}|=|\overrightarrow{OA_1}|=|\boldsymbol{a}|\cos(90°-\varphi)=|\boldsymbol{a}||\boldsymbol{c}^0|\sin\angle(\boldsymbol{a},\boldsymbol{c}^0)$$

而且$\overrightarrow{OA_2}$同时垂直于 $\boldsymbol{a}$ 和 $\boldsymbol{c}^0$,$\{O;\boldsymbol{a},\boldsymbol{c}^0,\overrightarrow{OA_2}\}$又满足右手系,所以由定义 1.7.1 可知

$$\overrightarrow{OA_2}=\boldsymbol{a}\times\boldsymbol{c}^0.$$

ii) 证明$(\boldsymbol{a}+\boldsymbol{b})\times\boldsymbol{c}^0=\boldsymbol{a}\times\boldsymbol{c}^0+\boldsymbol{b}\times\boldsymbol{c}^0$.

如图 1.32 所示,设$\overrightarrow{OE}=\boldsymbol{c}^0$,$\overrightarrow{OA}=\boldsymbol{a}$,$\overrightarrow{AB}=\boldsymbol{b}$,则$\overrightarrow{OB}=\boldsymbol{a}+\boldsymbol{b}$.并设平面 π 过点 O 且垂直于 $\boldsymbol{c}^0$,A_1,B_1 分别是点 A,B 在平面 π 上的射影,将三角形 OA_1B_1 绕 O 依顺时针方向旋转 $90°$(自 $\boldsymbol{c}^0$ 的终点 E 观察平面),得到三角形 OA_2B_2,由 i)的证明可知

$$\overrightarrow{OA_2}=\boldsymbol{a}\times\boldsymbol{c}^0,\overrightarrow{OB_2}=(\boldsymbol{a}+\boldsymbol{b})\times\boldsymbol{c}^0,\overrightarrow{A_2B_2}=\boldsymbol{b}\times\boldsymbol{c}^0$$

由于

$$\overrightarrow{OB_2}=\overrightarrow{OA_2}+\overrightarrow{A_2B_2}$$

所以可得

$$(\boldsymbol{a}+\boldsymbol{b})\times\boldsymbol{c}^0=\boldsymbol{a}\times\boldsymbol{c}^0+\boldsymbol{b}\times\boldsymbol{c}^0$$

方程(1.7.5)证毕.

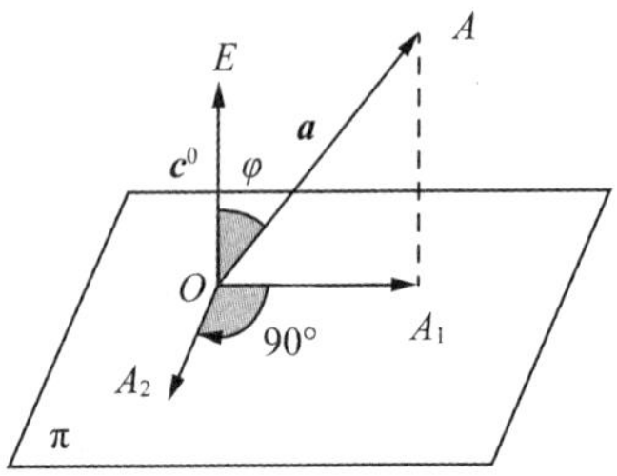

图 1.31

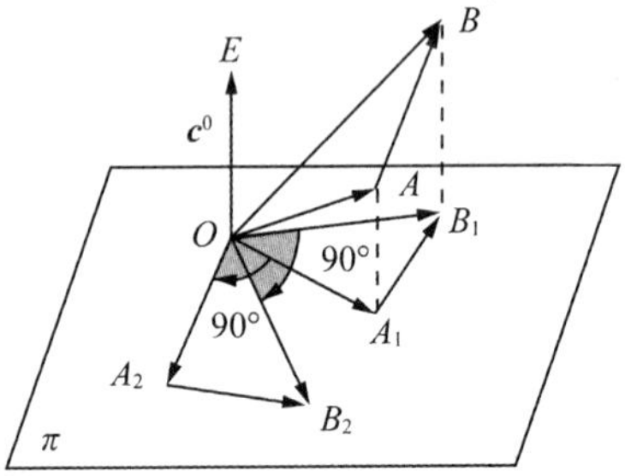

图 1.32

推论 1 $\boldsymbol{c}\times(\boldsymbol{a}+\boldsymbol{b})=\boldsymbol{c}\times\boldsymbol{a}+\boldsymbol{c}\times\boldsymbol{b}$.

证明 $\boldsymbol{c}\times(\boldsymbol{a}+\boldsymbol{b})=-(\boldsymbol{a}+\boldsymbol{b})\times\boldsymbol{c}=-\boldsymbol{a}\times\boldsymbol{c}-\boldsymbol{b}\times\boldsymbol{c}=\boldsymbol{c}\times\boldsymbol{a}+\boldsymbol{c}\times\boldsymbol{b}$.

推论 2 $(\lambda\boldsymbol{a})\times(\mu\boldsymbol{b})=\lambda\mu(\boldsymbol{a}\times\boldsymbol{b})$.

证明 $(\lambda\boldsymbol{a})\times(\mu\boldsymbol{b})=\lambda[\boldsymbol{a}\times(\mu\boldsymbol{b})]=\lambda\mu(\boldsymbol{a}\times\boldsymbol{b})$.

由于向量的向量积满足以上运算性质，所以它与数量积一样，也可像多项式乘法那样进行运算.但必须注意，向量积不满足交换律，而具有反交换律，所以在向量积的运算过程中，若交换向量积的两向量的位置，就必须变号，例如

$$\begin{aligned}(2\boldsymbol{a}-3\boldsymbol{b})\times(\boldsymbol{a}+2\boldsymbol{b})&=(2\boldsymbol{a}-3\boldsymbol{b})\times\boldsymbol{a}+(2\boldsymbol{a}-3\boldsymbol{b})\times(2\boldsymbol{b})\\&=2\boldsymbol{a}\times\boldsymbol{a}-3\boldsymbol{b}\times\boldsymbol{a}+4\boldsymbol{a}\times\boldsymbol{b}-6\boldsymbol{b}\times\boldsymbol{b}\\&=\boldsymbol{0}+3\boldsymbol{a}\times\boldsymbol{b}+4\boldsymbol{a}\times\boldsymbol{b}-\boldsymbol{0}=7\boldsymbol{a}\times\boldsymbol{b}\end{aligned}$$

设$\{O;\boldsymbol{i},\boldsymbol{j},\boldsymbol{k}\}$是右手直角坐标系，则由向量积的运算性质可得

$$\boldsymbol{i}\times\boldsymbol{i}=\boldsymbol{0},\boldsymbol{j}\times\boldsymbol{j}=\boldsymbol{0},\boldsymbol{k}\times\boldsymbol{k}=\boldsymbol{0}$$

并且有

$$\boldsymbol{i}\times\boldsymbol{j}=-\boldsymbol{j}\times\boldsymbol{i}=\boldsymbol{k},\boldsymbol{j}\times\boldsymbol{k}=-\boldsymbol{k}\times\boldsymbol{j}=\boldsymbol{i},\boldsymbol{k}\times\boldsymbol{i}=-\boldsymbol{i}\times\boldsymbol{k}=\boldsymbol{j}$$

2)向量积的直角坐标运算

介绍向量积的直角坐标表示之前，先简单介绍一下二阶行列式与三阶行列式的有关内容.

把四个数排成形如$\begin{vmatrix}x_1 & y_1\\x_2 & y_2\end{vmatrix}$的式子，叫做二阶行列式，其中的每个数叫做行列式的元素，且约定

$$\begin{vmatrix}x_1 & y_1\\x_2 & y_2\end{vmatrix}=x_1y_2-x_2y_1$$

上式等号右边称为二阶行列式的展开式.

把九个数排成形如$\begin{vmatrix}x_1 & y_1 & z_1\\x_2 & y_2 & z_2\\x_3 & y_3 & z_3\end{vmatrix}$的式子，叫做三阶行列式，且约定

$$\begin{vmatrix}x_1 & y_1 & z_1\\x_2 & y_2 & z_2\\x_3 & y_3 & z_3\end{vmatrix}=x_1\begin{vmatrix}y_2 & z_2\\y_3 & z_3\end{vmatrix}-y_1\begin{vmatrix}x_2 & z_2\\x_3 & z_3\end{vmatrix}+z_1\begin{vmatrix}x_2 & y_2\\x_3 & y_3\end{vmatrix}$$

上式等号右边称为三阶行列式按第一行元素展开的展开式.

在空间直角坐标系$\{O;\boldsymbol{i},\boldsymbol{j},\boldsymbol{k}\}$下，设向量$\boldsymbol{a}=X_1\boldsymbol{i}+Y_1\boldsymbol{j}+Z_1\boldsymbol{k},\boldsymbol{b}=X_2\boldsymbol{i}+Y_2\boldsymbol{j}+Z_2\boldsymbol{k}$，则

$$\begin{aligned}\boldsymbol{a}\times\boldsymbol{b}&=(X_1\boldsymbol{i}+Y_1\boldsymbol{j}+Z_1\boldsymbol{k})\times(X_2\boldsymbol{i}+Y_2\boldsymbol{j}+Z_2\boldsymbol{k})\\&=X_1X_2(\boldsymbol{i}\times\boldsymbol{i})+X_1Y_2(\boldsymbol{i}\times\boldsymbol{j})+X_1Z_2(\boldsymbol{i}\times\boldsymbol{k})\end{aligned}$$

$$\begin{aligned}&+Y_1X_2(\boldsymbol{j}\times\boldsymbol{i})+Y_1Y_2(\boldsymbol{j}\times\boldsymbol{j})+Y_1Z_2(\boldsymbol{j}\times\boldsymbol{k})\\&+Z_1X_2(\boldsymbol{k}\times\boldsymbol{i})+Z_1Y_2(\boldsymbol{k}\times\boldsymbol{j})+Z_1Z_2(\boldsymbol{k}\times\boldsymbol{k})\\=&(X_1Y_2-Y_1X_2)(\boldsymbol{i}\times\boldsymbol{j})+(Y_1Z_2-Z_1Y_2)(\boldsymbol{j}\times\boldsymbol{k})\\&-(X_1Z_2-Z_1X_2)(\boldsymbol{k}\times\boldsymbol{i})\\=&(Y_1Z_2-Z_1Y_2)\boldsymbol{i}-(X_1Z_2-Z_1X_2)\boldsymbol{j}+(X_1Y_2-Y_1X_2)\boldsymbol{k}\end{aligned}$$

为了便于记忆,结合前面介绍的二阶行列式及三阶行列式,我们有

$$\boldsymbol{a}\times\boldsymbol{b}=\begin{vmatrix}Y_1&Z_1\\Y_2&Z_2\end{vmatrix}\boldsymbol{i}-\begin{vmatrix}X_1&Z_1\\X_2&Z_2\end{vmatrix}\boldsymbol{j}+\begin{vmatrix}X_1&Y_1\\X_2&Y_2\end{vmatrix}\boldsymbol{k}\tag{1.7.7}$$

$$=\begin{vmatrix}\boldsymbol{i}&\boldsymbol{j}&\boldsymbol{k}\\X_1&Y_1&Z_1\\X_2&Y_2&Z_2\end{vmatrix}\tag{1.7.8}$$

例 1.7.1 设向量 $\boldsymbol{a}=\{1,-2,-1\}$,$\boldsymbol{b}=\{2,0,1\}$,求 $\boldsymbol{a}\times\boldsymbol{b}$ 的坐标.

解 $$\boldsymbol{a}\times\boldsymbol{b}=\begin{vmatrix}\boldsymbol{i}&\boldsymbol{j}&\boldsymbol{k}\\1&-2&-1\\2&0&1\end{vmatrix}=\begin{vmatrix}-2&-1\\0&1\end{vmatrix}\boldsymbol{i}-\begin{vmatrix}1&-1\\2&1\end{vmatrix}\boldsymbol{j}+\begin{vmatrix}1&-2\\2&0\end{vmatrix}\boldsymbol{k}$$

$$=-2\boldsymbol{i}-3\boldsymbol{j}+4\boldsymbol{k}$$

因此,$\boldsymbol{a}\times\boldsymbol{b}$ 的直角坐标为 $\{-2,-3,4\}$.

例 1.7.2 在空间直角坐标系中,设点 $A(4,-1,2)$,$B(1,2,-2)$,$C(2,0,1)$,求 $\triangle ABC$ 的面积,并求 AB 边上的高.

解 由两向量积的模的几何意义知,以 $\overrightarrow{AB}$,$\overrightarrow{AC}$ 为邻边的平行四边形的面积为 $|\overrightarrow{AB}\times\overrightarrow{AC}|$. 由于

$$\overrightarrow{AB}=\{-3,3,-4\},\overrightarrow{AC}=\{-2,1,-1\}$$

因此

$$\overrightarrow{AB}\times\overrightarrow{AC}=\begin{vmatrix}\boldsymbol{i}&\boldsymbol{j}&\boldsymbol{k}\\-3&3&4\\-2&1&1\end{vmatrix}=\boldsymbol{i}+5\boldsymbol{j}+3\boldsymbol{k}$$

所以

$$|\overrightarrow{AB}\times\overrightarrow{AC}|=\sqrt{1^2+5^2+3^2}=\sqrt{35}$$

故 $\triangle ABC$ 的面积为

$$S_{\triangle ABC}=\frac{\sqrt{35}}{2}$$

此外,由于 $|\overrightarrow{AB}|=\sqrt{34}$,所以 AB 边上的高为

$$h=\frac{35\sqrt{34}}{34}$$

习题 1.7

1. 设 $\boldsymbol{a}=\{2,1,-1\}$，$\boldsymbol{b}=\{1,-1,2\}$，求 $\boldsymbol{a}\times\boldsymbol{b}$ 的坐标.

2. 已知：$|\boldsymbol{a}|=3$，$|\boldsymbol{b}|=4$，$\angle(\boldsymbol{a},\boldsymbol{b})=\frac{\pi}{2}$，求 $|(3\boldsymbol{a}-\boldsymbol{b})\times(\boldsymbol{a}-2\boldsymbol{b})|$.

3. 在空间直角坐标系中，设向量 $\boldsymbol{a}=\{3,0,2\}$，$\boldsymbol{b}=\{-1,1,-1\}$，求同时垂直于向量 $\boldsymbol{a}$ 与 $\boldsymbol{b}$ 的单位向量.

4. 已知三角形 ABC 的顶点分别是 $A(1,2,3)$，$B(3,4,5)$，$C(2,4,7)$，求三角形 ABC 的面积及 AB 边上的高.

5. 用向量方法证明三角形正弦定理

$$\frac{a}{\sin A}=\frac{b}{\sin B}=\frac{c}{\sin C}$$

1.8 三向量的混合积

我们已经讨论了两个向量的数量积和向量积，在这个基础上，我们来研究三个向量的乘积. 三个向量 $\boldsymbol{a},\boldsymbol{b},\boldsymbol{c}$ 的乘积有三种类型：$(\boldsymbol{a}\cdot\boldsymbol{b})\boldsymbol{c}$，$(\boldsymbol{a}\times\boldsymbol{b})\cdot\boldsymbol{c}$，$(\boldsymbol{a}\times\boldsymbol{b})\times\boldsymbol{c}$，其中 $(\boldsymbol{a}\cdot\boldsymbol{b})\boldsymbol{c}$ 是与 $\boldsymbol{c}$ 共线的向量，不必再讨论. 这一节我们先讨论 $(\boldsymbol{a}\times\boldsymbol{b})\cdot\boldsymbol{c}$ 的几何意义及其性质，下一节再讨论 $(\boldsymbol{a}\times\boldsymbol{b})\times\boldsymbol{c}$.

定义 1.8.1 两个向量 $\boldsymbol{a}$ 与 $\boldsymbol{b}$ 的向量积 $\boldsymbol{a}\times\boldsymbol{b}$ 再与第三个向量 $\boldsymbol{c}$ 作数量积，所得到的数 $(\boldsymbol{a}\times\boldsymbol{b})\cdot\boldsymbol{c}$ 叫做三向量 $\boldsymbol{a},\boldsymbol{b},\boldsymbol{c}$ 的混合积，记作 $(\boldsymbol{a},\boldsymbol{b},\boldsymbol{c})$ 或 $(\boldsymbol{abc})$.

1) 混合积的性质

我们先讨论混合积的几何意义.

设 $\boldsymbol{a},\boldsymbol{b},\boldsymbol{c}$ 是三个不共面的向量，那么把它们归结到共同的始点 O 可构成以 $\boldsymbol{a},\boldsymbol{b},\boldsymbol{c}$ 为棱的平行六面体(图 1.33). 设它的高 $|\overrightarrow{OH}|=h$，它的底面是以 $\boldsymbol{a},\boldsymbol{b}$ 为边的平行四边形，底面面积为 $S=|\boldsymbol{a}\times\boldsymbol{b}|$，于是平行六面体的体积 $V=Sh$. 由数量积的定义知

$$(\boldsymbol{a}\times\boldsymbol{b})\cdot\boldsymbol{c}=|\boldsymbol{a}\times\boldsymbol{b}|\,|\boldsymbol{c}|\cos\theta=S\cdot|\boldsymbol{c}|\cos\theta$$

其中 θ 是向量 $\boldsymbol{a}\times\boldsymbol{b}$ 与向量 $\boldsymbol{c}$ 的夹角.

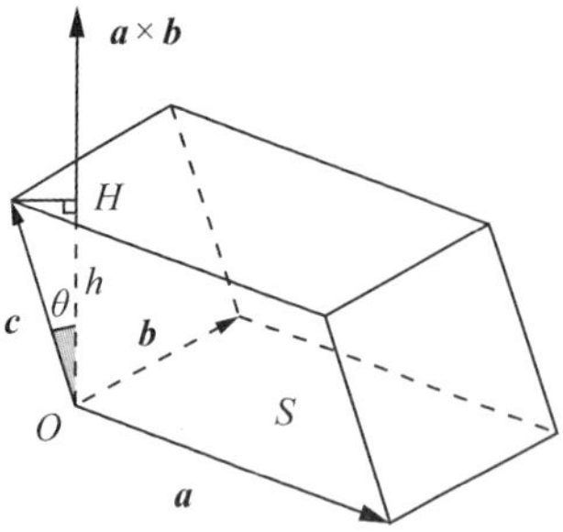

(a)

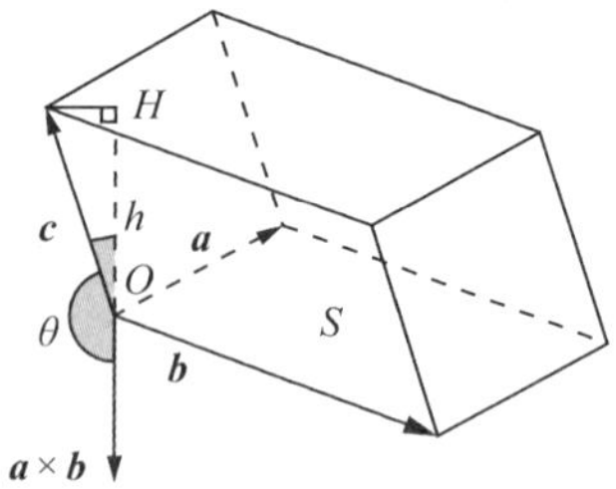

(b)

图 1.33

当$\{O;\boldsymbol{a},\boldsymbol{b},\boldsymbol{c}\}$成右手系时，由图 1.33(a)可知，$0\leqslant\theta\leqslant\frac{\pi}{2}$，$h=|\boldsymbol{c}|\cos\theta$，于是

$$(\boldsymbol{a}\times\boldsymbol{b})\cdot\boldsymbol{c}=Sh=V$$

当$\{O;\boldsymbol{a},\boldsymbol{b},\boldsymbol{c}\}$成左手系时，由图 1.33(b)可知，$\frac{\pi}{2}<\theta\leqslant\pi$，$h=|\boldsymbol{c}|\cos(\pi-\theta)=-|\boldsymbol{c}|\cos\theta$，于是

$$(\boldsymbol{a}\times\boldsymbol{b})\cdot\boldsymbol{c}=-Sh=-V$$

由此可得混合积绝对值的几何意义：

定理 1.8.1 三个不共面的向量 $\boldsymbol{a},\boldsymbol{b},\boldsymbol{c}$ 的混合积的绝对值等于以 $\boldsymbol{a},\boldsymbol{b},\boldsymbol{c}$ 为棱的平行六面体的体积.

定理 1.8.2 三向量 $\boldsymbol{a},\boldsymbol{b},\boldsymbol{c}$ 共面的充要条件为$(\boldsymbol{a},\boldsymbol{b},\boldsymbol{c})=0$.

证明 若 $\boldsymbol{a}/\!/\boldsymbol{b}$ 或 $\boldsymbol{c}=\boldsymbol{0}$，显然 $\boldsymbol{a},\boldsymbol{b},\boldsymbol{c}$ 共面，且有$(\boldsymbol{a},\boldsymbol{b},\boldsymbol{c})=0$. 下面证明 $\boldsymbol{a},\boldsymbol{b}$ 不共线且 $\boldsymbol{c}\neq\boldsymbol{0}$ 时，定理也成立.

必要性：设 $\boldsymbol{a},\boldsymbol{b},\boldsymbol{c}$ 共面，由向量积的概念知 $\boldsymbol{a}\times\boldsymbol{b}\perp\boldsymbol{a}$，$\boldsymbol{a}\times\boldsymbol{b}\perp\boldsymbol{b}$，于是 $\boldsymbol{a}\times\boldsymbol{b}\perp\boldsymbol{c}$，所以$(\boldsymbol{a},\boldsymbol{b},\boldsymbol{c})=(\boldsymbol{a}\times\boldsymbol{b})\cdot\boldsymbol{c}=0$.

充分性：设$(\boldsymbol{a},\boldsymbol{b},\boldsymbol{c})=(\boldsymbol{a}\times\boldsymbol{b})\cdot\boldsymbol{c}=0$，则 $\boldsymbol{a}\times\boldsymbol{b}\perp\boldsymbol{c}$. 又由于 $\boldsymbol{a}\times\boldsymbol{b}\perp\boldsymbol{a}$，$\boldsymbol{a}\times\boldsymbol{b}\perp\boldsymbol{b}$，因此 $\boldsymbol{a},\boldsymbol{b},\boldsymbol{c}$ 共面.

混合积有以下运算性质.

定理 1.8.3 轮换混合积的三个因子 $\boldsymbol{a},\boldsymbol{b},\boldsymbol{c}$ 的位置，混合积的值不变；对调任意两因子向量的位置，混合积变号.

证明 若三向量 $\boldsymbol{a},\boldsymbol{b},\boldsymbol{c}$ 共面，显然

$$(\boldsymbol{a},\boldsymbol{b},\boldsymbol{c})=(\boldsymbol{b},\boldsymbol{c},\boldsymbol{a})=(\boldsymbol{c},\boldsymbol{a},\boldsymbol{b})=(\boldsymbol{b},\boldsymbol{a},\boldsymbol{c})=(\boldsymbol{c},\boldsymbol{b},\boldsymbol{a})=(\boldsymbol{a},\boldsymbol{c},\boldsymbol{b})=0$$

定理显然成立.

若三向量 $\boldsymbol{a},\boldsymbol{b},\boldsymbol{c}$ 不共面，设 V 是以 $\boldsymbol{a},\boldsymbol{b},\boldsymbol{c}$ 为棱的平行六面体的体积，则 $\boldsymbol{a},\boldsymbol{b},\boldsymbol{c}$

的混合积等于$\pm V$，正负号由$\boldsymbol{a},\boldsymbol{b},\boldsymbol{c}$构成右手系还是左手系而定. 由于轮换因子时，旋转方向不变，所以混合积的值不变；当互换其中的两个因子时，旋转方向改变，所以混合积变号，即

$$(\boldsymbol{a},\boldsymbol{b},\boldsymbol{c})=(\boldsymbol{b},\boldsymbol{c},\boldsymbol{a})=(\boldsymbol{c},\boldsymbol{a},\boldsymbol{b})=-(\boldsymbol{b},\boldsymbol{a},\boldsymbol{c})=-(\boldsymbol{c},\boldsymbol{b},\boldsymbol{a})=-(\boldsymbol{a},\boldsymbol{c},\boldsymbol{b})$$

推论 $(\boldsymbol{a}\times\boldsymbol{b})\cdot\boldsymbol{c}=\boldsymbol{a}\cdot(\boldsymbol{b}\times\boldsymbol{c})$.

证明 $(\boldsymbol{a}\times\boldsymbol{b})\cdot\boldsymbol{c}=(\boldsymbol{a},\boldsymbol{b},\boldsymbol{c})=(\boldsymbol{b},\boldsymbol{c},\boldsymbol{a})=\boldsymbol{a}\cdot(\boldsymbol{b}\times\boldsymbol{c})$.

例 1.8.1 $(\lambda\boldsymbol{a},\boldsymbol{b},\boldsymbol{c})=\lambda(\boldsymbol{a},\boldsymbol{b},\boldsymbol{c})$.

证明 $(\lambda\boldsymbol{a},\boldsymbol{b},\boldsymbol{c})=\lambda\boldsymbol{a}\cdot(\boldsymbol{b}\times\boldsymbol{c})=\lambda(\boldsymbol{a}\cdot(\boldsymbol{b}\times\boldsymbol{c}))=\lambda(\boldsymbol{a},\boldsymbol{b},\boldsymbol{c})$.

例 1.8.2 $(\boldsymbol{a}_1+\boldsymbol{a}_2,\boldsymbol{b},\boldsymbol{c})=(\boldsymbol{a}_1,\boldsymbol{b},\boldsymbol{c})+(\boldsymbol{a}_2,\boldsymbol{b},\boldsymbol{c})$.

证明
$$\begin{aligned}(\boldsymbol{a}_1+\boldsymbol{a}_2,\boldsymbol{b},\boldsymbol{c})&=((\boldsymbol{a}_1+\boldsymbol{a}_2)\times\boldsymbol{b})\cdot\boldsymbol{c}=(\boldsymbol{a}_1\times\boldsymbol{b}+\boldsymbol{a}_2\times\boldsymbol{b})\cdot\boldsymbol{c}\\&=(\boldsymbol{a}_1\times\boldsymbol{b})\cdot\boldsymbol{c}+(\boldsymbol{a}_2\times\boldsymbol{b})\cdot\boldsymbol{c}\\&=(\boldsymbol{a}_1,\boldsymbol{b},\boldsymbol{c})+(\boldsymbol{a}_2,\boldsymbol{b},\boldsymbol{c})\end{aligned}$$

例 1.8.3 设$\boldsymbol{a},\boldsymbol{b},\boldsymbol{c}$为三个不共面的向量，试求向量$\boldsymbol{d}$关于$\boldsymbol{a},\boldsymbol{b},\boldsymbol{c}$的分解式.

解 由于$\boldsymbol{a},\boldsymbol{b},\boldsymbol{c}$不共面，由定理1.4.3可得

$$\boldsymbol{d}=x\boldsymbol{a}+y\boldsymbol{b}+z\boldsymbol{c}\tag{1.8.1}$$

由于$(\boldsymbol{b}\times\boldsymbol{c})\cdot\boldsymbol{b}=0$，$(\boldsymbol{b}\times\boldsymbol{c})\cdot\boldsymbol{c}=0$，因此方程(1.8.1)两边同时点乘$\boldsymbol{b}\times\boldsymbol{c}$，于是有

$$(\boldsymbol{d},\boldsymbol{b},\boldsymbol{c})=x(\boldsymbol{a},\boldsymbol{b},\boldsymbol{c})$$

由于$\boldsymbol{a},\boldsymbol{b},\boldsymbol{c}$不共面，所以$(\boldsymbol{a},\boldsymbol{b},\boldsymbol{c})\neq0$，从而

$$x=\frac{(\boldsymbol{d},\boldsymbol{b},\boldsymbol{c})}{(\boldsymbol{a},\boldsymbol{b},\boldsymbol{c})}.$$

同理，在方程(1.8.1)两边同时点乘$\boldsymbol{c}\times\boldsymbol{a}$，可得$y=\dfrac{(\boldsymbol{a},\boldsymbol{d},\boldsymbol{c})}{(\boldsymbol{a},\boldsymbol{b},\boldsymbol{c})}$；在方程(1.8.1)两边同时点乘$\boldsymbol{a}\times\boldsymbol{b}$，可得$z=\dfrac{(\boldsymbol{a},\boldsymbol{b},\boldsymbol{d})}{(\boldsymbol{a},\boldsymbol{b},\boldsymbol{c})}$，从而

$$\boldsymbol{d}=\frac{(\boldsymbol{d},\boldsymbol{b},\boldsymbol{c})}{(\boldsymbol{a},\boldsymbol{b},\boldsymbol{c})}\boldsymbol{a}+\frac{(\boldsymbol{a},\boldsymbol{d},\boldsymbol{c})}{(\boldsymbol{a},\boldsymbol{b},\boldsymbol{c})}\boldsymbol{b}+\frac{(\boldsymbol{a},\boldsymbol{b},\boldsymbol{d})}{(\boldsymbol{a},\boldsymbol{b},\boldsymbol{c})}\boldsymbol{c}$$

2) 混合积的坐标表示

在空间直角坐标系$\{O;\boldsymbol{i},\boldsymbol{j},\boldsymbol{k}\}$下，设向量$\boldsymbol{a}=X_1\boldsymbol{i}+Y_1\boldsymbol{j}+Z_1\boldsymbol{k}$，$\boldsymbol{b}=X_2\boldsymbol{i}+Y_2\boldsymbol{j}+Z_2\boldsymbol{k}$，$\boldsymbol{c}=X_3\boldsymbol{i}+Y_3\boldsymbol{j}+Z_3\boldsymbol{k}$，下面给出混合积$(\boldsymbol{a}\times\boldsymbol{b})\cdot\boldsymbol{c}$的坐标表达式. 由向量积坐标表达式(1.7.7)和(1.7.8)，可得

$$\boldsymbol{a}\times\boldsymbol{b}=\begin{vmatrix}\boldsymbol{i}&\boldsymbol{j}&\boldsymbol{k}\\X_1&Y_1&Z_1\\X_2&Y_2&Z_2\end{vmatrix}=\begin{vmatrix}Y_1&Z_1\\Y_2&Z_2\end{vmatrix}\boldsymbol{i}-\begin{vmatrix}X_1&Z_1\\X_2&Z_2\end{vmatrix}\boldsymbol{j}+\begin{vmatrix}X_1&Y_1\\X_2&Y_2\end{vmatrix}\boldsymbol{k}$$

从而

$$(\boldsymbol{a}\times\boldsymbol{b})\cdot\boldsymbol{c}=\begin{vmatrix}Y_1 & Z_1\\ Y_2 & Z_2\end{vmatrix}X_3-\begin{vmatrix}X_1 & Z_1\\ X_2 & Z_2\end{vmatrix}Y_3+\begin{vmatrix}X_1 & Y_1\\ X_2 & Y_2\end{vmatrix}Z_3$$

$$=\begin{vmatrix}X_1 & Y_1 & Z_1\\ X_2 & Y_2 & Z_2\\ X_3 & Y_3 & Z_3\end{vmatrix}$$

定理 1.8.4 向量 $\boldsymbol{a}=X_1\boldsymbol{i}+Y_1\boldsymbol{j}+Z_1\boldsymbol{k}$，$\boldsymbol{b}=X_2\boldsymbol{i}+Y_2\boldsymbol{j}+Z_2\boldsymbol{k}$，$\boldsymbol{c}=X_3\boldsymbol{i}+Y_3\boldsymbol{j}+Z_3\boldsymbol{k}$ 的混合积为

$$(\boldsymbol{a},\boldsymbol{b},\boldsymbol{c})=\begin{vmatrix}X_1 & Y_1 & Z_1\\ X_2 & Y_2 & Z_2\\ X_3 & Y_3 & Z_3\end{vmatrix}$$

由定理 1.8.2 及定理 1.8.4 可得以下定理.

定理 1.8.5 三向量 $\boldsymbol{a}\{X_1,Y_1,Z_1\}$，$\boldsymbol{b}\{X_2,Y_2,Z_2\}$，$\boldsymbol{c}\{X_3,Y_3,Z_3\}$ 共面的充要条件为

$$\begin{vmatrix}X_1 & Y_1 & Z_1\\ X_2 & Y_2 & Z_2\\ X_3 & Y_3 & Z_3\end{vmatrix}=0 \tag{1.8.2}$$

推论 四个点 $A(x_1,y_1,z_1)$，$B(x_2,y_2,z_2)$，$C(x_3,y_3,z_3)$，$D(x_4,y_4,z_4)$ 共面的充要条件为

$$\begin{vmatrix}x_2-x_1 & y_2-y_1 & z_2-z_1\\ x_3-x_1 & y_3-y_1 & z_3-z_1\\ x_4-x_1 & y_4-y_1 & z_4-z_1\end{vmatrix}=0$$

例 1.8.4 试判断四点 $A(0,0,0)$，$B(6,0,6)$，$C(4,3,0)$，$D(2,-1,3)$ 是否共面，若不共面试求四面体 $ABCD$ 的体积.

解 因为 $\overrightarrow{AB}=\{6,0,6\}$，$\overrightarrow{AC}=\{4,3,0\}$，$\overrightarrow{AD}=\{2,-1,3\}$，且

$$(\overrightarrow{AB},\overrightarrow{AC},\overrightarrow{AD})=\begin{vmatrix}6 & 0 & 6\\ 4 & 3 & 0\\ 2 & -1 & 3\end{vmatrix}=-6\neq 0$$

所以，向量 $\overrightarrow{AB}$，$\overrightarrow{AC}$，$\overrightarrow{AD}$ 不共面，从而点 A,B,C,D 不共面. 因此，由立体几何的知识，得四面体 $ABCD$ 的体积

$$V=\frac{1}{6}\left|(\overrightarrow{AB},\overrightarrow{AC},\overrightarrow{AD})\right|=1$$

习题 1.8

1. 证明$(\boldsymbol{a}+\boldsymbol{b},\boldsymbol{b}+\boldsymbol{c},\boldsymbol{c}+\boldsymbol{a})=2(\boldsymbol{a},\boldsymbol{b},\boldsymbol{c})$.

2. 已知直角坐标系内 A,B,C,D,判断它们是否共面;若不共面,求以它们为顶点的四面体的体积.

(1) $A(0,0,1),B(1,1,1),C(2,2,-3),D(-3,-3,5)$;

(2) $A(0,0,0),B(3,4,5),C(1,2,3),D(9,14,16)$.

3. 判断下列向量组是否共面?

(1) $\boldsymbol{a}=\{1,-1,2\},\boldsymbol{b}=\{-2,2,-4\},\boldsymbol{c}=\{1,2,-1\}$;

(2) $\boldsymbol{a}=\{1,1,1\},\boldsymbol{b}=\{1,2,-3\},\boldsymbol{c}=\{0,-1,2\}$.

1.9 三向量的双重向量积

定义 1.9.1 三个向量 $\boldsymbol{a},\boldsymbol{b},\boldsymbol{c}$ 的双重向量积是指$(\boldsymbol{a}\times\boldsymbol{b})\times\boldsymbol{c}$,即先做 $\boldsymbol{a},\boldsymbol{b}$ 的向量积 $\boldsymbol{a}\times\boldsymbol{b}$,再做 $\boldsymbol{a}\times\boldsymbol{b}$ 与 $\boldsymbol{c}$ 的向量积.

注意,向量的双重向量积仍是一个向量.

下面我们给出双重向量积的计算公式.

定理 1.9.1 $(\boldsymbol{a}\times\boldsymbol{b})\times\boldsymbol{c}=(\boldsymbol{a}\cdot\boldsymbol{c})\boldsymbol{b}-(\boldsymbol{b}\cdot\boldsymbol{c})\boldsymbol{a}$. (1.9.1)

证明 若 $\boldsymbol{a},\boldsymbol{b},\boldsymbol{c}$ 中有一个为零向量,或 $\boldsymbol{a},\boldsymbol{b}$ 共线,方程(1.9.1)显然成立.现在设 $\boldsymbol{a},\boldsymbol{b},\boldsymbol{c}$ 均为非零向量,且 $\boldsymbol{a},\boldsymbol{b}$ 不共线,由于

$$[(\boldsymbol{a}\times\boldsymbol{b})\times\boldsymbol{c}]\perp\boldsymbol{a}\times\boldsymbol{b},\quad \boldsymbol{a}\perp\boldsymbol{a}\times\boldsymbol{b},\quad \boldsymbol{b}\perp\boldsymbol{a}\times\boldsymbol{b}$$

因此,三向量$(\boldsymbol{a}\times\boldsymbol{b})\times\boldsymbol{c},\boldsymbol{a},\boldsymbol{b}$ 共面,则由定理 1.4.2 知,存在唯一的实数 λ,μ,使得

$$(\boldsymbol{a}\times\boldsymbol{b})\times\boldsymbol{c}=\lambda\boldsymbol{a}+\mu\boldsymbol{b} \tag{1.9.2}$$

因此,我们只需确定参数 λ,μ 的表达式即可完成定理的证明.

设 $\boldsymbol{a}=X_1\boldsymbol{i}+Y_1\boldsymbol{j}+Z_1\boldsymbol{k},\boldsymbol{b}=X_2\boldsymbol{i}+Y_2\boldsymbol{j}+Z_2\boldsymbol{k},\boldsymbol{c}=X_3\boldsymbol{i}+Y_3\boldsymbol{j}+Z_3\boldsymbol{k}$,则

$$\begin{aligned}\boldsymbol{a}\times\boldsymbol{b}&=\begin{vmatrix}Y_1 & Z_1\\ Y_2 & Z_2\end{vmatrix}\boldsymbol{i}-\begin{vmatrix}X_1 & Z_1\\ X_2 & Z_2\end{vmatrix}\boldsymbol{j}+\begin{vmatrix}X_1 & Y_1\\ X_2 & Y_2\end{vmatrix}\boldsymbol{k}\\&=(Y_1Z_2-Z_1Y_2)\boldsymbol{i}-(X_1Z_2-Z_1X_2)\boldsymbol{j}+(X_1Y_2-Y_1X_2)\boldsymbol{k}\end{aligned}$$

因而有

$$(\boldsymbol{a}\times\boldsymbol{b})\times\boldsymbol{c}=\begin{vmatrix}\boldsymbol{i} & \boldsymbol{j} & \boldsymbol{k}\\ Y_1Z_2-Z_1Y_2 & Z_1X_2-X_1Z_2 & X_1Y_2-Y_1X_2\\ X_3 & Y_3 & Z_3\end{vmatrix}$$

设$(\boldsymbol{a}\times\boldsymbol{b})\times\boldsymbol{c}=\{X,Y,Z\}$,则

$$\begin{aligned} X &= (Z_1X_2 - X_1Z_2)Z_3 - (X_1Y_2 - Y_1X_2)Y_3 \\ &= (Y_1Y_3 + Z_1Z_3)X_2 - (Y_2Y_3 + Z_2Z_3)X_1 \\ &= (X_1X_3 + Y_1Y_3 + Z_1Z_3)X_2 - (X_2X_3 + Y_2Y_3 + Z_2Z_3)X_1 \\ &= (\boldsymbol{a}\cdot\boldsymbol{c})X_2 - (\boldsymbol{b}\cdot\boldsymbol{c})X_1 \end{aligned}$$

同理可得

$$Y = (\boldsymbol{a}\cdot\boldsymbol{c})Y_2 - (\boldsymbol{b}\cdot\boldsymbol{c})Y_1$$

$$Z = (\boldsymbol{a}\cdot\boldsymbol{c})Z_2 - (\boldsymbol{b}\cdot\boldsymbol{c})Z_1$$

因此,

$$\begin{aligned} (\boldsymbol{a}\times\boldsymbol{b})\times\boldsymbol{c} &= X\boldsymbol{i} + Y\boldsymbol{j} + Z\boldsymbol{k} \\ &= (\boldsymbol{a}\cdot\boldsymbol{c})(X_2\boldsymbol{i} + Y_2\boldsymbol{j} + Z_2\boldsymbol{k}) - (\boldsymbol{b}\cdot\boldsymbol{c})(X_1\boldsymbol{i} + Y_1\boldsymbol{j} + Z_1\boldsymbol{k}) \\ &= (\boldsymbol{a}\cdot\boldsymbol{c})\boldsymbol{b} - (\boldsymbol{b}\cdot\boldsymbol{c})\boldsymbol{a} \end{aligned}$$

注意,一般情况下,$(\boldsymbol{a}\times\boldsymbol{b})\times\boldsymbol{c} \neq \boldsymbol{a}\times(\boldsymbol{b}\times\boldsymbol{c})$. 事实上,

$$\boldsymbol{a}\times(\boldsymbol{b}\times\boldsymbol{c}) = -(\boldsymbol{b}\times\boldsymbol{c})\times\boldsymbol{a} = (\boldsymbol{a}\cdot\boldsymbol{c})\boldsymbol{b} - (\boldsymbol{a}\cdot\boldsymbol{b})\boldsymbol{c} \qquad (1.9.3)$$

因此,一般情况下,向量积不满足结合律.

由方程(1.9.1)和(1.9.3)知,三个向量的双重向量积等于中间的向量和其余两个向量数量积的乘积,减去括号中另一个向量和其余两个向量数量积的乘积.

例 1.9.1 试证:$(\boldsymbol{a}\times\boldsymbol{b})\times\boldsymbol{c} + (\boldsymbol{b}\times\boldsymbol{c})\times\boldsymbol{a} + (\boldsymbol{c}\times\boldsymbol{a})\times\boldsymbol{b} = \boldsymbol{0}$.

证明 由双重向量积的分解公式,得

$$(\boldsymbol{a}\times\boldsymbol{b})\times\boldsymbol{c} = (\boldsymbol{a}\cdot\boldsymbol{c})\boldsymbol{b} - (\boldsymbol{b}\cdot\boldsymbol{c})\boldsymbol{a}$$

$$(\boldsymbol{b}\times\boldsymbol{c})\times\boldsymbol{a} = (\boldsymbol{b}\cdot\boldsymbol{a})\boldsymbol{c} - (\boldsymbol{c}\cdot\boldsymbol{a})\boldsymbol{b}$$

$$(\boldsymbol{c}\times\boldsymbol{a})\times\boldsymbol{b} = (\boldsymbol{c}\cdot\boldsymbol{b})\boldsymbol{a} - (\boldsymbol{a}\cdot\boldsymbol{b})\boldsymbol{c}$$

上述三式相加,可得$(\boldsymbol{a}\times\boldsymbol{b})\times\boldsymbol{c} + (\boldsymbol{b}\times\boldsymbol{c})\times\boldsymbol{a} + (\boldsymbol{c}\times\boldsymbol{a})\times\boldsymbol{b} = \boldsymbol{0}$.

例 1.9.2 证明拉格朗日恒等式

$$(\boldsymbol{a}\times\boldsymbol{b})\cdot(\boldsymbol{c}\times\boldsymbol{d}) = \begin{vmatrix} \boldsymbol{a}\cdot\boldsymbol{c} & \boldsymbol{a}\cdot\boldsymbol{d} \\ \boldsymbol{b}\cdot\boldsymbol{c} & \boldsymbol{b}\cdot\boldsymbol{d} \end{vmatrix}$$

证明

$$\begin{aligned} (\boldsymbol{a}\times\boldsymbol{b})\cdot(\boldsymbol{c}\times\boldsymbol{d}) &= (\boldsymbol{a},\boldsymbol{b},\boldsymbol{c}\times\boldsymbol{d}) = (\boldsymbol{c}\times\boldsymbol{d},\boldsymbol{a},\boldsymbol{b}) \\ &= ((\boldsymbol{c}\times\boldsymbol{d})\times\boldsymbol{a})\cdot\boldsymbol{b} \\ &= ((\boldsymbol{c}\cdot\boldsymbol{a})\boldsymbol{d} - (\boldsymbol{d}\cdot\boldsymbol{a})\boldsymbol{c})\cdot\boldsymbol{b} \\ &= (\boldsymbol{a}\cdot\boldsymbol{c})(\boldsymbol{b}\cdot\boldsymbol{d}) - (\boldsymbol{a}\cdot\boldsymbol{d})(\boldsymbol{b}\cdot\boldsymbol{c}) \\ &= \begin{vmatrix} \boldsymbol{a}\cdot\boldsymbol{c} & \boldsymbol{a}\cdot\boldsymbol{d} \\ \boldsymbol{b}\cdot\boldsymbol{c} & \boldsymbol{b}\cdot\boldsymbol{d} \end{vmatrix} \end{aligned}$$

习题 1.9

1. 证明$(\boldsymbol{a}\times\boldsymbol{b})\times(\boldsymbol{c}\times\boldsymbol{d})=(\boldsymbol{a},\boldsymbol{b},\boldsymbol{d})\boldsymbol{c}-(\boldsymbol{a},\boldsymbol{b},\boldsymbol{c})\boldsymbol{d}=(\boldsymbol{c},\boldsymbol{d},\boldsymbol{a})\boldsymbol{b}-(\boldsymbol{c},\boldsymbol{d},\boldsymbol{b})\boldsymbol{a}$.

2. 在直角坐标系下，向量 $\boldsymbol{a}=\{1,0,-1\}$，$\boldsymbol{b}=\{1,-2,0\}$，$\boldsymbol{c}=\{-1,2,1\}$，求$(\boldsymbol{a}\times\boldsymbol{b})\times\boldsymbol{c}$，$\boldsymbol{a}\times(\boldsymbol{b}\times\boldsymbol{c})$.

小　结

解析几何是用代数的方法研究几何问题，从而使几何问题代数化. 本章是空间解析几何具体问题研究的基础，主要给出向量的各种运算性质及运算规律，并简单介绍这些运算性质可以解决的几何问题.

1. 基本概念

(1) 向量：具有大小和方向的量.

(2) 向量的模：向量的长度.

(3) 单位向量：模等于 1 的向量.

(4) 零向量：模等于 0，方向任意的向量.

(5) 相等向量：长度相等，方向相同的向量.

(6) 反向量：长度相等，方向相反的向量.

(7) 自由向量：可以任意平行移动的向量.

(8) 共线向量：在同一直线上或平行直线的向量.

(9) 共面向量：在同一平面上或平行平面的向量.

2. 向量的线性运算

1) 加法(减法)

(1) 运算法则：三角形法则；平行四边形法则.

(2) 运算规律：

$\boldsymbol{a}+\boldsymbol{b}=\boldsymbol{b}+\boldsymbol{a}$；

$(\boldsymbol{a}+\boldsymbol{b})+\boldsymbol{c}=\boldsymbol{a}+(\boldsymbol{b}+\boldsymbol{c})$；

$\boldsymbol{a}+(-\boldsymbol{a})=\boldsymbol{0}$；

$\boldsymbol{a}+\boldsymbol{0}=\boldsymbol{a}$.

(3) 向量的分解

2) 数乘向量

(1) 运算法则：$\lambda\boldsymbol{a}$ 的模是 $\boldsymbol{a}$ 的模的 $|\lambda|$ 倍，即 $|\lambda\boldsymbol{a}|=|\lambda||\boldsymbol{a}|$，且当 $\lambda>0$ 时，$\lambda\boldsymbol{a}$ 与 $\boldsymbol{a}$ 同向；当 $\lambda<0$ 时，$\lambda\boldsymbol{a}$ 与 $\boldsymbol{a}$ 反向；当 $\lambda=0$ 时，$\lambda\boldsymbol{a}=\boldsymbol{0}$.

(2) 运算规律：

$1\boldsymbol{a}=\boldsymbol{a}$；

$\lambda(\mu\boldsymbol{a})=(\lambda\mu)\boldsymbol{a}$；

$(\lambda+\mu)\boldsymbol{a}=\lambda\boldsymbol{a}+\mu\boldsymbol{a}$；

$\lambda(\boldsymbol{a}+\boldsymbol{b})=\lambda\boldsymbol{a}+\lambda\boldsymbol{b}$.

3. 向量的乘法

1) 数量积

(1) 定义：$\boldsymbol{a}\cdot\boldsymbol{b}=|\boldsymbol{a}||\boldsymbol{b}|\cos\angle(\boldsymbol{a},\boldsymbol{b})$.

(2) 运算规律：

$\boldsymbol{a}\cdot\boldsymbol{b}=\boldsymbol{b}\cdot\boldsymbol{a}$；

$(\lambda\boldsymbol{a})\cdot\boldsymbol{b}=\lambda(\boldsymbol{a}\cdot\boldsymbol{b})=\boldsymbol{a}\cdot(\lambda\boldsymbol{b})$；

$(\boldsymbol{a}+\boldsymbol{b})\cdot\boldsymbol{c}=\boldsymbol{a}\cdot\boldsymbol{c}+\boldsymbol{b}\cdot\boldsymbol{c}$；

$\boldsymbol{a}\cdot\boldsymbol{a}=\boldsymbol{a}^2>0(\boldsymbol{a}\neq\boldsymbol{0})$.

2) 向量积

(1) 定义：两向量 $\boldsymbol{a}$ 与 $\boldsymbol{b}$ 的向量积 $\boldsymbol{a}\times\boldsymbol{b}$ 是一个向量，它的模为 $|\boldsymbol{a}\times\boldsymbol{b}|=|\boldsymbol{a}||\boldsymbol{b}|\sin\angle(\boldsymbol{a},\boldsymbol{b})$，其方向与 $\boldsymbol{a},\boldsymbol{b}$ 均垂直，且 $\boldsymbol{a},\boldsymbol{b},\boldsymbol{a}\times\boldsymbol{b}$ 成右手系.

(2) 运算规律：

$\boldsymbol{a}\times\boldsymbol{b}=-(\boldsymbol{b}\times\boldsymbol{a})$；

$(\lambda\boldsymbol{a})\times\boldsymbol{b}=\lambda(\boldsymbol{a}\times\boldsymbol{b})=\boldsymbol{a}\times(\lambda\boldsymbol{b})$；

$(\boldsymbol{a}+\boldsymbol{b})\times\boldsymbol{c}=\boldsymbol{a}\times\boldsymbol{c}+\boldsymbol{b}\times\boldsymbol{c}$.

3) 混合积

(1) 定义：$(\boldsymbol{a},\boldsymbol{b},\boldsymbol{c})=(\boldsymbol{a}\times\boldsymbol{b})\cdot\boldsymbol{c}$.

(2) 运算规律：
$$\begin{aligned}(\boldsymbol{a},\boldsymbol{b},\boldsymbol{c})&=(\boldsymbol{b},\boldsymbol{c},\boldsymbol{a})\\&=(\boldsymbol{c},\boldsymbol{a},\boldsymbol{b})=-(\boldsymbol{b},\boldsymbol{a},\boldsymbol{c})\\&=-(\boldsymbol{c},\boldsymbol{b},\boldsymbol{a})=-(\boldsymbol{a},\boldsymbol{c},\boldsymbol{b}).\end{aligned}$$

4) 双重向量积

(1) 定义：$(\boldsymbol{a}\times\boldsymbol{b})\times\boldsymbol{c}$.

(2) 运算公式：$\boldsymbol{a}\times(\boldsymbol{b}\times\boldsymbol{c})=-(\boldsymbol{b}\times\boldsymbol{c})\times\boldsymbol{a}=(\boldsymbol{a}\cdot\boldsymbol{c})\boldsymbol{b}-(\boldsymbol{a}\cdot\boldsymbol{b})\boldsymbol{c}$.

4. 向量的坐标表示

令 $\boldsymbol{a}=\{X_1,Y_1,Z_1\}$， $\boldsymbol{b}=\{X_2,Y_2,Z_2\}$， $\boldsymbol{c}=\{X_3,Y_3,Z_3\}$.

1) 线性运算

$$\lambda\boldsymbol{a}+\mu\boldsymbol{b}=\{\lambda X_1+\mu X_2,\lambda Y_1+\mu Y_2,\lambda Z_1+\mu Z_2\}$$

2）乘法运算

$$\boldsymbol{a}\cdot\boldsymbol{b}=X_1X_2+Y_1Y_2+Z_1Z_2$$

$$\boldsymbol{a}\times\boldsymbol{b}=\begin{vmatrix}\boldsymbol{i} & \boldsymbol{j} & \boldsymbol{k}\\ X_1 & Y_1 & Z_1\\ X_2 & Y_2 & Z_2\end{vmatrix}$$

$$(\boldsymbol{a}\times\boldsymbol{b})\cdot\boldsymbol{c}=\begin{vmatrix}X_1 & Y_1 & Z_1\\ X_2 & Y_2 & Z_2\\ X_3 & Y_3 & Z_3\end{vmatrix}$$

5. 两向量的关系

1）夹角：$\cos\angle(\boldsymbol{a},\boldsymbol{b})=\dfrac{\boldsymbol{a}\cdot\boldsymbol{b}}{|\boldsymbol{a}||\boldsymbol{b}|}=\dfrac{X_1X_2+Y_1Y_2+Z_1Z_2}{\sqrt{X_1^2+Y_1^2+Z_1^2}\sqrt{X_2^2+Y_2^2+Z_2^2}}$.

2）垂直：$\boldsymbol{a}\cdot\boldsymbol{b}=0$，$X_1X_2+Y_1Y_2+Z_1Z_2=0$.

3）共线：$\boldsymbol{a}=\lambda\boldsymbol{b}(\boldsymbol{b}\neq\boldsymbol{0})$，或$\dfrac{X_1}{X_2}=\dfrac{Y_1}{Y_2}=\dfrac{Z_1}{Z_2}$，或 $\boldsymbol{a}\times\boldsymbol{b}=\boldsymbol{0}$.

6. 几个基本问题

1）求面积或体积

(1) 平行四边形 $ABCD$ 的面积：

$$S=|\overrightarrow{AB}\times\overrightarrow{AD}|$$

(2) 平行六面体 $ABCDA_1B_1C_1D_1$ 的体积：

$$V=|(\overrightarrow{AB}\times\overrightarrow{AD})\cdot\overrightarrow{AA_1}|=|(\overrightarrow{AB},\overrightarrow{AD},\overrightarrow{AA_1})|$$

2）三向量共面的充要条件

$$(\boldsymbol{a}\times\boldsymbol{b})\cdot\boldsymbol{c}=0\text{，或}\begin{vmatrix}X_1 & Y_1 & Z_1\\ X_2 & Y_2 & Z_2\\ X_3 & Y_3 & Z_3\end{vmatrix}=0\text{，或 }\boldsymbol{c}=\lambda\boldsymbol{a}+\mu\boldsymbol{b}(\boldsymbol{a},\boldsymbol{b}\text{ 不平行}).$$

2　平面与直线

平面与直线是空间中最简单的曲面和曲线. 在本章,我们用向量法和坐标法相结合来建立平面和直线的方程,同时研究它们之间的位置关系与度量关系.

2.1　平面的方程

2.1.1　平面的点法式方程

在空间中,若给定一个点 M_0 和一个非零向量 $\boldsymbol{n}$,则通过点 M_0 且与向量 $\boldsymbol{n}$ 垂直的平面 π 也唯一确定. 我们称与平面 π 垂直的非零向量 $\boldsymbol{n}$ 为平面 π 的法向量.

取空间直角坐标系 $\{O;\boldsymbol{i},\boldsymbol{j},\boldsymbol{k}\}$,设平面 π 通过点 $M_0(x_0,y_0,z_0)$,平面的法向量为 $\boldsymbol{n}=\{A,B,C\}$,我们来推导平面 π 的方程.

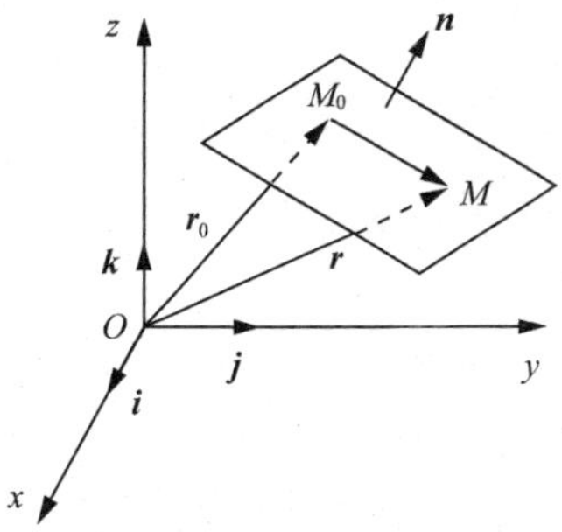

图 2.1

设 $M(x,y,z)$ 为平面 π 上的任意一点(图 2.1),点 M 和 M_0 的位置向量分别为 $\overrightarrow{OM}=\boldsymbol{r}=\{x,y,z\}$,$\overrightarrow{OM_0}=\boldsymbol{r}_0=\{x_0,y_0,z_0\}$,则点 M 在平面 π 上的充要条件是: $\overrightarrow{M_0M}\perp\boldsymbol{n}$,即

$$\boldsymbol{n}\cdot\overrightarrow{M_0M}=0$$

也就是

$$\boldsymbol{n}\cdot(\boldsymbol{r}-\boldsymbol{r}_0)=0 \tag{2.1.1}$$

用坐标表示就是

$$A(x-x_0)+B(y-y_0)+C(z-z_0)=0 \tag{2.1.2}$$

方程(2.1.1)和(2.1.2)称为平面的点法式方程. 将(2.1.2)整理得

$$Ax+By+Cz+D=0(\text{其中 } D=-(Ax_0+By_0+Cz_0))$$

容易发现,在平面 π 的方程中,一次项 x,y,z 的系数恰为它法向量的坐标.

例 2.1.1　原点在平面 π 上的正投影为 $P(2,3,-2)$,求平面 π 的方程.

解　平面 π 过定点 $P(2,3,-2)$,它的一个法向量为 $\boldsymbol{n}=\overrightarrow{OP}=\{2,3,-2\}$,所以平面 π 的点法式方程为: $2(x-2)+3(y-3)-2(z+2)=0$,化简整理得所求平面 π 的方程为 $2x+3y-2z-17=0$.

例 2.1.2 已知两点 $M_1(7,-1,0)$ 与 $M_2(-1,-3,4)$，求线段 M_1M_2 垂直平分面 π 的方程.

解 因为向量 $\overrightarrow{M_1M_2}=\{-8,-2,4\}=-2\{4,1,-2\}$ 垂直于平面 π，所以平面 π 的一个法向量为 $\boldsymbol{n}=\{4,1,-2\}$.

所求平面 π 又通过 M_1M_2 的中点 $M_0(3,-2,2)$，因此平面 π 的点法式方程为

$$4(x-3)+(y+2)-2(z-2)=0$$

化简整理得所求平面 π 的方程为

$$4x+y-2z-6=0$$

2.1.2 平面的一般式方程

因为空间任一平面都可以由它所过的定点 $M_0(x_0,y_0,z_0)$ 和它的法向量 $\boldsymbol{n}=\{A,B,C\}$ 所确定，从而任一平面的方程都可以用点法式方程(2.1.2)来表示，即

$$A(x-x_0)+B(y-y_0)+C(z-z_0)=0$$

其中，$A^2+B^2+C^2\neq 0$，这是因为法向量 $\boldsymbol{n}\neq\boldsymbol{0}$. 若令 $D=-(Ax_0+By_0+Cz_0)$，整理上式得

$$Ax+By+Cz+D=0 \quad (A^2+B^2+C^2\neq 0) \tag{2.1.3}$$

这说明，空间任一平面都可以用关于 x,y,z 的三元一次方程来表示.

反过来，可以证明，对于任一关于变元 x,y,z 的三元一次方程(2.1.3)，它总表示一个空间平面.

事实上，因为 A,B,C 不全为零，不失一般性，可设 $C\neq 0$，那么(2.1.3)可以改写为

$$A(x-0)+B(y-0)+C\left[z-\left(-\frac{D}{C}\right)\right]=0$$

它表示通过点 $M_0\left(0,0,-\frac{D}{C}\right)$，且法向量为 $\boldsymbol{n}=\{A,B,C\}$ 的平面. 综上，我们证明了关于空间中平面的基本定理：

定理 2.1.1 空间中任一平面的方程都可以表示成一个关于变元 x,y,z 的一次方程；反过来，每一个关于变元 x,y,z 的一次方程都表示一个平面.

方程(2.1.3)叫做平面的一般式方程，其中一次项系数 A,B,C 有一个显而易见的几何意义，它们是该平面的一个法向量的坐标.

当平面的一般式方程(2.1.3)中某些系数或常数项为零时，平面对于坐标系具有某种特殊的位置关系.

(1) $D=0$，平面方程(2.1.3)变为 $Ax+By+Cz=0$，此时原点 $(0,0,0)$ 满足方程，因此平面过原点；反之，当平面(2.1.3)通过原点时，显然有 $D=0$，所以平面

(2.1.3)通过原点的充要条件是 $D=0$.

(2) 一次项系数 A,B,C 中有一个为零,例如 $A=0$,此时平面(2.1.3)的方程变为 $By+Cz+D=0$,平面(2.1.3)的法向量为$\boldsymbol{n}=\{0,B,C\}$.法向量$\boldsymbol{n}$显然与 x 轴的坐标向量$\boldsymbol{i}=\{1,0,0\}$垂直,从而平面(2.1.3)与 x 轴平行,具体又分两种情况:

① $D=0$,平面(2.1.3)平行于 x 轴且通过坐标原点,则平面(2.1.3)通过 x 轴.

② $D\neq0$,平面(2.1.3)平行于 x 轴且不通过坐标原点,则平面(2.1.3)平行于 x 轴.

反过来,容易证明,当平面(2.1.3)通过 x 轴时,有 $A=D=0$;当平面(2.1.3)平行于 x 轴时,有 $A=0$ 且 $D\neq0$.因此,平面(2.1.3)通过 x 轴的充要条件是 $A=D=0$;平面(2.1.3)平行于 x 轴的充要条件是 $A=0$ 且 $D\neq0$.

对于 $B=0$ 或 $C=0$ 的情况,可得出类似的结论.

(3) 一次项系数 A,B,C 中有两个为零,例如 $A=B=0$,我们由(1),(2)立刻可得下面的结论:

$A=B=0$,且 $D=0\Leftrightarrow$平面(2.1.3)就是 xOy 坐标面;

$A=B=0$,且 $D\neq0\Leftrightarrow$平面(2.1.3)平行于 xOy 坐标面.

对于 $B=C=0$ 或 $A=C=0$,有类似的结论.

根据上面的讨论,为了方便使用,我们归纳如下:

1° $D=0$,则平面(2.1.3)方程为 $Ax+By+Cz=0$,平面(2.1.3)过原点.

$$D=0\Rightarrow\begin{cases}A=0,\text{平面过 } x \text{ 轴}\\B=0,\text{平面过 } y \text{ 轴}\\C=0,\text{平面过 } z \text{ 轴}\end{cases}\Rightarrow\begin{cases}A=B=0,xOy\text{ 平面}\\A=C=0,xOz\text{ 平面}\\B=C=0,yOz\text{ 平面}\end{cases}$$

$$2^\circ\quad D\neq0\Rightarrow\begin{cases}A=0,\text{平面平行 } x \text{ 轴}\\B=0,\text{平面平行 } y \text{ 轴}\\C=0,\text{平面平行 } z \text{ 轴}\end{cases}\Rightarrow\begin{cases}A=B=0,\text{平面平行 } xOy\text{ 平面}\\A=C=0,\text{平面平行 } xOz\text{ 平面}\\B=C=0,\text{平面平行 } yOz\text{ 平面}\end{cases}$$

例 2.1.3　写出坐标平面 xOy,yOz,xOz 的一般式方程.

解　根据以上的讨论可知,坐标平面 xOy,yOz,xOz 的一般式方程分别为:坐标平面 xOy:$z=0$;坐标平面 yOz:$x=0$;坐标平面 xOz:$y=0$.

例 2.1.4　已知一平面平行于 x 轴,且通过点 $P(0,4,-3)$和 $Q(1,-2,6)$,求此平面的方程.

解　因为平面平行于 x 轴,故可设它的方程为

$$By+Cz+D=0$$

又因为平面通过 P,Q 两点,所以

$$\begin{cases}4B-3C+D=0\\-2B+6C+D=0\end{cases}$$

解此方程组,得

$$B:C:D=3:2:(-6)$$

从而所求平面的方程为 $3y+2z-6=0$.

2.1.3 平面的点位式方程

在空间中,不共线的三点或两条相交直线确定一个平面.从向量的观点来看,通过一点 M_0 且平行于两个不共线的向量 $\boldsymbol{a}$ 和 $\boldsymbol{b}$ 的平面是唯一确定的.与平面 π 平行的任意一对不共线的向量 $\boldsymbol{a}$ 和 $\boldsymbol{b}$,称为平面 π 的一对方位向量.

设平面通过定点 $M_0(x_0,y_0,z_0)$,平面 π 的一对方位向量为 $\boldsymbol{a}=\{X_1,Y_1,Z_1\}$ 和 $\boldsymbol{b}=\{X_2,Y_2,Z_2\}$.下面我们来推导平面 π 的方程.

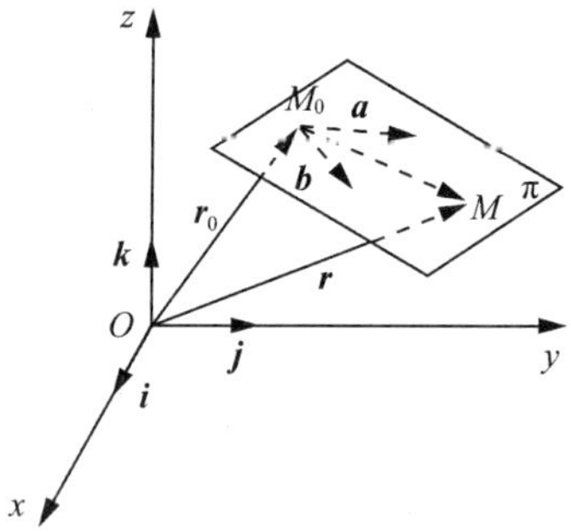

图 2.2

设 $M(x,y,z)$ 是平面上任意一点,点 M_0 和 M 的位置向量分别为 $\overrightarrow{OM_0}=\boldsymbol{r}_0=\{x_0,y_0,z_0\}$ 和 $\overrightarrow{OM}=\boldsymbol{r}=\{x,y,z\}$(图 2.2).由于平面和向量 $\boldsymbol{a},\boldsymbol{b}$ 平行,所以点 $M\in$ 平面 π 的充要条件是:$\overrightarrow{MM_0}$ 与 $\boldsymbol{a},\boldsymbol{b}$ 共面.又因为 $\boldsymbol{a}$ 和 $\boldsymbol{b}$ 不共线,故存在实数 u,v,使得

$$\overrightarrow{MM_0}=u\boldsymbol{a}+v\boldsymbol{b}$$

因为 $\overrightarrow{MM_0}=\boldsymbol{r}-\boldsymbol{r}_0$,所以

$$\boldsymbol{r}-\boldsymbol{r}_0=u\boldsymbol{a}+v\boldsymbol{b}$$

即

$$\boldsymbol{r}=\boldsymbol{r}_0+u\boldsymbol{a}+v\boldsymbol{b}\quad(u,v\in\mathbb{R})\tag{2.1.4}$$

方程(2.1.4)称为平面的向量式参数方程,其中 $u,v\in\mathbb{R}$ 为参数.将向量 $\boldsymbol{r},\boldsymbol{r}_0,\boldsymbol{a},\boldsymbol{b}$ 的坐标代入方程(2.1.4),得

$$\begin{cases}x=x_0+uX_1+vX_2\\ y=y_0+uY_1+vY_2\ (u,v\in\mathbb{R})\\ z=z_0+uZ_1+vZ_2\end{cases}\tag{2.1.5}$$

方程(2.1.5)称为平面的坐标式参数方程.

动点 $M\in$ 平面 π 的充要条件($\overrightarrow{MM_0}$ 与 $\boldsymbol{a},\boldsymbol{b}$ 共面)又可以表示为

$$(\overrightarrow{MM_0},\boldsymbol{a},\boldsymbol{b})=0$$

即

$$(\boldsymbol{r}-\boldsymbol{r}_0,\boldsymbol{a},\boldsymbol{b})=0\tag{2.1.6}$$

改写为坐标的形式,得

$$\begin{vmatrix} x-x_0 & y-y_0 & z-z_0 \\ X_1 & Y_1 & Z_1 \\ X_2 & Y_2 & Z_2 \end{vmatrix}=0 \tag{2.1.7}$$

方程(2.1.4),(2.1.5),(2.1.6),(2.1.7)都是在已知平面的一个定点和一对方位向量的几何条件下求得的,统称为平面的点位式方程.

例 2.1.5 已知平面 π 通过点 $M_1(3,2,-4)$ 和 $M_2(1,3,-1)$,且平行于向量 $\{0,2,-1\}$,求平面的坐标式参数方程和一般式方程.

解 平面 π 通过点 M_1 和 M_2,显然向量 $\overrightarrow{M_1M_2}$ 平行于平面 π. 又向量 $\{0,2,-1\}$ 平行于平面 π,故可取平面 π 的一对方位向量为

$$\boldsymbol{a}=\overrightarrow{M_1M_2}=\{-2,1,3\}, \quad \boldsymbol{b}=\{0,2,-1\}$$

取平面 π 通过的定点为 $M_1(3,2,-4)$,则根据点位式的坐标式参数方程(2.1.5),得

$$\begin{cases} x=3-2u \\ y=2+u+2v \quad (u,v\in \mathbb{R}) \\ z=-4+3u-v \end{cases}$$

根据点位式方程(2.1.7),得

$$\begin{vmatrix} x-3 & y-2 & z+4 \\ -2 & 1 & 3 \\ 0 & 2 & -1 \end{vmatrix}=0$$

化简整理,得

$$7x+2y+4z-9=0$$

例 2.1.6 已知不共线的三点 $M_1(x_1,y_1,z_1)$,$M_2(x_2,y_2,z_2)$,$M_3(x_3,y_3,z_3)$,求通过这三点的平面 π 的方程.

解 由于平面 π 通过不共线的三点 M_1,M_2,M_3,可知向量 $\overrightarrow{M_1M_2}$,$\overrightarrow{M_1M_3}$ 不共线,且它们都平行于平面 π,故可取平面 π 的一对方位向量为

$$\boldsymbol{a}=\overrightarrow{M_1M_2}=\{x_2-x_1,y_2-y_1,z_2-z_1\},\boldsymbol{b}=\overrightarrow{M_1M_3}=\{x_3-x_1,y_3-y_1,z_3-z_1\}$$

又平面 π 通过定点 $M_1(x_1,y_1,z_1)$,根据平面的点位式方程(2.1.5)和(2.1.7),可得平面 π 的方程

$$\begin{cases} x=x_1+u(x_2-x_1)+v(x_3-x_1) \\ y=y_1+u(y_2-y_1)+v(y_3-y_1)\ (u,v\in \mathbb{R}) \\ z=z_1+u(z_2-z_1)+v(z_3-z_1) \end{cases} \tag{2.1.8}$$

$$\begin{vmatrix} x-x_1 & y-y_1 & z-z_1 \\ x_2-x_1 & y_2-y_1 & z_2-z_1 \\ x_3-x_1 & y_3-y_1 & z_3-z_1 \end{vmatrix}=0 \tag{2.1.9}$$

方程(2.1.8)和(2.1.9)叫做平面的三点式方程.

特别地,如果已知平面π和三个坐标轴的交点分别为$M_1(a,0,0)$,$M_2(0,b,0)$,$M_3(0,0,c)$(其中$abc\neq 0$)(图 2.3),那么由平面的三点式方程(2.1.9)得

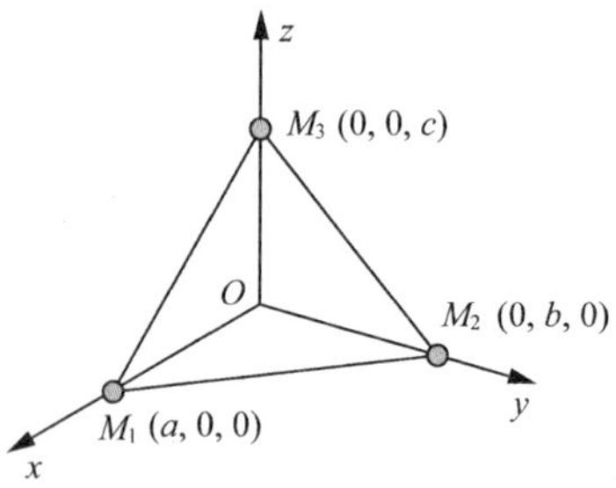

图 2.3

$$\begin{vmatrix} x-a & y & z \\ -a & b & 0 \\ -a & 0 & c \end{vmatrix}=0$$

展开整理,得

$$bcx+acy+abz=abc(abc\neq 0)$$

上式可进一步化简为

$$\frac{x}{a}+\frac{y}{b}+\frac{z}{c}=1 \tag{2.1.10}$$

方程(2.1.10)叫做平面的截距式方程,其中a,b,c分别叫做平面在x轴,y轴,z轴上的截距.

例 2.1.7 已知平面π通过点$P(6,3,5)$,且在x轴和y轴上的截距分别为-2和-3,求平面π的截距式方程和一般式方程.

解 设平面π在z轴上的截距为c,根据方程(2.1.10),可设平面π的截距式方程为

$$\frac{x}{-2}+\frac{y}{-3}+\frac{z}{c}=1 \tag{2.1.11}$$

又平面π通过点$P(6,3,5)$,代入方程(2.1.11)得

$$\frac{6}{-2}+\frac{3}{-3}+\frac{5}{c}=1$$

解得$c=1$,所以平面π的截距式方程为

$$\frac{x}{-2}+\frac{y}{-3}+\frac{z}{1}=1$$

从而平面π的一般式方程为

$$3x+2y-6z+6=0$$

习题 2.1

1. 求下列平面方程的法向量的坐标.

(1) $x-2y+z-12=0$;(2)$3x+8y-2=0$;(3)$5x=y+z$;(4)$z=2$.

2. 求通过点 $M(3,0,-5)$且平行于平面 $2x-8y+z+7=0$ 的平面的方程.

3. 指出下列平面与坐标系的位置关系.

(1) $x+y=0$;(2)$3x+2z+8=0$;(3)$5(y-1)=0$;(4)$x+y=2z$.

4. 求下列各平面的方程.

(1) 平面通过点 $A(2,-5,1)$和 y 轴;

(2) 平面通过点 $A(-1,-5,4)$且与坐标面 xOz 平行;

(3) 平面通过 x 轴且垂直于平面 $3x-2y+8z-1=0$.

5. 已知一平面通过原点,与向量$\{1,0,2\}$平行,且与平面 $3x-y+z-1=0$ 垂直,求它的参数方程和一般方程.

6. 一平面通过点 $A(1,1,1)$和 $B(0,1,-1)$,且垂直于平面 $x+y+z=0$,求它的参数方程和一般方程.

7. 求通过三点 $A(2,-1,1)$,$B(2,1,3)$,$C(1,1,-1)$的平面的方程.

8. 求平面 $2x+3y+6z-24=0$ 与三个坐标平面所围成的四面体的体积.

9. 已知平面通过点 $A(3,5,-7)$,且在三个坐标轴上有相同的非零截距,求它的方程.

2.2 平面与点的相关位置

空间中,平面 π: $Ax+By+Cz+D=0$ 与点 $M_0(x_0,y_0,z_0)$的相关位置有且只有两种:

(1) 点 M_0 在平面 π 上$\Leftrightarrow M_0\in\pi\Leftrightarrow$ 点 M_0 的坐标满足平面 π 的方程,即:$Ax_0+By_0+Cz_0+D=0$;

(2) 点 M_0 不在平面 π 上$\Leftrightarrow M_0\notin\pi\Leftrightarrow$ 点 M_0 的坐标不满足平面 π 的方程,即:$Ax_0+By_0+Cz_0+D\neq 0$.

如果点 M_0 不在平面 π 上,那么还需讨论点 M_0 到平面 π 的距离 $d(M_0,\pi)$问题.

设点 $M_0(x_0,y_0,z_0)$为平面 π: $Ax+By+Cz+D=0$ 外一点,则平面 π 的一个法向量为$\boldsymbol{n}=\{A,B,C\}$,如图 2.4.不妨设点 M_0 在平面 π 上的正投影为 M_1,并将法向量$\boldsymbol{n}$的起点移至平面 π 上一点 $P(x_p,y_p,z_p)$,令 $\theta=\angle(\overrightarrow{PM_1},\overrightarrow{PM_0})$,那么显然有

$$d(M_0,\pi)=|\overrightarrow{M_1M_0}|=|\overrightarrow{PM_0}|\,|\sin\theta|$$

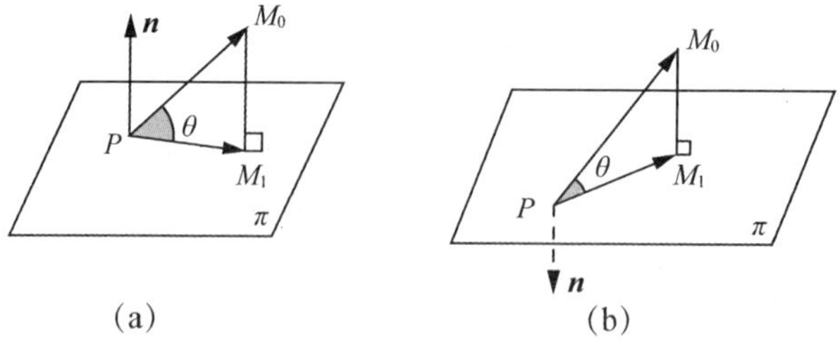

图 2.4

又$\angle(\boldsymbol{n},\overrightarrow{PM_0})=\frac{\pi}{2}\pm\theta$(当$\boldsymbol{n}$与$\overrightarrow{M_1M_0}$同向时取"+";当$\boldsymbol{n}$与$\overrightarrow{M_1M_0}$反向时取"−"),即

$$\theta=\frac{\pi}{2}-\angle(\boldsymbol{n},\overrightarrow{PM_0})\text{ 或 }\theta=\angle(\boldsymbol{n},\overrightarrow{PM_0})-\frac{\pi}{2}$$

从而

$$d(M_0,\pi)=|\overrightarrow{PM_0}|\,|\sin\theta|=|\overrightarrow{PM_0}|\,|\cos\angle(\boldsymbol{n},\overrightarrow{PM_0})|$$

$$=|\overrightarrow{PM_0}|\frac{|\boldsymbol{n}\cdot\overrightarrow{PM_0}|}{|\boldsymbol{n}|\,|\overrightarrow{PM_0}|}=\frac{|\boldsymbol{n}\cdot\overrightarrow{PM_0}|}{|\boldsymbol{n}|} \qquad ①$$

由于$\boldsymbol{n}=\{A,B,C\}$,$\overrightarrow{PM_0}=\{x_0-x_p,y_0-y_p,z_0-z_p\}$,$P(x_p,y_p,z_p)\in\pi$,有

$$\boldsymbol{n}\cdot\overrightarrow{PM_0}=A(x_0-x_p)+B(y_0-y_p)+C(z_0-z_p)$$

$$=Ax_0+By_0+Cz_0-(Ax_p+By_p+Cz_p)$$

与

$$Ax_p+By_p+Cz_p+D=0\Rightarrow-(Ax_p+By_p+Cz_p)=D$$

从而

$$\boldsymbol{n}\cdot\overrightarrow{PM_0}=Ax_0+By_0+Cz_0+D \qquad ②$$

将②式代入①式,得

$$d(M_0,\pi)=\frac{|\boldsymbol{n}\cdot\overrightarrow{PM_0}|}{|\boldsymbol{n}|}=\frac{|Ax_0+By_0+Cz_0+D|}{\sqrt{A^2+B^2+C^2}}$$

上式即为点 M_0 到平面 π 的距离公式,我们有:

定理 2.2.1 点 $M_0(x_0,y_0,z_0)$到平面 π: $Ax+By+Cz+D=0$ 的距离为

$$d(M_0,\pi)=\frac{|Ax_0+By_0+Cz_0+D|}{\sqrt{A^2+B^2+C^2}} \qquad (2.2.1)$$

例 2.2.1 计算下列点和平面间的距离.

(1) $M(-2,1,-3)$,π: $2x-6y+3z-2=0$;

(2) $M(-1,5,2)$,π: $3x-y+2z+4=0$.

解 根据点到平面的距离公式(2.2.1),有

(1) $d(M,\pi)=\dfrac{|2\times(-2)-6+3\times(-3)-2|}{\sqrt{4+36+9}}=3$;

(2) $d(M,\pi)=\dfrac{|3\times(-1)-5+2\times2+4|}{\sqrt{9+1+4}}=0$,所以点 $M\in\pi$.

例 2.2.2 求在 z 轴上且到平面 π: $x+2y-2z+4=0$ 的距离等于 2 的点 M 的坐标.

解 设点 M 的坐标为 $(0,0,c)$,则由点到平面的距离公式,有

$$d(M,\pi)=\frac{|-2c+4|}{\sqrt{1+4+4}}=2$$

化简得: $2c-4=\pm6$,解得 $c=5$ 或 $c=-1$,从而点 M 的坐标为 $(0,0,5)$ 或 $(0,0,-1)$.

习题 2.2

1. 判断点 $A(5,3,2)$, $B(1,1,1)$, $C(7,1,-2)$, $D(3,1,0)$, $E(0,-4,2)$, $F(-2,-1,3)$ 是否在平面 $3x-2y+6z-7=0$ 上.若点不在平面上,求出点到平面的距离.

2. 已知平面通过 y 轴,且与点 $M(4,-7,13)$ 相距 8 个单位,求它的方程.

3. 求在 x 轴上,且到点 $P(-2,0,3)$ 与到平面 $4x-3y-1=0$ 距离相等的点的坐标.

4. 设四面体的四个顶点坐标分别为 $S(5,-2,2)$, $A(1,1,-1)$, $B(3,-4,-2)$, $C(-3,0,1)$,求底面 ABC 的方程,并计算顶点 S 向底面 ABC 引的高.

2.3 两平面的相关位置

空间两平面的相关位置有三种情形:相交、平行和重合.下面我们来推导和区分它们的解析条件.

已知空间两平面的方程分别为

$$\pi_1:\ A_1x+B_1y+C_1z+D_1=0 \qquad ①$$

$$\pi_2:\ A_2x+B_2y+C_2z+D_2=0 \qquad ②$$

那么它们的法向量分别为

$$\boldsymbol{n}_1=\{A_1,B_1,C_1\};\ \boldsymbol{n}_2=\{A_2,B_2,C_2\}$$

(Ⅰ) π_1 与 π_2 平行或重合的充要条件是 $\boldsymbol{n}_1$ 平行于 $\boldsymbol{n}_2$,这等价于 $\dfrac{A_1}{A_2}=\dfrac{B_1}{B_2}=\dfrac{C_1}{C_2}$,这时又分两种情况:

i) 若$\frac{A_1}{A_2}=\frac{B_1}{B_2}=\frac{C_1}{C_2}=\frac{D_1}{D_2}(=k\neq 0)$，这时平面$\pi_1$与$\pi_2$的方程①和②仅相差一个不为零的常数因子$k$，那么平面$\pi_1$的方程可化为：

$$A_1x+B_1y+C_1z+D_1=k(A_2x+B_2y+C_2z+D_2)=0$$

即平面π_1与π_2可以用同一方程②来表示，从而π_1与π_2重合.

ii) 若$\frac{A_1}{A_2}=\frac{B_1}{B_2}=\frac{C_1}{C_2}\neq\frac{D_1}{D_2}$，平面$\pi_1$的方程①与平面$\pi_2$的方程②没有公共解，即平面$\pi_1$的与平面$\pi_2$没有公共点，此时$\pi_1$与$\pi_2$平行且不重合.

(Ⅱ)显然，两平面π_1与π_2相交的充要条件为$\boldsymbol{n}_1$与$\boldsymbol{n}_2$不平行，这等价于$A_1:B_1:C_1\neq A_2:B_2:C_2$.

综上，我们证明了关于空间中两平面位置关系的判定定理：

定理 2.3.1 两个平面π_1：$A_1x+B_1y+C_1z+D_1=0$与π_2：$A_2x+B_2y+C_2z+D_2=0$，

相交的充要条件是

$$A_1:B_1:C_1\neq A_2:B_2:C_2 \tag{2.3.1}$$

平行的充要条件是

$$\frac{A_1}{A_2}=\frac{B_1}{B_2}=\frac{C_1}{C_2}\neq\frac{D_1}{D_2} \tag{2.3.2}$$

重合的充要条件是

$$\frac{A_1}{A_2}=\frac{B_1}{B_2}=\frac{C_1}{C_2}=\frac{D_1}{D_2} \tag{2.3.3}$$

例 2.3.1 判断下列各对平面的位置关系：

(1) $3x-y+2z-3=0$与$x-2y-z+4=0$；

(2) $4x-2y+8z-3=0$与$6x-3y+12y-\frac{9}{2}=0$.

解 (1) 因为$A_1:B_1:C_1=3:(-1):2\neq 1:(-2):(-1)=A_2:B_2:C_2$，所以满足定理 2.3.1 的方程(2.3.1)，故两平面相交；

(2) 因为$\frac{A_1}{A_2}=\frac{4}{6}=\frac{2}{3}$，$\frac{B_1}{B_2}=\frac{-2}{-3}=\frac{2}{3}$，$\frac{C_1}{C_2}=\frac{8}{12}=\frac{2}{3}$，$\frac{D_1}{D_2}=\frac{-3}{-\frac{9}{2}}=\frac{2}{3}$，即$\frac{A_1}{A_2}=\frac{B_1}{B_2}=\frac{C_1}{C_2}=\frac{D_1}{D_2}=\frac{2}{3}$，所以满足定理 2.3.1 的方程(2.3.3)，故两平面重合.

例 2.3.2 求经过点(3，1，-7)且与平面$4x-3y+z-9=0$平行的平面π.

解 可设平面π的方程为

$$4x-3y+z+D=0$$

其中 D 待定. 由于点 $(3,1,-7)$ 在平面 π 上,代入上式,解得 $D=-2$,故平面 π 的方程为 $4x-3y+z-2=0$.

现在我们来讨论两平面的交角.

定义 2.3.1 两平面 π_1 与 π_2 所成的二面角为平面 π_1 与 π_2 的交角,记作 $\angle(\pi_1,\pi_2)$.

记平面 π_1 与 π_2 的法向量 $\boldsymbol{n}_1$ 与 $\boldsymbol{n}_2$ 的夹角 $\angle(\boldsymbol{n}_1,\boldsymbol{n}_2)$ 为 θ,那么显然有 $\angle(\pi_1,\pi_2)=\theta$ 或 $\pi-\theta$(图 2.5),因此我们得到以下定理.

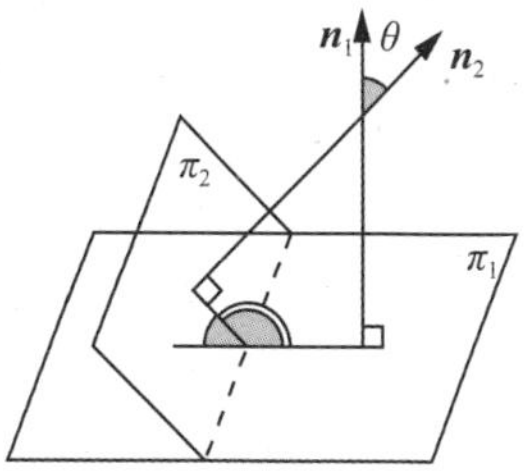

图 2.5

定理 2.3.2 设两个平面 π_1 与 π_2 的法向量 $\boldsymbol{n}_1$ 与 $\boldsymbol{n}_2$ 的夹角 $\angle(\boldsymbol{n}_1,\boldsymbol{n}_2)=\theta$,则有

$$\cos\angle(\pi_1,\pi_2)=\pm\cos\theta=\pm\frac{\boldsymbol{n}_1\cdot\boldsymbol{n}_2}{|\boldsymbol{n}_1||\boldsymbol{n}_2|}=\pm\frac{A_1A_2+B_1B_2+C_1C_2}{\sqrt{A_1^2+B_1^2+C_1^2}\sqrt{A_2^2+B_2^2+C_2^2}} \tag{2.3.4}$$

方程(2.3.4)是两平面交角的计算公式.

显然两平面 π_1 与 π_2 垂直的充要条件是 $\angle(\pi_1,\pi_2)=\frac{\pi}{2}=\angle(\boldsymbol{n}_1,\boldsymbol{n}_2)$,即 $\cos\angle(\pi_1,\pi_2)=0$,因此从方程(2.3.4)我们得到:

推论 两个平面①与②互相垂直的充要条件是:它们的法向量 $\boldsymbol{n}_1$ 与 $\boldsymbol{n}_2$ 互相垂直,即

$$\pi_1\perp\pi_2\Leftrightarrow\boldsymbol{n}_1\perp\boldsymbol{n}_2\Leftrightarrow\boldsymbol{n}_1\cdot\boldsymbol{n}_2=A_1A_2+B_1B_2+C_1C_2=0 \tag{2.3.5}$$

例 2.3.3 求平面 π_1: $2x-y+2z-11=0$ 与 π_2: $4x-3z+8=0$ 的交角.

解 因为平面 π_1 与 π_2 的法向量分别为

$$\boldsymbol{n}_1=\{2,-1,2\},\quad \boldsymbol{n}_2=\{4,0,-3\}$$

所以根据定理 2.3.2 的方程(2.3.4)有

$$\cos\angle(\pi_1,\pi_2)=\pm\frac{\boldsymbol{n}_1\cdot\boldsymbol{n}_2}{|\boldsymbol{n}_1||\boldsymbol{n}_2|}=\pm\frac{2\times4+2\times(-3)}{\sqrt{4+1+4}\sqrt{16+9}}=\pm\frac{2}{15}$$

所以平面 π_1 与 π_2 的交角为 $\angle(\pi_1,\pi_2)=\arccos(\pm\frac{2}{15})=\arccos\frac{2}{15}$ 或 $\pi-\arccos\frac{2}{15}$.

习题 2.3

1. 判别下列各对平面的相关位置.

(1) $2x+y-3z-1=0$ 与 $\frac{x}{3}+\frac{y}{6}-\frac{z}{2}+2=0$;

(2) $x-2y+z-2=0$ 与 $4x+y-2z-1=0$;

(3) $12x+6y-3z+1=0$ 与 $8x+4y-2z+\frac{2}{3}=0$.

2. 求下列各对平面相交，并求它们的交角.

(1) $x+2y-z-6=0, 2x-y+z+1=0$；

(2) $2x+y-5z+1=0, 3x-y+z-4=0$.

3. 求下列两平行平面间的距离.

(1) $3x-4y+12z+14=0$ 与 $3x-4y+12z-25=0$；

(2) $2x-y+3z-5=0$ 与 $4x-2y+6z-7=0$.

4. 分别在下列条件下确定 l, m, n 的值.

(1) $(l-1)x-(m+1)y+(n+2)z-3=0$ 与 $(m+3)x+(n-1)y-(l-1)z-6=0$ 表示同一平面.

(2) $lx-y+4z+9=0$ 与 $6x-2y-mz+5=0$ 表示两平行平面.

(3) $lx-2y+z+7=0$ 与 $x+2y-2z+4=0$ 表示两互相垂直的平面.

5. 求通过点(1,1,1)且垂直于两平面 $x-y+z=0$ 和 $2x+3y-12z+6=0$ 的平面的方程.

2.4 空间直线的方程

2.4.1 直线的点向式方程

在空间，给定一个点 M_0 和一个非零向量 $\boldsymbol{v}$，则通过 M_0 且平行于向量 $\boldsymbol{v}$ 的直线 l 唯一确定，我们称和直线 l 平行的非零向量 $\boldsymbol{v}$ 为直线 l 的一个方向向量或方向矢.

设直线通过定点 $M_0(x_0, y_0, z_0)$，直线 l 的一个方向向量为 $\boldsymbol{v}=\{X, Y, Z\}$，现按给定的几何条件来推导直线的方程.

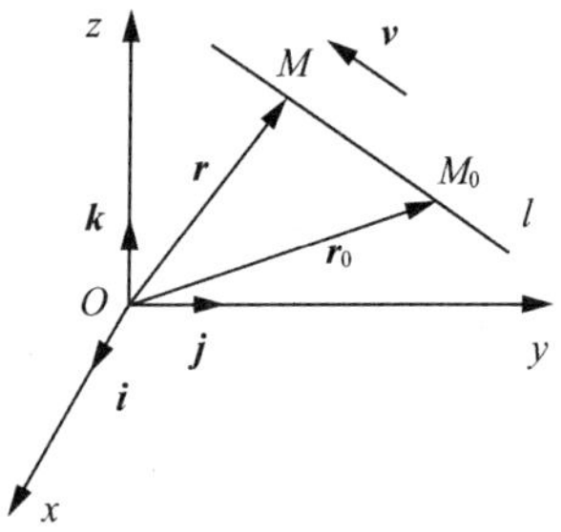

图 2.6

设 $M(x, y, z)$ 为直线 l 上的任一点(图 2.6)，点 M 和 M_0 的位置向量分别为 $\overrightarrow{OM}=\boldsymbol{r}=\{x, y, z\}$，$\overrightarrow{OM_0}=\boldsymbol{r}_0=\{x_0, y_0, z_0\}$，则点 M 在直线 l 的充要条件是

$$\overrightarrow{MM_0} /\!/ \boldsymbol{v}$$

这等价于

$$\overrightarrow{MM_0}=t\boldsymbol{v}(t\in \mathbb{R})$$

即 $\boldsymbol{r}-\boldsymbol{r}_0=t\boldsymbol{v}(t\in \mathbb{R})$，所以

$$\boldsymbol{r}=\boldsymbol{r}_0+t\boldsymbol{v}(t\in \mathbb{R}) \tag{2.4.1}$$

方程(2.4.1)称为直线 l 的向量式参数方程，其中 $t\in \mathbb{R}$ 为参数. 用坐标表示(2.4.1)，得

$$\begin{cases} x=x_0+tX \\ y=y_0+tY\,(t\in\mathbb{R}) \\ z=z_0+tZ \end{cases} \tag{2.4.2}$$

方程(2.4.2)称为直线 l 的坐标式参数方程，从(2.4.2)中消去参数，得

$$\frac{x-x_0}{X}=\frac{y-y_0}{Y}=\frac{z-z_0}{Z} \tag{2.4.3}$$

方程(2.4.3)称为直线 l 的标准方程或对称式方程.

方程(2.4.1)，(2.4.2)，(2.4.3)都是在同一几何条件(已知直线的一个定点和一个方向向量)下推导出的，统称为直线的点向式方程.

直线 l 的方向向量$\boldsymbol{v}$的坐标 X,Y,Z，称为直线 l 的方向数. 因为$\boldsymbol{v}\neq\boldsymbol{0}$，所以方向数 X,Y,Z 不能全为零. 若$\boldsymbol{v}'=\{X',Y',Z'\}$也为直线 l 的一个方向向量，则$\boldsymbol{v}/\!/\boldsymbol{v}'$，即有 $X:Y:Z=X':Y':Z'$，因而常用 $X:Y:Z$ 来表示直线 l 的方向数.

特别地，如果直线 l 的方向向量$\boldsymbol{v}$是单位向量，由方程(2.4.1)可得 $|\boldsymbol{r}-\boldsymbol{r}_0|=|t|\,|\boldsymbol{v}|$，即 $|\overrightarrow{M_0M}|=|t|\,|\boldsymbol{v}|=|t|$，这时参数 t 的绝对值有明显的几何意义：$|t|$ 正好等于直线 l 上动点 M 到定点 M_0 的距离.

例 2.4.1 在空间直角坐标系下，求 x 轴参数方程和标准方程.

解 已知 x 轴通过定点 $O(0,0,0)$，x 轴平行于坐标向量 $\boldsymbol{i}=\{1,0,0\}$，所以根据方程(2.4.2)和(2.4.3)，得 x 轴的参数方程：

$$\begin{cases} x=t \\ y=0\,(t\in\mathbb{R}) \\ z=0 \end{cases} \tag{①}$$

和 x 轴的标准方程

$$\frac{x}{1}=\frac{y}{0}=\frac{z}{0} \tag{②}$$

同理，可得 y 轴的参数方程和标准方程：

$$\begin{cases} x=0 \\ y=t\,(t\in\mathbb{R}) \\ z=0 \end{cases} \tag{③}$$

$$\frac{x}{0}=\frac{y}{1}=\frac{z}{0} \tag{④}$$

z 轴的参数方程和标准方程：

$$\begin{cases} x=0 \\ y=0\,(t\in\mathbb{R}) \\ z=t \end{cases} \tag{⑤}$$

$$\frac{x}{0}=\frac{y}{0}=\frac{z}{1} \qquad ⑥$$

注：式②，④，⑥中出现了分母为零的情形. 在解析几何中，若直线的方向数 X，Y，Z 中有一个为零，如 $X=0$，则它的标准方程(2.4.3)应理解为：

$$\begin{cases} x-x_0=0 \\ \dfrac{y-y_0}{Y}=\dfrac{z-z_0}{Z} \end{cases}$$

若有两个为零，比如 $X=Y=0$ 时，则它的标准方程(2.4.3)应理解为：

$$\begin{cases} x-x_0=0 \\ y-y_0=0 \end{cases}$$

2.4.2 直线的两点式方程

空间中，通过两个不同的点 $M_1(x_1, y_1, z_1)$ 和 $M_2(x_2, y_2, z_2)$ 的直线 l 唯一确定. 因为 $M_1 \neq M_2$，故可取直线 l 的一个方向向量为：

$$\overrightarrow{M_1M_2}=\{x_2-x_1, y_2-y_1, z_2-z_1\}$$

取直线 l 上的定点为 $M_1(x_1, y_1, z_1)$，故由方程(2.4.2)和(2.4.3)，得直线 l 的参数方程和标准方程为

$$\begin{cases} x=x_1+t(x_2-x_1) \\ y=y_1+t(y_2-y_1)\ (t\in \mathbb{R}) \\ z=z_1+t(z_2-z_1) \end{cases} \qquad (2.4.4)$$

和

$$\frac{x-x_1}{x_2-x_1}=\frac{y-y_1}{y_2-y_1}=\frac{z-z_1}{z_2-z_1} \qquad (2.4.5)$$

方程(2.4.4)和(2.4.5)都是在同一几何条件(已知直线通过的两个定点)下推导出的，统称为直线的两点式方程.

例 2.4.2 求过两点 $M_1(1,2,3)$ 与 $M_1(4,5,6)$ 的直线 l 的标准式与参数方程.

解 直线 l 的方向向量取为 $\boldsymbol{v}=\overrightarrow{M_1M_2}=(3,3,3)$.

因 $M_1(1,2,3)$ 为 l 上一点，则由(2.4.5)得 l 的标准方程为：

$$\frac{x-1}{3}=\frac{y-2}{3}=\frac{z-3}{3}$$

即 $x-1=y-2=z-3$. 令上式等于 t，化为参数式方程：

$$\begin{cases} x=t+1 \\ y=t+2 \\ z=t+3 \end{cases}$$

2.4.3 直线的一般式方程

空间直线可以看成两个平面的交线. 因此空间直线 l 也可以由通过它的两个不同平面

$$\pi_1: A_1x+B_1y+C_1z+D_1=0 \qquad ①$$

$$\pi_2: A_2x+B_2y+C_2z+D_2=0 \qquad ②$$

的方程联立的方程组:

$$\begin{cases}A_1x+B_1y+C_1z+D_1=0\\A_2x+B_2y+C_2z+D_2=0\end{cases} \qquad (2.4.6)$$

来表示,其中 $A_1:B_1:C_1\neq A_2:B_2:C_2$. 方程(2.4.6)称为直线的一般式方程.

由于直线 l 在平面 π_1 上,所以平面 π_1 的法向量 $\boldsymbol{n}_1$ 垂直于直线 l. 同时直线 l 在平面 π_2 上,所以平面 π_2 的法向量 $\boldsymbol{n}_2$ 也垂直于直线 l. 又 $\boldsymbol{n}_1$ 与 $\boldsymbol{n}_2$ 不共线,从而 $\boldsymbol{n}_1\times\boldsymbol{n}_2$ ($\neq\boldsymbol{0}$)平行直线 l,故可取直线 l 的一个方向向量为:

$$\boldsymbol{v}=\boldsymbol{n}_1\times\boldsymbol{n}_2=\{A_1,B_1,C_1\}\times\{A_2,B_2,C_2\}=\left\{\begin{vmatrix}B_1 & C_1\\B_2 & C_2\end{vmatrix},\begin{vmatrix}C_1 & A_1\\C_2 & A_2\end{vmatrix},\begin{vmatrix}A_1 & B_1\\A_2 & B_2\end{vmatrix}\right\} \qquad (2.4.7)$$

如果从方程(2.4.6)中解一组特解 $x=x_0,y=y_0,z=z_0$,那么直线 l 通过的一个定点的坐标即为(x_0,y_0,z_0),从而易得直线 l 的标准方程:

$$\frac{x-x_0}{\begin{vmatrix}B_1 & C_1\\B_2 & C_2\end{vmatrix}}=\frac{y-y_0}{\begin{vmatrix}C_1 & A_1\\C_2 & A_2\end{vmatrix}}=\frac{z-z_0}{\begin{vmatrix}A_1 & B_1\\A_2 & B_2\end{vmatrix}}$$

例 2.4.3 将直线

$$\begin{cases}x-2y+z-3=0\\2x+y-2z+6=0\end{cases}$$

的一般式方程化为标准式和参数式.

解 首先,该直线的一个方向向量为:

$$\boldsymbol{v}=\boldsymbol{n}_1\times\boldsymbol{n}_2=\{1,-2,1\}\times\{2,1,-2\}$$

$$=\left\{\begin{vmatrix}-2 & 1\\1 & -2\end{vmatrix},\begin{vmatrix}1 & 1\\-2 & 2\end{vmatrix},\begin{vmatrix}1 & -2\\2 & 1\end{vmatrix}\right\}=\{3,4,5\}$$

再在直线上取一个点(0,0,3),得直线的标准方程为:

$$\frac{x}{3}=\frac{y}{4}=\frac{z-3}{5}$$

令上式等于 t,得直线的参数式:

$$\begin{cases}x=3t\\y=4t\\z=5t+3\end{cases}$$

注：例 2.4.3 给出了化直线的一般式为标准式的一般方法.

2.4.4 直线的射影式方程

解一次方程组常用的方法是消元法，从直线的一般方程消去某个坐标，在几何上就是求该直线在相应的坐标面上的投影. 两个投影平面（投影柱面）也能确定这条直线. 例如，从直线 l 的一般式方程(2.4.6)中消去 y，得直线 l 在 xOz 面的投影平面

$$x=az+b$$

再从直线 l 的一般式方程(2.4.6)中消去 x，得直线 l 在 yOz 面的投影平面

$$y=cz+d$$

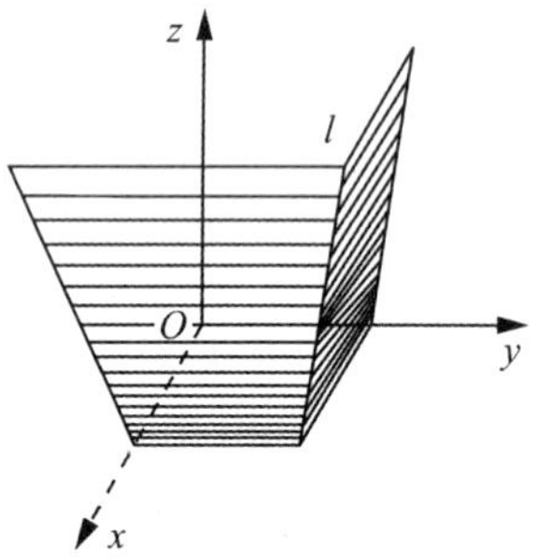

图 2.7

于是直线 l 可以看成是这两个投影平面的交线(图 2.7)，

$$\begin{cases}x=az+b\\y=cz+d\end{cases}\tag{2.4.8}$$

方程(2.4.8)称为直线的射影式方程. 直线的射影式方程是一般式方程的特殊形式，射影式方程的特点是方程组中每个关于变元 x,y,z 的方程至少缺少一个变元.

例 2.4.4 给定直线

$$\begin{cases}3x+y-z+1=0\\2x-z+3=0\end{cases}\quad ①$$

求它在各个坐标面上的投影平面，并由此求出该直线的射影式方程和标准方程.

解 从直线方程①中消去 z，得直线在 xOy 面($z=0$)上的投影平面：

$$x+y-2=0$$

从直线方程①中消去 y，得直线在 xOz 面($y=0$)上的投影平面：

$$2x-z+3=0$$

从直线方程①中消去 x，得直线在 yOz 面($x=0$)上的投影平面：

$$2y+z-7=0$$

从而直线的射影式方程为：

$$\begin{cases}x+y-2=0\\2x-z+3=0\end{cases}\ ② \quad 或\begin{cases}2x-z+3=0\\2y+z-7=0\end{cases}\ ③ \quad 或\begin{cases}x+y-2=0\\2y+z-7=0\end{cases}\ ④$$

直线的射影式方程②可改写为：

$$\begin{cases} x=-y+2 \\ x=\dfrac{z-3}{2} \end{cases} \Leftrightarrow x=-y+2=\frac{z-3}{2} \Leftrightarrow \frac{x}{1}=\frac{y-2}{-1}=\frac{z-3}{2}$$

由此可知，该直线经过点(0,2,3)，它的一个方向向量为$\{1,-1,2\}$.

习题 2.4

1. 给定直线

$$\begin{cases} x=3-5t \\ y=1+2t \\ z=3t \end{cases}$$

指出下列各点哪些在该直线上，并求出在直线上的点所对应的参数 t.

(1) $A(-2,3,3)$；　(2) $B(4,1,-1)$；　(3) $C(13,-3,-6)$.

2. 求下列各直线的参数方程和标准方程.

(1) 经过两点(1,−3,1)和(−1,2,7)；

(2) 经过点(−2,3,0)，方向数为(−1)∶3∶4；

(3) 经过点(2,−1,4)且平行于 y 轴；

(4) 经过点(−1,2,5)，与直线 $x=-2+t, y=1-t, z=1+3t$ 平行.

(5) 经过点(3,0,1)，与平面 $4x-y+3z-1=0$ 垂直.

3. 化下列直线的一般式方程为标准方程.

(1) $\begin{cases} x+y+z-3=0 \\ 3x-3y+5z-5=0 \end{cases}$

(2) $\begin{cases} x-3z+5=0 \\ y-2z-3=0 \end{cases}$

4. 试求由点 $P(2,0,-1)$ 与直线 l：$\dfrac{x+1}{2}=\dfrac{y}{-1}=\dfrac{z-2}{3}$ 所确定的平面 π 的方程.

5. 求直线

$$\begin{cases} x+2y-z-6=0 \\ 2x-y+z+1=0 \end{cases}$$

在各个坐标面上的投影平面，并由此求出它的射影式方程和标准方程.

6. 求下列各平面的方程.

(1) 通过直线 $\begin{cases} x+y+z+1=0 \\ 3x+2y=0 \end{cases}$，并与平面 $2x+y-2z=5$ 垂直.

（2）通过直线$\frac{x-1}{2}=\frac{y}{1}=\frac{z}{-1}$，并与直线$\begin{cases}x-4y-z-1=0\\2y+z+1=0\end{cases}$平行.

2.5 直线与平面的相关位置

空间直线平面的相关位置有三种情形：直线与平面相交、直线与平面平行和直线在平面上. 下面我们来推导区分它们的解析条件.

已知空间直线与平面的方程分别为：

$$l:\frac{x-x_0}{X}=\frac{y-y_0}{Y}=\frac{z-z_0}{Z} \quad ①$$

$$\pi: Ax+By+Cz+D=0 \quad ②$$

那么直线 l 过点 $M_0(x_0,y_0,z_0)$，直线 l 的方向向量为$\boldsymbol{v}=\{X,Y,Z\}$；平面 π 的法向量为$\boldsymbol{n}=\{A,B,C\}$.

（Ⅰ）显然，直线 l 与平面 π 相交的充要条件是：平面 π 的法向量$\boldsymbol{n}$不垂直于直线 l 的方向向量$\boldsymbol{v}$，这等价于 $AX+BY+CZ\neq 0$.

（Ⅱ）直线 l 与平面 π 平行的充要条件是：平面 π 的法向量$\boldsymbol{n}$垂直于直线 l 的方向向量$\boldsymbol{v}$，且直线上的点 $M_0(x_0,y_0,z_0)\notin$ 平面 π，这等价于 $AX+BY+CZ=0$ 且 $Ax_0+By_0+Cz_0+D\neq 0$.

（Ⅲ）直线 l 在平面 π 上的充要条件是：平面 π 的法向量$\boldsymbol{n}$垂直于直线 l 的方向向量$\boldsymbol{v}$，且直线上的点 $M_0(x_0,y_0,z_0)\in$ 平面 π，这等价于 $AX+BY+CZ=0$ 且 $Ax_0+By_0+Cz_0+D=0$.

综上，我们证明了关于空间中直线与平面位置关系的判定定理：

定理 2.5.1 直线 l ①与平面 π ②相交的充要条件是：

$$AX+BY+CZ\neq 0 \quad (2.5.1)$$

直线 l 与平面 π 平行的充要条件是：

$$\begin{cases}AX+BY+CZ=0 & (2.5.2\text{a})\\ Ax_0+By_0+Cz_0+D\neq 0 & (2.5.2\text{b})\end{cases}$$

直线 l 在平面 π 上的充要条件是：

$$\begin{cases}AX+BY+CZ=0 & (2.5.3\text{a})\\ Ax_0+By_0+Cz_0+D=0 & (2.5.3\text{b})\end{cases}$$

当直线 l ①和平面 π ②相交时，我们在直角坐标系中来求它们的交点和交角$\angle(l,\pi)$.

1° 直线 l ①和平面 π ②的交点

若 l 与 π 不平行，则一定有交点. 求交点的方法如下：

先把直线 l 的方程①改写为参数方程：

$$\begin{cases} x = x_0 + tX \\ y = y_0 + tY \\ z = z_0 + tZ \end{cases} \tag{③}$$

将③再代入平面 π 的方程②，整理得

$$(AX+BY+CZ)t = -(Ax_0+By_0+Cz_0+D) \tag{④}$$

i) 当且仅当 $AX+BY+CZ \neq 0$ 时，方程④有唯一解，此时直线 l 和平面 π 有且只有一个公共点，即直线 l 和平面 π 相交. 从方程④中求出交点对应的参数值

$$t = \frac{-(Ax_0+By_0+Cz_0+D)}{AX+BY+CZ} \tag{⑤}$$

再将⑤代回直线的参数方程③，即得直线 l 和平面 π 的交点坐标.

ii) 当且仅当 $AX+BY+CZ=0$，$Ax_0+By_0+Cz_0+D \neq 0$ 时，方程④无解，此时直线 l 和平面 π 没有公共点，即直线 l 和平面 π 平行.

iii) 当且仅当 $AX+BY+CZ=0$，$Ax_0+By_0+Cz_0+D=0$ 时，方程④有无数解，此时直线 l 和平面 π 有无数个公共点，即直线 l 在平面 π 上.

注：以上 i),ii),iii)的讨论从另一角度给出了空间中直线与平面位置关系的判定定理的证明.

2° 直线 l ①和平面 π ②的交角$\angle(l,\pi)$

若直线 l 和平面 π 平行或直线在平面上，则规定它们的交角为 0；若直线 l 和平面 π 垂直，则规定它们的交角为$\frac{\pi}{2}$；若直线 l 和平面 π 相交但不垂直时，作直线 l 在平面 π 上的投影l'，则 l 与l'所成的锐角 φ 称为直线 l 和平面 π 的交角，即 $\varphi = \angle(l,\pi)$.

记直线 l 的方向向量$\boldsymbol{v}$和平面 π 的法向量$\boldsymbol{n}$的夹角为 $\theta = \angle(\boldsymbol{v},\boldsymbol{n})$（图 2.8），显然有：

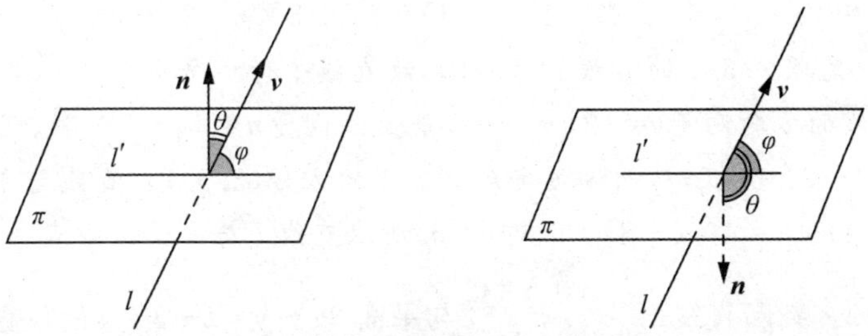

图 2.8

$\varphi=\frac{\pi}{2}-\theta$ 或 $\theta-\frac{\pi}{2}\left(0\leqslant\theta\leqslant\frac{\pi}{2}\right)$，即$\angle(l,\pi)=\left|\frac{\pi}{2}-\angle(\boldsymbol{v},\boldsymbol{n})\right|$，从而我们得到直线 l ①和平面 π ②的交角计算公式：

$$\sin\angle(l,\pi)=\left|\sin\left(\frac{\pi}{2}-\angle(\boldsymbol{v},\boldsymbol{n})\right)\right|=|\cos\angle(\boldsymbol{v},\boldsymbol{n})|=\frac{|\boldsymbol{v}\cdot\boldsymbol{n}|}{|\boldsymbol{v}||\boldsymbol{n}|}$$
$$=\frac{|AX+BY+CZ|}{\sqrt{A^2+B^2+C^2}\sqrt{X^2+Y^2+Z^2}}\tag{2.5.4}$$

从方程(2.5.4)直接可得到直线 l 和平面 π 平行或直线 l 在平面 π 上的充要条件是：

$$AX+BY+CZ=0$$

特别地，直线 l 和平面 π 垂直的充要条件是$\boldsymbol{v}$平行于$\boldsymbol{n}$，即

$$A:B:C=X:Y:Z\tag{2.5.5}$$

例 2.5.1 判别下列直线与平面的相关位置.若相交，判断它们是否垂直.

(1) 直线$\frac{x-1}{2}=\frac{y+3}{-1}=\frac{z+2}{5}$与平面 $4x+3y-z+3=0$；

(2) 直线$\frac{x+2}{3}=\frac{y-5}{4}=\frac{z}{1}$与平面 $3x-2y-z+15=0$；

(3) 直线$\begin{cases}x=2t+2\\y=-4t-5\\z=3t-1\end{cases}$与平面 $4x-8y+6z-7=0$.

解 (1) 直线过点 $M(1,-3,-2)$，直线的方向向量$\boldsymbol{v}=\{2,-1,5\}$，平面法向量$\boldsymbol{n}=\{4,3,-1\}$.

又$\boldsymbol{n}\cdot\boldsymbol{v}=2\times4+(-1)\times3+5\times(-1)=0$，且 $4\times1+3\times(-3)-1\times(-2)+3=0$，满足定理 2.5.1 的方程(2.5.3b)，故直线在平面上.

(2) 直线过点 $M(-2,5,0)$，直线的方向向量$\boldsymbol{v}=\{3,4,1\}$，平面法向量$\boldsymbol{n}=\{3,-2,-1\}$.

又$\boldsymbol{n}\cdot\boldsymbol{v}=3\times3+4\times(-2)+1\times(-1)=0$，且 $3\times(-2)+(-2)\times5+0+15=-1\neq0$，满足定理 2.5.1 的方程(2.5.2b)，故直线平行于平面.

(3) 直线的方向向量$\boldsymbol{v}=\{2,-4,3\}$，平面法向量$\boldsymbol{n}=\{4,-8,6\}$，且$\boldsymbol{v}\cdot\boldsymbol{n}=2\times4-4\times(-8)+3\times6\neq0$，从而满足定理 2.5.1 的方程(2.5.1)，直线与平面相交.又显然 $2:(-4):3=4:(-8):6$，即$\boldsymbol{v}/\!/\boldsymbol{n}$，所以直线 l 与平面 π 垂直.

例 2.5.2 判断直线$\begin{cases}x-y+z=0\\2x+z-1=0\end{cases}$与平面 $2x+y-z+3=0$ 的位置关系.若相交，求它们的交点和交角.

解 (1)判断直线和平面的位置关系

由于直线的一个方向向量为：$\boldsymbol{v}=\{1,-1,1\}\times\{2,0,1\}=\{-1,1,2\}$，在直线的一般式方程中令 $x=0$，解得 $y=1,z=1$，即直线过定点$(0,1,1)$，从而得直线的标准式为：

$$\frac{x}{-1}=\frac{y-1}{1}=\frac{z-1}{2} \qquad ①$$

又平面的法向量$\boldsymbol{n}=\{2,1,-1\}$. 所以$\boldsymbol{v}\cdot\boldsymbol{n}=-1\times2+1\times1+2\times(-1)=-3\neq0$，从而满足定理 2.5.1 的方程(2.5.1)，所以直线与平面相交.

(2) 计算直线和平面的交点

令①等于 t，化直线的标准式为参数式：

$$\begin{cases}x=-t\\ y=t+1\\ z=2t+1\end{cases} \qquad ②$$

将②代入平面方程，得

$$-2t+t+1-2t-1+3=0$$

解得 $t=1$，代入②式得交点坐标$(-1,2,3)$.

(3) 求直线和平面的交角

根据交角公式(2.5.4)得

$$\sin\angle(l,\pi)=\frac{|\boldsymbol{v}\cdot\boldsymbol{n}|}{|\boldsymbol{v}|\,|\boldsymbol{n}|}=\frac{|-1\times2+1\times1+2\times(-1)|}{\sqrt{1+1+4}\sqrt{4+1+1}}=\frac{1}{2}$$

所以直线与平面的交角$\frac{\pi}{6}$.

习题 2.5

1. 判别下列直线与平面的相关位置.

(1) 直线$\frac{x+2}{2}=\frac{y-1}{1}=\frac{z+2}{4}$与平面 $3x-2y-z+6=0$；

(2) 直线$\frac{x-1}{-2}=\frac{y+1}{1}=\frac{z-2}{4}$与平面 $6x-3y-12z+7=0$；

(3) 直线$\begin{cases}3x-y+2=0\\ 4y+3z+1=0\end{cases}$与平面 $2x-2y-z+3=0$；

(4) 直线$\begin{cases}x+y+z+3=0\\ 2x+3y-z+1=0\end{cases}$与平面 $2x-y+5z-9=0$.

2. 验证直线$\frac{x}{2}=\frac{y-1}{-1}=\frac{z-3}{1}$与平面 $x+y+z-10=0$ 相交，并求交点和交角.

3. 求分别满足以下条件的 $l,m(l,m\in\mathbb{R})$ 的值：

(1) 直线 $\frac{x-1}{2}=\frac{y}{-4}=\frac{z-1}{3}$ 与平面 $lx-2y+2z+1=0$ 平行；

(2) 直线 $\begin{cases}x=2-2t\\y=3-t\\z=1+7t\end{cases}$ 与平面 $lx-2y+mz-1=0$ 垂直.

2.6 空间直线与点的相关位置

空间中，直线 l：$\frac{x-x_1}{X}=\frac{y-y_1}{Y}=\frac{z-z_1}{Z}$ 与点 $M_0(x_0,y_0,z_0)$ 的相关位置，有且只有两种：

(1) 点 M_0 在直线 l 上 $\Leftrightarrow M_0\in l\Leftrightarrow$ 点 M_0 的坐标满足直线 l 的方程，即

$$\frac{x_0-x_1}{X}=\frac{y_0-y_1}{Y}=\frac{z_0-z_1}{Z}\Leftrightarrow(x_0-x_1):(y_1-y_0):(z_1-z_0)=X:Y:Z$$

(2) 点 M_0 不在直线 l 上 $\Leftrightarrow M_0\notin l\Leftrightarrow$ 点 M_0 的坐标不满足直线 l 的方程，即

$$(x_0-x_1):(y_1-y_0):(z_1-z_0)\neq X:Y:Z$$

定义 2.6.1 空间中，一点 M_0 到直线 l 上的点之间的最短距离，称为点 M_0 到直线 l 的距离，记作 $d(M_0,l)$.

如果点 M_0 在直线 l 上，那么 $d(M_0,l)=0$；如果点 M_0 不在直线 l 上，那么还需进一步讨论 $d(M_0,l)$ 的计算问题.

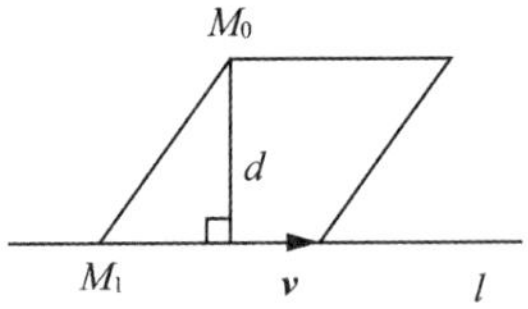

图 2.9

设点 $M_0(x_0,y_0,z_0)$ 为直线 l：$\frac{x-x_1}{X}=\frac{y-y_1}{Y}=\frac{z-z_1}{Z}$ 外一点，则直线 l 的一个方向向量为 $\boldsymbol{v}=\{X,Y,Z\}$，直线 l 通过的一个定点为 $M_1(x_1,y_1,z_1)$（图 2.9），点 M_0 到直线 l 的距离恰为以 $\overrightarrow{M_1M_0}$ 和 $\boldsymbol{v}$ 为邻边的平行四边形在边 $\boldsymbol{v}$ 上的高. 因为这个平行四边形的面积为 $|\overrightarrow{M_1M_0}\times\boldsymbol{v}|$，底边长为 $|\boldsymbol{v}|$，所以

$$d(M_0,l)=\frac{|\overrightarrow{M_1M_0}\times\boldsymbol{v}|}{|\boldsymbol{v}|}$$

$$=\frac{\sqrt{\begin{vmatrix}y_0-y_1 & z_0-z_1\\Y & Z\end{vmatrix}^2+\begin{vmatrix}z_0-z_1 & x_0-x_1\\Z & X\end{vmatrix}^2+\begin{vmatrix}x_0-x_1 & y_0-y_1\\X & Y\end{vmatrix}^2}}{\sqrt{X^2+Y^2+Z^2}} \qquad (2.6.1)$$

例 2.6.1　求点 $P(2,-1,-1)$到直线 l：$\frac{x-2}{1}=\frac{y}{1}=\frac{z}{2}$的距离 $d(P,l)$.

解　直线 l 通过定点 $M(2,0,0)$，方向向量$\boldsymbol{v}=\{1,1,2\}$，又$\overrightarrow{MP_0}=\{0,1,1\}$，所以

$$\overrightarrow{MP_0}\times\boldsymbol{v}=\left\{\begin{vmatrix}1&1\\1&2\end{vmatrix},\begin{vmatrix}1&0\\2&1\end{vmatrix},\begin{vmatrix}0&1\\1&1\end{vmatrix}\right\}=\{1,1,-1\}$$

从而

$$d(P,l)=\frac{|\overrightarrow{MP_0}\times\boldsymbol{v}|}{|\boldsymbol{v}|}=\frac{\sqrt{3}}{\sqrt{6}}=\frac{\sqrt{2}}{2}$$

习题 2.6

1. 判断点 $A(5,-2,-3)$，$B(8,3,1)$是否在直线 l：$\begin{cases}5x-3y-31=0\\3x+4y+7z+14=0\end{cases}$上.

2. 设有点 $P(2,-1,0)$及直线 l：$\frac{x}{1}=\frac{y+1}{-3}=\frac{z+1}{-2}$，

(1) 求 P 到 l 的距离；

(2) 求 P 关于 l 的对称点P'坐标.

2.7　空间两直线的相关位置

2.7.1　空间两直线的相关位置

空间两直线的相关位置有：(Ⅰ)共面：相交、平行和重合；(Ⅱ)异面.下面我们来推导区分它们的解析条件.

已知空间两直线的方程分别为：

$$l_1:\frac{x-x_1}{X_1}=\frac{y-y_1}{Y_1}=\frac{z-z_1}{Z_1} \quad ①$$

$$l_2:\frac{x-x_2}{X_2}=\frac{y-y_2}{Y_2}=\frac{z-z_2}{Z_2} \quad ②$$

那么直线 l_1 过定点 $M_1(x_1,y_1,z_1)$，方向向量为$\boldsymbol{v}_1=\{X_1,Y_1,Z_1\}$；直线 l_2 过定点 $M_2(x_2,y_2,z_2)$，方向向量为$\boldsymbol{v}_2=\{X_2,Y_2,Z_2\}$.容易看出，两直线 l_1 与 l_2 的相关位置取决于向量$\overrightarrow{M_1M_2}$，$\boldsymbol{v}_1$，$\boldsymbol{v}_2$的相互关系(图 2.10).

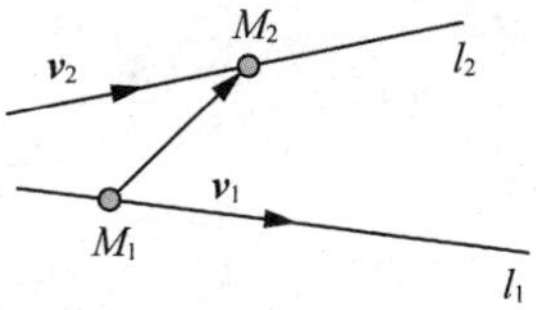

图 2.10

(Ⅰ) 直线 l_1 与 l_2 共面的充要条件是：$\overrightarrow{M_1M_2}$，$\boldsymbol{v}_1$，$\boldsymbol{v}_2$共面.这等价于：

$$\Delta=(\overrightarrow{M_1M_2},\boldsymbol{v}_1,\boldsymbol{v}_2)=\begin{vmatrix} x_2-x_1 & y_2-y_1 & z_2-z_1 \\ X_1 & Y_1 & Z_1 \\ X_2 & Y_2 & Z_2 \end{vmatrix}=0$$

这时又分三种情况：

i) 直线 l_1 与 l_2 重合的充要条件是：$\Delta=0$，且 $\boldsymbol{v}_1 /\!/ \boldsymbol{v}_2 /\!/ \overrightarrow{M_1M_2}$. 即

$$\Delta=0,\text{且 } X_1:Y_1:Z_1=X_2:Y_2:Z_2=(x_2-x_1):(y_2-y_1):(z_2-z_1)$$

ii) 直线 l_1 与 l_2 平行的充要条件是：$\Delta=0$，且 $\boldsymbol{v}_1 /\!/ \boldsymbol{v}_2$ 但不平行于 $\overrightarrow{M_1M_2}$. 即

$$\Delta=0,\text{且 } X_1:Y_1:Z_1=X_2:Y_2:Z_2\neq(x_2-x_1):(y_2-y_1):(z_2-z_1)$$

iii) 直线 l_1 与 l_2 相交的充要条件是：$\Delta=0$，且 $\boldsymbol{v}_1$ 不平行于 $\boldsymbol{v}_2$. 即

$$\Delta=0,\text{且 } X_1:Y_1:Z_1\neq X_2:Y_2:Z_2$$

（Ⅱ）直线 l_1 与 l_2 异面的充要条件是：$\overrightarrow{M_1M_2},\boldsymbol{v}_1,\boldsymbol{v}_2$ 不共面. 这等价于：

$$\Delta=(\overrightarrow{M_1M_2},\boldsymbol{v}_1,\boldsymbol{v}_2)\neq 0$$

因此，我们证明了关于空间中两平面位置关系的判定定理：

定理 2.7.1 空间两直线 $l_1$①与 $l_2$②

异面的充要条件是：

$$\Delta=(\overrightarrow{M_1M_2},\boldsymbol{v}_1,\boldsymbol{v}_2)\neq 0 \tag{2.7.1}$$

相交的充要条件是：

$$\Delta=0,\text{且 } X_1:Y_1:Z_1\neq X_2:Y_2:Z_2 \tag{2.7.2}$$

平行的充要条件是：

$$X_1:Y_1:Z_1=X_2:Y_2:Z_2\neq(x_2-x_1):(y_2-y_1):(z_2-z_1) \tag{2.7.3}$$

重合的充要条件是：

$$X_1:Y_1:Z_1=X_2:Y_2:Z_2=(x_2-x_1):(y_2-y_1):(z_2-z_1) \tag{2.7.4}$$

例 2.7.1 判别下列各对直线的相互位置.

(1) l_1：$\dfrac{x-3}{2}=\dfrac{y}{1}=\dfrac{z-1}{0}$ 与 l_2：$\dfrac{x+1}{1}=\dfrac{y-2}{0}=\dfrac{z}{1}$；

(2) l_1：$\begin{cases} x-y-z-1=0 \\ x+2y+z=0 \end{cases}$ 与 l_2：$\dfrac{x-1}{1}=\dfrac{y+1}{-2}=\dfrac{z-2}{3}$.

解 (1) 直线 l_1 通过点 $M_1(3,0,1)$，方向向量 $\boldsymbol{v}_1=\{2,1,0\}$；直线 l_2 通过点 $M_2(-1,2,0)$，方向向量 $\boldsymbol{v}_2=\{1,0,1\}$，于是 $\overrightarrow{M_1M_2}=\{-4,2,-1\}$. 由于

$$\Delta=(\overrightarrow{M_1M_2},\boldsymbol{v}_1,\boldsymbol{v}_2)=\begin{vmatrix}-4&2&1\\2&1&0\\1&0&1\end{vmatrix}=-7\neq0$$

所以直线 l_1 与 l_2 异面.

(2) l_1 的一个方向向量为：

$$\boldsymbol{v}_1=\{1,-1,-1\}\times\{1,2,1\}$$

$$=\left\{\begin{vmatrix}-1&-1\\2&1\end{vmatrix},\begin{vmatrix}-1&1\\1&1\end{vmatrix},\begin{vmatrix}1&-1\\1&2\end{vmatrix}\right\}=\{1,-2,3\}$$

令 $x=0$，解得 $y=1,z=-2$，由此得 l_1 上的一个点 $M_1(0,1,-2)$. 而 l_2 通过点 $M_2(1,-1,2)$的一个方向向量为$\boldsymbol{v}_2=\{1,-2,3\}$，所以$\overrightarrow{M_1M_2}=\{1,-2,4\}$，于是

$$\Delta=(\overrightarrow{M_1M_2},\boldsymbol{v}_1,\boldsymbol{v}_2)=\begin{vmatrix}1&-2&4\\1&-2&3\\1&-2&3\end{vmatrix}=0$$

因此直线 l_1 与 l_2 共面. 又 $1:(-2):3=1:(-2):3\neq1:(-2):4$，所以$\boldsymbol{v}_1 /\!/ \boldsymbol{v}_2$ 但不平行于$\overrightarrow{M_1M_2}$，故直线 l_1 与 l_2 平行.

2.7.2 空间两直线间的夹角

空间两直线 l_1 与 l_2 的方向向量$\boldsymbol{v}_1$与$\boldsymbol{v}_2$的夹角或其补角称为直线 l_1 与 l_2 的夹角，记作$\angle(l_1,l_2)$，即

$$\angle(l_1,l_2)=\angle(\boldsymbol{v}_1,\boldsymbol{v}_2)\text{或}\ \pi-\angle(\boldsymbol{v}_1,\boldsymbol{v}_2)$$

从而有：

定理 2.7.2 空间两直线 $l_1$①与 $l_2$②夹角的余弦为

$$\cos\angle(l_1,l_2)=\pm\cos\angle(\boldsymbol{v}_1,\boldsymbol{v}_2)=\pm\frac{\boldsymbol{v}_1\cdot\boldsymbol{v}_2}{|\boldsymbol{v}_1||\boldsymbol{v}_2|}=\pm\frac{X_1X_2+Y_1Y_2+Z_1Z_2}{\sqrt{X_1^2+Y_1^2+Z_1^2}\sqrt{X_2^2+Y_2^2+Z_2^2}} \tag{2.7.5}$$

所以，空间两直线 l_1 与 l_2 垂直的充要条件为它们的方向向量$\boldsymbol{v}_1$与$\boldsymbol{v}_2$垂直，即：

推论 空间两直线 $l_1$①与 $l_2$②垂直的充要条件为：

$$\boldsymbol{v}_1\perp\boldsymbol{v}_2$$
$$\Leftrightarrow\boldsymbol{v}_1\cdot\boldsymbol{v}_2=0$$
$$\Leftrightarrow X_1X_2+Y_1Y_2+Z_1Z_2=0$$

例 2.7.2 已知空间两直线的方程

$$l_1:\ \frac{x-2}{-1}=\frac{y+2}{1}=\frac{z+1}{2}$$

$$l_2: \frac{x-1}{2}=\frac{y+1}{1}=\frac{z-1}{-1}$$

试判定它们的位置关系，若相交，求出它们的交角和交点.

解 直线 l_1 通过点 $M_1(2,-2,-1)$，方向向量$\boldsymbol{v}_1=\{-1,1,2\}$；直线 l_2 通过点 $M_2(1,-1,1)$，方向向量$\boldsymbol{v}_2=\{2,1,-1\}$，于是$\overrightarrow{M_1M_2}=\{-1,1,2\}$. 由于

$$\Delta=(\overrightarrow{M_1M_2},\boldsymbol{v}_1,\boldsymbol{v}_2)=\begin{vmatrix}-1 & 1 & 2\\ -1 & 1 & 2\\ 2 & 1 & 1\end{vmatrix}=0$$

所以直线 l_1 与 l_2 共面. 又因为$(-1):1:2\neq2:1:(-1)$，即$\boldsymbol{v}_1$不平行于$\boldsymbol{v}_2$，故直线 l_1 与 l_2 相交. 根据夹角公式(2.7.5)，有

$$\begin{aligned}\cos\angle(l_1,l_2)&=\pm\cos\angle(\boldsymbol{v}_1,\boldsymbol{v}_2)\\&=\pm\frac{(-1)\times2+1\times1+2\times(-1)}{\sqrt{1+1+4}\sqrt{4+1+1}}\\&=\pm\frac{(-3)}{6}=\mp\frac{1}{2}\end{aligned}$$

所以直线 l_1 与 l_2 的夹角为$\angle(l_1,l_2)=\frac{2\pi}{3}$或$\frac{\pi}{3}$.

为求交点，将直线 l_1 的方程改写为参数式：

$$\begin{cases}x=-t+2\\ y=t-2\\ z=2t-1\end{cases} \qquad ③$$

将直线 l_2 的方程改写为一般式：

$$\begin{cases}x-2y-3=0\\ y+z=0\end{cases} \qquad ④$$

将③代入④，解得 $t=1$，代入③式，得两直线交点坐标$(1,-1,1)$.

2.7.3 两异面直线间的距离与公垂线的方程

空间两直线 l_1 与 l_2 之间的距离，就是 l_1 上的点到 l_2 上的点之间的最短距离，记作 $d(l_1,l_2)$.

如果 l_1 与 l_2 相交或重合，那么 l_1 与 l_2 的距离等于 0；如果 l_1 与 l_2 平行，那么 l_1 上任一点到 l_2 的距离就是 l_1 与 l_2 的距离.

下面考虑两异面直线间的距离.

与两条异面直线都垂直相交的直线叫做两条异面直线的公垂线. 任意两条异面直线有且只有一条公垂线. 公垂线与两条异面直线相交的点所形成的线段，叫做这两条异面直线的公垂线段. 两条异面直线的公垂线段是分别连接两条异面直线

上两点的线段中最短的一条，因此，两异面直线的距离等于夹在两异面直线间的公垂线段的长.

已知空间两异面直线的方程分别为：

$$l_1:\ \frac{x-x_1}{X_1}=\frac{y-y_1}{Y_1}=\frac{z-z_1}{Z_1}$$

$$l_2:\ \frac{x-x_2}{X_2}=\frac{y-y_2}{Y_2}=\frac{z-z_2}{Z_2}$$

那么直线 l_1 过点 $M_1(x_1,y_1,z_1)$，方向向量为$\boldsymbol{v}_1=\{X_1,Y_1,Z_1\}$；直线 l_2 过定点 $M_2(x_2,y_2,z_2)$，方向向量为$\boldsymbol{v}_2=\{X_2,Y_2,Z_2\}$. 记两异面直线 l_1,l_2 的公垂线为 l_0，因为 $l_0\perp\boldsymbol{v}_1,l_0\perp\boldsymbol{v}_2$，所以 $l_0/\!/\boldsymbol{v}_1\times\boldsymbol{v}_2$，从而可取公垂线 l_0 的一个方向向量为$\boldsymbol{v}_1\times\boldsymbol{v}_2$. 设两异面直线 l_1,l_2 与它们的公垂线 l_0 的交点分别为 N_1,N_2（图 2.11)，那么两异面直线的距离

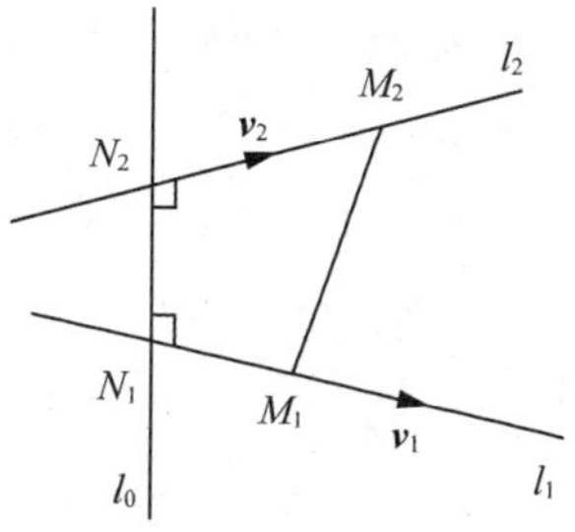

图 2.11

$$d(l_1,l_2)=|\overrightarrow{N_1N_2}|$$

又因为点 M_1 和 M_2 在公垂线 l_0 上的射影(投影)分别为 N_1 和 N_2，所以，

$$\begin{aligned}d(l_1,l_2)&=|\overrightarrow{N_1N_2}|=|\text{射影}_{l_0}\overrightarrow{M_1M_2}|=|\text{射影}_{\boldsymbol{v}_1\times\boldsymbol{v}_2}\overrightarrow{M_1M_2}|\\&=|\overrightarrow{M_1M_2}|\,|\cos\angle(\boldsymbol{v}_1\times\boldsymbol{v}_2,\overrightarrow{M_1M_2})|\\&=\frac{|(\boldsymbol{v}_1\times\boldsymbol{v}_2)\cdot\overrightarrow{M_1M_2}|}{|\boldsymbol{v}_1\times\boldsymbol{v}_2|}\end{aligned}$$

即

$$d(l_1,l_2)=\frac{|(\overrightarrow{M_1M_2},\boldsymbol{v}_1,\boldsymbol{v}_2)|}{|\boldsymbol{v}_1\times\boldsymbol{v}_2|}\tag{2.7.6}$$

如果用坐标表示就是

$$d(l_1,l_2)=\left|\frac{\begin{vmatrix}x_2-x_1&y_2-y_1&z_2-z_1\\X_1&Y_1&Z_1\\X_2&Y_2&Z_2\end{vmatrix}}{\sqrt{\begin{vmatrix}Y_1&Z_1\\Y_2&Z_2\end{vmatrix}^2+\begin{vmatrix}Z_1&X_1\\Z_2&X_2\end{vmatrix}^2+\begin{vmatrix}X_1&Y_1\\X_2&Y_2\end{vmatrix}^2}}\right|\tag{2.7.7}$$

因为 $|(\overrightarrow{M_1M_2},\boldsymbol{v}_1,\boldsymbol{v}_2)|$ 是以 $\overrightarrow{M_1M_2}$，$\boldsymbol{v}_1$，$\boldsymbol{v}_2$ 为棱的平行六面体的体积，而 $|\boldsymbol{v}_1\times\boldsymbol{v}_2|$ 是以$\boldsymbol{v}_1,\boldsymbol{v}_2$为邻边的平行四边形的面积，也就是上述平行六面体的一个面的面积，所以从方程(2.7.6)可以看出，两异面直线的距离恰好是这个平行六面体

在$\boldsymbol{v}_1,\boldsymbol{v}_2$所决定的底面上的高，即：

$$d(l_1,l_2)=h=\frac{V_{平行六面体(\overrightarrow{M_1M_2},\boldsymbol{v}_1,\boldsymbol{v}_2)}}{S_{平行四边形(\boldsymbol{v}_1,\boldsymbol{v}_2)}}$$

下面再来求两异面直线 l_1 和 l_2 公垂线 l_0 的方程. 从上面的讨论，我们已经知道公垂线 l_0 的一个方向向量为

$$\boldsymbol{v}_0=\boldsymbol{v}_1\times\boldsymbol{v}_2=\left\{\begin{vmatrix}Y_1 & Z_1\\ Y_2 & Z_2\end{vmatrix},\begin{vmatrix}Z_1 & X_1\\ Z_2 & X_2\end{vmatrix},\begin{vmatrix}X_1 & Y_1\\ X_2 & Y_2\end{vmatrix}\right\}\overset{\Delta}{=}\{X,Y,Z\}$$

如图 2.12 所示，公垂线 l_0 可以看作是由直线 l_1 和 l_0 所确定的平面 π_1 和由直线 l_2 和 l_0 所确定的平面 π_2 的交线，而平面 π_1 可以由点 M_1 和两个方位向量$\boldsymbol{v}_1,\boldsymbol{v}_0$确定，平面 π_2 可以由点 M_2 和两个方位向量$\boldsymbol{v}_2,\boldsymbol{v}_0$确定，所以公垂线 l_0 的方程为

$$\begin{cases}(\overrightarrow{M_1M},\boldsymbol{v}_1,\boldsymbol{v}_0)=0\\(\overrightarrow{M_2M},\boldsymbol{v}_2,\boldsymbol{v}_0)=0\end{cases}\tag{2.7.8}$$

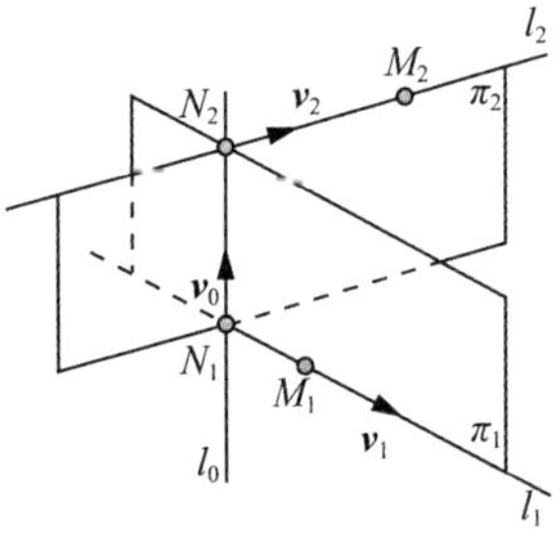

图 2.12

其中 M 为公垂线 l_0 上的任一点，设其坐标为(x,y,z)，那么用坐标表示方程(2.7.8)就是

$$\begin{cases}\begin{vmatrix}x-x_1 & y-y_1 & z-z_1\\ X_1 & Y_1 & Z_1\\ X & Y & Z\end{vmatrix}=0\\ \begin{vmatrix}x-x_2 & y-y_2 & z-z_2\\ X_2 & Y_2 & Z_2\\ X & Y & Z\end{vmatrix}=0\end{cases}\tag{2.7.9}$$

例 2.7.3 已知两直线

$$l_1:\frac{x}{1}=\frac{y}{-1}=\frac{z+1}{0}$$

$$l_2:\frac{x-1}{1}=\frac{y-1}{2}=\frac{z}{1}$$

试证明两直线 l_1 与 l_2 为异面直线，并求 l_1 与 l_2 间的距离与它们的公垂线方程.

解 直线 l_1 过点 $M_1(0,0,-1)$，方向向量$\boldsymbol{v}_1=\{1,-1,0\}$；直线 l_2 通过点 $M_2(1,1,0)$，方向向量$\boldsymbol{v}_2=\{1,2,1\}$. 于是$\overrightarrow{M_1M_2}=\{1,1,1\}$. 由于

$$\Delta=(\overrightarrow{M_1M_2},\boldsymbol{v}_1,\boldsymbol{v}_2)=\begin{vmatrix}1 & 1 & 1\\ 1 & -1 & 0\\ 1 & 2 & 1\end{vmatrix}=1\neq 0$$

所以 l_1 与 l_2 为异面直线.

又因为 l_1 与 l_2 的公垂线 l_0 的方向向量可取为

$$\boldsymbol{v}_1\times\boldsymbol{v}_2=\left\{\begin{vmatrix}-1 & 0\\ 2 & 1\end{vmatrix},\begin{vmatrix}0 & 1\\ 1 & 1\end{vmatrix},\begin{vmatrix}1 & -1\\ 1 & 2\end{vmatrix}\right\}=\{-1,-1,3\},$$

所以 l_1 与 l_2 之间的距离为

$$d(l_1,l_2)=\frac{|(\overrightarrow{M_1M_2},\boldsymbol{v}_1,\boldsymbol{v}_2)|}{|\boldsymbol{v}_1\times\boldsymbol{v}_2|}=\frac{1}{\sqrt{1+1+9}}=\frac{\sqrt{11}}{11}$$

根据方程(2.7.9)得公垂线 l_0 的方程为

$$\begin{cases}\begin{vmatrix}x & & y\\ 1 & -1 & 0\\ -1 & -1 & 3\end{vmatrix}=0\\ \begin{vmatrix}x-1 & y-1 & z\\ 1 & 2 & 1\\ -1 & -1 & 3\end{vmatrix}=0\end{cases}$$

即

$$\begin{cases}3x+3y+2z+2=0\\ 7x-4y+z-3=0\end{cases}$$

习题 2.7

1. 判定下列各组直线的相关位置.

(1) 直线 $\begin{cases}x=1+2t\\ y=7+t\\ z=3+4t\end{cases}$ 与直线 $\dfrac{x-6}{3}=\dfrac{y+1}{-2}=\dfrac{z+2}{1}$;

(2) 直线 $\dfrac{x-1}{2}=\dfrac{y-2}{-2}=\dfrac{z}{-1}$ 与直线 $\dfrac{x}{-2}=\dfrac{y+5}{3}=\dfrac{z-4}{0}$;

(3) 直线 $\begin{cases}x=5+2t\\ y=2-t\\ z=-7+t\end{cases}$ 与直线 $\begin{cases}x+3y+z+2=0\\ x-y-3z-2=0\end{cases}$;

(4) 直线 $\begin{cases}2x+y+z-8=0\\ 2x-y+3z-24=0\end{cases}$ 与直线 $\dfrac{x-3}{1}=\dfrac{y+3}{-1}=\dfrac{z-5}{-1}$.

2. 已知空间两条直线的方程

$$l_1:\ \frac{x}{1}=\frac{y}{2}=\frac{z}{3},\quad l_2:\ \frac{x-1}{2}=\frac{y-2}{1}=\frac{z-3}{4}$$

(1) 判断两直线的位置关系;

(2) 求两直线的交角;

(3) 求两直线的交点.

3. 已知空间两条直线的方程为

$$l_1: \frac{x-3}{1}=\frac{y-5}{-2}=\frac{z-7}{1}, \quad l_2: \frac{x+1}{7}=\frac{y+1}{-6}=\frac{z+1}{1}$$

验证 l_1 与 l_2 为异面直线,并求出 l_1 与 l_2 之间的距离和它们公垂线的方程.

4. 求过点 $P(2,-3,4)$ 且与直线

$$l_1: \frac{x+2}{1}=\frac{y-3}{-1}=\frac{z+1}{1}, \quad l_2: \frac{x+4}{2}=\frac{y}{1}=\frac{z-4}{3}$$

都垂直的直线的方程.

5. 求过点 $P(2,-1,3)$ 且与直线 $\frac{x-1}{-1}=\frac{y}{0}=\frac{z-2}{2}$ 垂直相交的直线的方程.

6. 求过点(11,0,9)与直线 $\frac{x-1}{2}=\frac{y+3}{4}=\frac{z-5}{3}$ 和直线 $\frac{x}{5}=\frac{y-2}{-1}=\frac{z+1}{2}$ 都相交的直线的方程.

2.8 平面束

2.8.1 有轴平面束

定义 2.8.1 空间中通过同一直线的所有平面的集合叫做有轴平面束,那条直线叫做平面束的轴.

定理 2.8.1 如果两个平面

$$\pi_1: A_1x+B_1y+C_1z+D_1=0 \qquad ①$$

$$\pi_2: A_2x+B_2y+C_2z+D_2=0 \qquad ②$$

的交线为 l,那么以直线 l 为轴的有轴平面束的方程是

$$\lambda_1(A_1x+B_1y+C_1z+D_1)+\lambda_2(A_2x+B_2y+C_2z+D_2)=0 \qquad (2.8.1)$$

其中 λ_1,λ_2 是不全为零的任意实数.

证明 首先,当任取两个不全为零的 λ_1,λ_2 的值时,方程(2.8.1)表示一个平面.把方程(2.8.1)改写为

$$(\lambda_1A_1+\lambda_2A_2)x+(\lambda_1B_1+\lambda_2B_2)y+(\lambda_1C_1+\lambda_2C_2)z+(\lambda_1D_1+\lambda_2D_2)=0 \qquad (2.8.1')$$

这里的系数 $\lambda_1A_1+\lambda_2A_2,\lambda_1B_1+\lambda_2B_2,\lambda_1C_1+\lambda_2C_2$ 不能全为零.如果

$$\lambda_1A_1+\lambda_2A_2=0, \quad \lambda_1B_1+\lambda_2B_2=0, \quad \lambda_1C_1+\lambda_2C_2=0$$

得

$$\frac{A_1}{A_2}=\frac{B_1}{B_2}=\frac{C_1}{C_2}$$

这与两平面 π_1 与 π_2 相交矛盾，因此(2.8.1′)是关于一个 x,y,z 的一次方程，所以(2.8.1′)或(2.8.1)表示一个平面.

下面证明，对于任意不全为零的实数 λ_1,λ_2，平面(2.8.1)总通过直线 l，这是因为平面 π_1 与 π_2 的交线 l 上任意一点的坐标同时满足方程①与②，从而满足方程(2.8.1)，所以直线 l 在平面(2.8.1)上，因此平面(2.8.1)总表示通过直线 l 的平面，即平面(2.8.1)总是通过直线 l 的平面束中的平面.

反过来，再证明通过平面 π_1 与 π_2 的交线 l 的平面 π 的方程，一定能表示为方程(2.8.1).

事实上，若 $\pi\equiv\pi_1$，可取 $\lambda_1=1,\lambda_2=0$；若 $\pi\equiv\pi_2$，可取 $\lambda_1=0,\lambda_2=1$. 当 π 既不是 π_1，又不是 π_2 时，则取 π 上一点 $M_0(x_0,y_0,z_0)\notin\pi_1,\pi_2$，那么有

$$A_1x_0+B_1y_0+C_1z_0+D_1\neq 0$$
$$A_2x_0+B_2y_0+C_2z_0+D_2\neq 0$$

取 $\lambda_1:\lambda_2=-(A_2x_0+B_2y_0+C_2z_0+D_2):(A_1x_0+B_1y_0+C_1z_0+D_1)$，则有平面

$$\begin{aligned}&-(A_2x_0+B_2y_0+C_2z_0+D_2)(A_1x+B_1y+C_1z+D_1)+\\&\quad(A_1x_0+B_1y_0+C_1z_0+D_1)(A_2x+B_2y+C_2z+D_2)=0\end{aligned}$$

该平面通过点 $M_0(x_0,y_0,z_0)$ 及平面 π_1 与 π_2 的交线 l，故必与所给平面 π 重合.

例 2.8.1　求通过直线 $l:\begin{cases}x+y-z-1=0\\x-y+z+1=0\end{cases}$ 和点 $M_0(2,1,1)$ 的平面 π 的方程.

解法一　因为直线 l 的一个方向向量为

$$\begin{aligned}\boldsymbol{v}&=\{1,1,-1\}\times\{1,-1,1\}=\left\{\begin{vmatrix}1&-1\\-1&1\end{vmatrix},\begin{vmatrix}-1&1\\1&1\end{vmatrix},\begin{vmatrix}1&1\\1&-1\end{vmatrix}\right\}\\&=\{0,-2,-2\}=-2\{0,1,1\}\end{aligned}$$

令 $x=0$，解得 $y=1,z=0$，所以直线 l 过定点 $M_1(0,1,0)$. 又已知平面 π 通过直线 l 和点 M_0，所以可取平面 π 的一个定点 $M_0(2,1,1)$，平面 π 的一对方位向量为

$$\boldsymbol{a}=\{0,1,1\},\quad \boldsymbol{b}=\overrightarrow{M_0M_1}=\{-2,0,-1\}$$

所以平面 π 的点位式方程为

$$\begin{vmatrix}x-2&y-1&z-1\\0&1&1\\-2&0&-1\end{vmatrix}=0$$

即

$$x+2y-2z-2=0$$

解法二 设所求平面 π 方程为

$$\lambda_1(x+y-z-1)+\lambda_2(x-y+z+1)=0$$

由平面 π 通过 $M_0(2,1,1)$ 得

$$\lambda_1(2+1-1-1)+\lambda_2(2-1+1+1)=0$$

即 $\lambda_1+3\lambda_2=0$. 因此，$\lambda_1:\lambda_2=3:(-1)$，所求平面 π 的方程为

$$3(x+y-z-1)-(x-y+z+1)=0$$

即 $2x+4y-4z-4=0$，所以平面 π 方程为 $x+2y-2z-2=0$.

例 2.8.2 求通过直线 $\begin{cases}4x-y+3z-1=0\\x+5y-z+2=0\end{cases}$ 且与平面 $2x-y+5z-3=0$ 垂直的平面的方程.

解 设所求平面的方程为

$$\lambda_1(4x-y+3z-1)+\lambda_2(x+5y-z+2)=0$$

即 $(4\lambda_1+\lambda_2)x+(-\lambda_1+5\lambda_2)y+(3\lambda_1-\lambda_2)z+(-\lambda_1+2\lambda_2)=0$

由两平面垂直的条件得

$$2(4\lambda_1+\lambda_2)-(-\lambda_1+5\lambda_2)+5(3\lambda_1-\lambda_2)=0$$

即 $24\lambda_1-8\lambda_2=0$. 因此，$\lambda_1:\lambda_2=1:3$，所求平面的方程为

$$(4x-y+3z-1)+3(x+5y-z+2)=0$$

即 $7x+14y+5=0$.

2.8.2 平行平面束

定义 2.8.2 空间中平行于同一平面的所有平面的集合叫做平行平面束.

定理 2.8.2 由平面 π: $Ax+By+Cz+D=0$ 决定的平行平面束的方程为

$$Ax+By+Cz+\lambda=0 \tag{2.8.2}$$

其中 λ 为任意实数.

证明 首先，对任意的实数 λ，方程(2.8.2)总表示由平面 π 决定的平行平面束中的平面. 当 $\lambda=D$ 时，它表示平面 π；当 $\lambda\neq D$ 时，它表示与平面 π 平行的平面.

反过来，对于由平面 π 决定的平行平面束中任一平面 π'，它的方程总可表示成方程(2.8.2)的形式. 事实上，若取平面 π' 上一点 $M_0(x_0,y_0,z_0)$，则可取 $\lambda=-(Ax_0+By_0+Cz_0)$，使平面 π' 的方程表示成方程(2.8.2)的形式：

$$Ax+By+Cz-(Ax_0+By_0+Cz_0)=0$$

综上，方程(2.8.2)是由平面 π 决定的平行平面束的方程.

例 2.8.3 平面 π 与平面 $2x-y+2z-3=0$ 平行，且点 $(1,0,-2)$ 到平面 π 的距离等于 2，求平面 π 的方程.

解 平面 π 平行于已知平面，故可设 π 的方程为

$$2x-y+2z+\lambda=0$$

又点 $(1,0,-2)$ 到 π 的距离等于 2，根据点到平面的距离公式，得

$$\frac{|2+0-4+\lambda|}{\sqrt{4+1+4}}=2$$

即 $\lambda-2=\pm 6$，解得 $\lambda=8$ 或 $\lambda=-4$，故平面 π 的方程为 $2x-y+2z+8=0$ 或 $2x-y+2z-4=0$.

习题 2.8

1. 求通过两个平面 $x+y-z=0$ 和 $x-y+z-1=0$ 的交线，且

(1) 通过点 $(1,1,-1)$ 的平面方程；

(2) 平行于 x 轴的平面方程.

2. 求通过直线 $\begin{cases} x+y+z+1=0 \\ 3x+2y=0 \end{cases}$ 并与平面 $4x+2y-4z-5=0$ 垂直的平面方程.

3. 求与平面 $2x+y-2z+7=0$ 平行，且

(1) 在 z 轴上的截距等于 5 的平面的方程；

(2) 通过点 $(2,1,-1)$ 的平面的方程；

(3) 与原点的距离等于 1 的平面的方程.

4. 证明直线 l：$\dfrac{x}{2}=\dfrac{y}{-1}=\dfrac{z-1}{2}$ 与平面 π：$x+2y+1=0$ 平行，并求通过直线 l 且平行于平面 π 的平面的方程.

5. 证明平面 $2x-y+5=0$，$x-2y+z+2=0$ 和 $3x-3y+z+7=0$ 属于同一平面束.

小 结

本章利用向量和坐标的方法讨论了空间最简单的曲线和曲面——直线和平面. 具体内容概括起来大体可以分为三部分：一是根据已知条件导出平面的方程；二是根据已知条件导出直线的方程；三是讨论了点、直线、平面之间的位置关系及它们之间的度量关系.

1. 关于平面的方程

关于平面的方程，可归纳为五种形式：一般方程、点法式方程、点位式方程（含参数方程）以及作为它的特殊情形的三点式方程和截距式方程．虽然这几种平面方程的导出条件和形式有所不同，但它们有着共同的联系，可以互相转化．

在平面的一般方程中，不要把缺项的方程所表示的图形认为是一条直线，如 $x+y+5=0$，它表示平行于 z 轴的平面．明确地说，务必要注意空间解析几何与平面解析几何的区别．

在导出平面的一般方程中，提到了平面基本定理．这个定理建立了平面与三元一次方程之间的对应，有了这种对应，才能通过三元一次方程来研究平面的性质．而几何图形与代数方程的对应具有更普遍的意义，因为在解析几何中，必须建立两种基本的对应关系，一是点与数组的对应，二是几何图形与代数方程的对应．

2. 关于直线的方程

关于直线的方程，可归纳为四种形式：点向式（含标准式和参数式）、两点式（含标准式和参数式）、一般式和射影式．虽然这几种直线方程的导出条件和形式有所不同，但它们也有着共同的联系，可以互相转化．要能根据不同的问题，灵活地使用直线的不同形式的方程，而且能够熟练地进行直线方程不同形式的互化．

3. 点、直线、平面的相关位置及它们之间的各种度量关系

1）点、直线、平面的相关位置

利用平面和直线在空间直角坐标系中的方程，我们可以用代数的形式来表达直线、平面的各种位置关系．两平面的位置关系有相交、平行、重合；直线与平面的位置关系有相交、平行、直线在平面上；两直线的位置关系有异面、共面（相交、平行、重合）．

2）点、直线、平面之间的各种度量关系

利用平面和直线在空间直角坐标系中的方程，我们还可以用代数的形式来表达直线、平面之间的各种度量关系．这些度量关系有：两直线间的夹角；两平面间的夹角；直线与平面的夹角；点到直线的距离；点到平面的距离；两异面直线的距离．要能熟练地掌握有关的公式及几何特征，但不一定要死记硬背．

这章所讨论的问题虽是直线与平面，但实际上也是第 1 章向量代数理论的一次集中应用，从中我们可以清楚地看到将向量代数作为工具的优越性．

3　二次曲面

本章主要介绍一些常见的二次曲面及其方程.这些曲面中,有的在图形上表现出突出的几何特征,我们就通过图形去讨论它的方程;有的在方程上表现出特殊的简单形式,我们就通过方程去讨论它的图形.通过本章的学习,我们应该掌握学习几何的基本技能,那就是根据图形的几何特征建立它的方程以及从方程出发、运用代数方法研究它的几何性质.

3.1　图形与方程

3.1.1　曲面与方程

在中学已讲过,平面中包含两个变量 x,y 的方程,比如 $y=f(x)$ 或 $F(x,y)=0$ 的图形是平面上的曲线,那么空间中包含三个变量 x,y,z 的方程表示什么图形呢?

给定一个二元函数 $z=f(x,y)$,它对于 x,y 的一组值就确定了 z 的一个值 $f(x,y)$.任取一个空间直角坐标系,那么当 (x,y) 变动时,点 $(x,y,f(x,y))$ 就画出一个图形来,这就是函数 $z=f(x,y)$ 的图形,它一般是一个曲面(图 3.1).

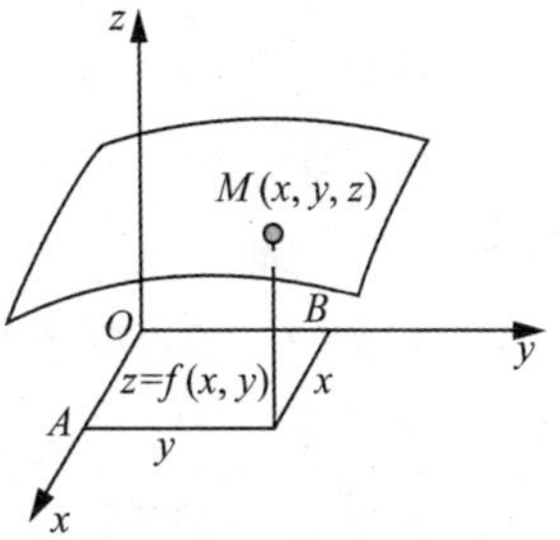

图 3.1

一般地,坐标满足一个三元方程 $F(x,y,z)=0$ 的那些点 (x,y,z) 也形成一个曲面,它就是方程 $F(x,y,z)=0$ 的图形.特别地,一个三元一次方程的图形是一个平面.

反过来,假设给定了一个曲面,它是由空间中一部分点组成的.任取一个空间直角坐标系,当点在曲面上时,它的坐标不是任意的,而要满足一定的条件,这个条件一般可以表示成一个方程的形式:$F(x,y,z)=0$,我们称之为曲面的方程.

定义 3.1.1　在空间直角坐标系下,如果曲面 Σ 与方程 $F(x,y,z)=0$ 有如下关系:

(1) 曲面 Σ 上任意一点的坐标 (x,y,z) 都满足方程 $F(x,y,z)=0$;

(2) 满足方程 $F(x,y,z)=0$ 的 (x,y,z) 所表示的点都在曲面 Σ 上;

那么,方程 $F(x,y,z)=0$ 称为曲面 Σ 的方程,曲面 Σ 称为方程 $F(x,y,z)=0$

的图形.

下面来看一些推求曲面方程的例子.

例 3.1.1 (球面)求以点 $C(a,b,c)$ 为球心,以 r 为半径的球面的方程.

解 设 $M(x,y,z)$ 是球面上任意一点,由于球面上任意一点到球心的距离都等于半径,所以

$$|\overrightarrow{CM}|=r$$

而

$$|\overrightarrow{CM}|=\sqrt{(x-a)^2+(y-b)^2+(z-c)^2}$$

因此,所求球面的方程为

$$(x-a)^2+(y-b)^2+(z-c)^2=r^2 \tag{3.1.1}$$

特别地,以原点为球心的球面的方程为

$$x^2+y^2+z^2=r^2 \tag{3.1.2}$$

方程(3.1.1)或(3.1.2)称为球面的标准方程.

将方程(3.1.1)展开后得

$$x^2+y^2+z^2-2ax-2by-2cz+(a^2+b^2+c^2-r^2)=0$$

因此球面方程是一个三元二次方程,它的所有平方项系数相等,交叉项消失.

反过来,如果三元二次方程

$$Ax^2+By^2+Cz^2+Dxy+Eyz+Fzx+Gx+Hy+Kz+L=0$$

当 $A=B=C\neq 0,D=E=F=0$ 时,方程可化为

$$x^2+y^2+z^2+2gx+2hy+2kz+l=0 \tag{3.1.3}$$

如果 $g^2+h^2+k^2-l>0$,那么方程(3.1.3)表示实球面;如果 $g^2+h^2+k^2-l=0$,那么方程(3.1.3)表示空间一个点$(-g,-h,-k)$,我们称为点球;如果 $g^2+h^2+k^2-l<0$,那么方程(3.1.3)无实图,我们称为虚球面.因此我们有:

球面的方程是一个平方项系数相等且交叉项消失的三元二次方程;反过来,任何一个三元二次方程,如果它的平方项系数相等且交叉项消失,那么它一定表示一个球面(实球面、点球或虚球面),此时称它为球面的一般方程.

例 3.1.2 (圆柱面)求半径为 r 的圆柱面的方程.

解 取直角坐标系,使 z 轴与圆柱面的轴重合,圆柱面上任意一点 $M(x,y,z)$ 与轴的距离(实际上就是到点$(0,0,z)$的距离)等于圆柱的半径 r,从而圆柱面的方程为 $\sqrt{x^2+y^2}=r$,即

$$x^2+y^2=r^2 \tag{3.1.4}$$

这里特别指出,方程中不出现 z,表示 z 可以取任意值.几何上,它表示的曲面

沿 z 轴的方向无限延伸.特别地,方程 $y^2+z^2=r^2$ 与 $x^2+z^2=r^2$ 分别表示轴与 x 轴、y 轴重合的,半径为 r 的圆柱面的方程.

曲面也可以用参数方程来表示.我们已经熟知的平面的参数方程(2.1.5),即

$$\begin{cases}x=x_0+uX_1+vX_2\\ y=y_0+uY_1+vY_2\ (u,v\in\mathbb{R})\\ z=z_0+uZ_1+vZ_2\end{cases}$$

也可以表示成向量的形式:

$$\boldsymbol{r}=\boldsymbol{r}(u,v)=\{x,y,z\}=\{x_0+uX_1+vX_2,y_0+uY_1+vY_2,z_0+uZ_1+vZ_2\}$$

这里的$\boldsymbol{r}$为平面 π 上动点 $M(x,y,z)$的位置向量,$u,v\in\mathbb{R}$ 为参数.

一般地:

定义 3.1.2 在空间直角坐标系下,如果曲面 Σ 与方程

$$\begin{cases}x=x(u,v)\\ y=y(u,v)\ (a\leqslant u\leqslant b,c\leqslant v\leqslant d)\\ z=z(u,v)\end{cases}\tag{3.1.5}$$

或

$$\boldsymbol{r}=\boldsymbol{r}(u,v)=\{x(u,v),y(u,v),z(u,v)\}\tag{3.1.5'}$$

满足如下关系:

(1) 对于 $u(a\leqslant u\leqslant b)$ 与 $v(c\leqslant v\leqslant d)$ 每一对值 (u,v),由方程(3.1.5)或(3.1.5′)确定的点 $(x(u,v),y(u,v),z(u,v))$ 都在曲面 Σ 上;

(2) 曲面 Σ 上任意一点的坐标 (x,y,z) 都可以由 $u(a\leqslant u\leqslant b)$ 与 $v(c\leqslant v\leqslant d)$ 的某一对值通过方程(3.1.5)或(3.1.5′)确定,

则称方程(3.1.5)或(3.1.5′)为曲面的参数方程,其中 u,v 为参数.

例 3.1.3 (球面的参数方程)求球心在原点,半径为 r 的球面的参数方程.

解 设球面上动点为 $M(x,y,z)$,M 在 xOy 面上射影为 P,而 P 在 x 轴上射影为 Q.又设从 x 轴到$\overrightarrow{OP}$的角为 φ,从$\overrightarrow{OP}$到$\overrightarrow{OM}$的角为 θ(图 3.2),那么点 $M(x,y,z)$的坐标可以用 φ,θ 确定:

$$x=|\overrightarrow{OQ}|=|\overrightarrow{OP}|\cos\varphi=|\overrightarrow{OM}|\cos\theta\cos\varphi=r\cos\theta\cos\varphi$$

$$y=|\overrightarrow{QP}|=|\overrightarrow{OP}|\sin\varphi=|\overrightarrow{OM}|\cos\theta\sin\varphi=r\cos\theta\sin\varphi$$

$$z=|\overrightarrow{PM}|=|\overrightarrow{OM}|\sin\theta=r\sin\theta$$

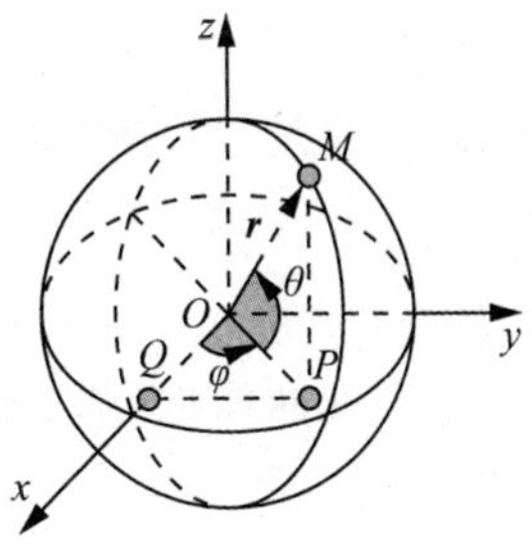

图 3.2

即球面的参数方程是

$$\begin{cases} x=r\cos\theta\cos\varphi \\ y=r\cos\theta\sin\varphi \\ z=r\sin\theta \end{cases} \quad \left(0\leqslant\varphi<2\pi,-\frac{\pi}{2}\leqslant\theta\leqslant\frac{\pi}{2}\right) \tag{3.1.6}$$

或表示为

$$\boldsymbol{r}=\boldsymbol{r}(\theta,\varphi)=\{r\cos\theta\cos\varphi,r\cos\theta\sin\varphi,r\sin\theta\} \tag{3.1.6$'$}$$

如果从方程(3.1.6)消去参数 φ,θ,就得球面的标准方程(3.1.2).

3.1.2 空间曲线与方程

空间直线可以看成是两个平面的交线,它可以用这两个平面的方程联立的方程组来表示;同理,空间曲线也可以看成两个曲面的交线,所以,把两个曲面的方程联立起来,就表示一条空间曲线.一般地,我们有:

定义 3.1.3 设空间曲线 C 为曲面 Σ_1:$F_1(x,y,z)=0$ 与曲面 Σ_2:$F_2(x,y,z)=0$ 的交线,则方程组

$$\begin{cases} F_1(x,y,z)=0 \\ F_2(x,y,z)=0 \end{cases} \tag{3.1.7}$$

称为空间曲线的一般方程,或称为普通方程.

从代数上知道,一个方程组与它的等价(同解)方程组有相同的解集,因此两个等价的方程组表示同一条空间曲线,即空间曲线可以用不同形式的等价的方程组来表示.

例 3.1.4 (空间圆)空间中的圆可以看成一个球面与一个平面的交线,因此圆的方程为

$$\begin{cases} (x-x_0)^2+(y-y_0)^2+(z-z_0)^2=r^2 \\ Ax+By+Cz+D=0 \end{cases}$$

其中球心 (x_0,y_0,z_0) 到平面的距离小于球面半径 r,即

$$d=\frac{|Ax_0+By_0+Cz_0+D|}{\sqrt{A^2+B^2+C^2}}<r$$

特别地,以原点为圆心,以 r 为半径的坐标平面 xOy 上的圆的方程为

$$\begin{cases} x^2+y^2+z^2=r^2 \\ z=0 \end{cases} \quad 或 \quad \begin{cases} x^2+y^2=r^2 \\ z=0 \end{cases}$$

空间曲线也可以用参数方程来表示.我们已经熟知的空间直线的参数方程(2.4.2),即

$$\begin{cases} x=x_0+Xt \\ y=y_0+Yt \\ z=z_0+Zt \end{cases} \quad (-\infty<t<+\infty)$$

表示成向量的形式为

$$\boldsymbol{r}=\boldsymbol{r}(t)=\{x,y,z\}=\{x_0+Xt,y_0+Yt,z_0+Zt\}$$

这里的$\boldsymbol{r}$为直线上动点$M(x,y,z)$的位置向量,$t\in\mathbb{R}$为参数.

一般地:

定义 3.1.4 在空间直角坐标系下,如果一条空间曲线C与方程

$$\begin{cases}x=x(t)\\y=y(t)\ (a\leqslant t\leqslant b)\\z=z(t)\end{cases}\tag{3.1.8}$$

或

$$\boldsymbol{r}=\boldsymbol{r}(t)=\{x(t),y(t),z(t)\}\tag{3.1.8$'$}$$

满足如下关系:

(1) 对于$t(a\leqslant t\leqslant b)$的每一个值,由方程(3.1.8)或(3.1.8′)确定的点$(x(t),y(t),z(t))$都在曲线C上;

(2) 曲线C上任意一点的坐标(x,y,z)都可以由$t(a\leqslant t\leqslant b)$的某一个值通过方程(3.1.8)或(3.1.8′)确定,

则称方程(3.1.8)或(3.1.8′)为曲线的参数方程,其中t为参数.

例 3.1.5 (圆柱螺线)一动点一方面绕一条轴线作匀速圆周运动,另一方面沿轴线作匀速向上运动,则动点的轨迹称为圆柱螺线,试求圆柱螺线的方程.

解 选轴线所在直线为z轴,建立空间直角坐标系(图3.3).设动点的初始时刻位置为$A(a,0,0)$,以角速度ω绕z轴旋转,同时以线速度b沿z轴正向前进,那么在时刻t,动点从起点A运动到M的位置.设M的坐标为(x,y,z),M在xOy坐标面上的射影为N,那么从x轴到$\overrightarrow{ON}$的角为ωt,因此点M的坐标(x,y,z)为

$$\begin{cases}x=a\cos\omega t\\y=a\sin\omega t\ (-\infty<t<+\infty)\\z=bt\end{cases}\tag{3.1.9}$$

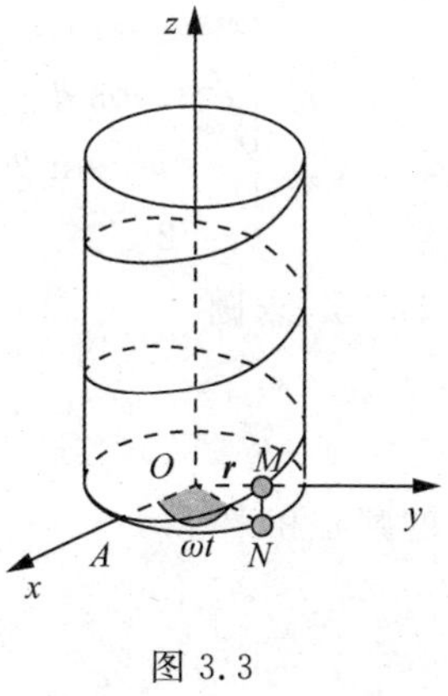

图 3.3

这就是圆柱螺线的参数方程,也可以表示成向量的形式:

$$\boldsymbol{r}=\boldsymbol{r}(t)=\{a\cos\omega t,a\sin\omega t,bt\}$$

这里的t为参数.如果从方程(3.1.9)中消去参数t,可得圆柱螺线的一般方程

$$\begin{cases}x=a\cos\left(\dfrac{\omega}{b}z\right)\\[2ex]y=a\sin\left(\dfrac{\omega}{b}z\right)\end{cases}$$

由方程(3.1.9)的前两式，我们又可得

$$x^2+y^2=a^2$$

这说明圆柱螺线是圆柱面 $x^2+y^2=a^2$ 上的一条曲线. 几何上就是在一张长方形的纸上画一条斜线，然后把这张纸卷成圆柱面，该直线正好形成圆柱螺线.

习题 3.1

1. 求下列球面的球心和半径.

(1) $x^2+y^2+z^2+8x=0$；

(2) $3x^2+3y^2+3z^2-6x+12y-18z-33=0$.

2. 求分别满足下列条件的球面的方程.

(1) 一条直径的两个端点为 $A(-1,2,4)$，$B(5,-2,0)$；

(2) 过点 $A(1,0,0)$，$B(0,1,0)$，$C(0,0,1)$，$O(0,0,0)$；

(3) 球心在 $C(3,-1,-2)$，且与平面 $2x-3y+6z-5=0$ 相切.

3. 求下列参数方程表示的曲面的普通方程.

(1) $\begin{cases}x=5-4u+v\\ y=1+5u+v(u,v\in\mathbb{R})；\\ z=3-u+v\end{cases}$

(2) $\begin{cases}x=a\cos u\\ y=a\sin u(-\pi<u\leqslant\pi,v\in\mathbb{R}).\\ z=v\end{cases}$

4. 将下列空间曲线的参数方程化为一般方程.

(1) $\begin{cases}x=(t+1)^2\\ y=2(t+1)(t\in\mathbb{R})；\\ z=-2t+1\end{cases}$

(2) $\begin{cases}x=2\cos\theta\\ y=1+\sin\theta(-\pi<\theta\leqslant\pi).\\ z=2\end{cases}$

5. 求圆

$$\begin{cases}x^2+y^2+z^2-12x+4y-6z+24=0\\ 2x+2y+z+1=0\end{cases}$$

的圆心和半径.

3.2 柱面和锥面

3.2.1 柱面

定义 3.2.1 在空间中，由平行于定方向且与定曲线相交的一族平行直线所产生的曲面叫柱面. 定方向叫做柱面的方向；定曲线叫做柱面的准线；那族平行线中的每一条直线叫做柱面的母线(图 3.4).

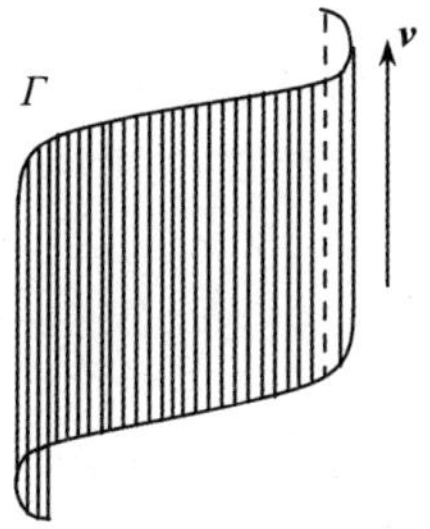

图 3.4

由定义可知，柱面由其准线和定方向唯一确定，但柱面准线却不是唯一的，凡在柱面上且与柱面所有母线都相交的曲线都可以取作柱面的准线，通常取一条平面曲线作为准线.

特别地，若取准线 Γ 为一条直线，则柱面为一平面，可见平面是柱面的特例. 下面分几种情形讨论柱面的方程.

1)母线平行于坐标轴的柱面方程

选取合适的坐标系，研究对象的方程可以大为化简. 设柱面的母线平行于 z 轴，准线为 xOy 面上的一条曲线，其方程为

$$\begin{cases} f(x,y)=0 \\ z=0 \end{cases}$$

又设 $P(x,y,z)$ 为柱面上一动点(图 3.5)，则过点 P 与 z 轴平行的直线是柱面的一条母线，该母线与准线 Γ 的交点记为 $M(x,y,0)$. 因点 M 在准线上，故其坐标应满足准线方程，所以，x,y 满足 $f(x,y)=0$. 由于 $f(x,y)=0$ 不含 z，所以柱面上任一点 $P(x,y,z)$ 的坐标满足方程 $f(x,y)=0$.

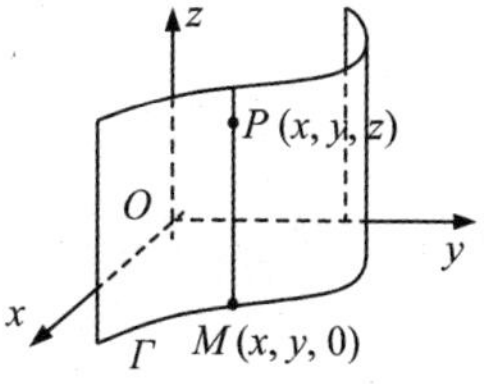

图 3.5

反过来，若一点 $P(x,y,z)$ 的坐标满足方程 $f(x,y)=0$，过 P 作 z 轴的平行线交 xOy 面于点 M，则点 M 的坐标 $(x,y,0)$ 满足准线 Γ 的方程 $f(x,y)=0,z=0$，这表明点 M 在准线 Γ 上. 因此，直线 MP 是柱面的母线(因为直线 MP 的方向向量为 $\{0,0,z\}\parallel\{0,0,1\}$)，所以点 P 在柱面上.

综上所述，我们有如下结论.

定理 3.2.1 若柱面的母线平行于 z 轴，准线是 xOy 坐标面上的曲线

$$\begin{cases} f(x,y)=0 \\ z=0 \end{cases}$$

则柱面方程为

$$f(x,y)=0 \tag{3.2.1}$$

同理,母线平行于 x 轴,且与 yOz 面的交线为 $\begin{cases} g(y,z)=0 \\ x=0 \end{cases}$ 的柱面方程为 $g(y,z)=0$;母线平行于 y 轴,且与 xOz 面的交线为 $\begin{cases} h(x,z)=0 \\ y=0 \end{cases}$ 的柱面方程为 $h(x,z)=0$.

推论 在空间直角坐标系中,凡三元方程缺少 x,y,z 中任何一个坐标,必表示一个柱面,它的母线平行于方程中所缺坐标的同名坐标轴.

例如,以 xOy 面上的椭圆 $\begin{cases} \dfrac{x^2}{a^2}+\dfrac{y^2}{b^2}=1 \\ z=0 \end{cases}$,双曲线 $\begin{cases} \dfrac{x^2}{a^2}-\dfrac{y^2}{b^2}=1 \\ z=0 \end{cases}$ 和抛物线 $\begin{cases} y^2=2px \\ z=0 \end{cases}$ 为准线,母线平行于 z 轴的柱面方程分别为

$$\frac{x^2}{a^2}+\frac{y^2}{b^2}=1,\quad \frac{x^2}{a^2}-\frac{y^2}{b^2}=1,\quad y^2=2px$$

它们分别叫做椭圆柱面、双曲柱面和抛物柱面.由于它们的准线是二次曲线,故又统称为二次柱面(图 3.6).

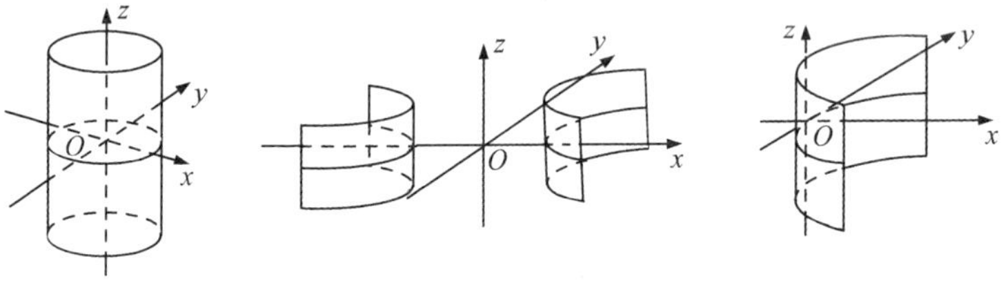

图 3.6

2) 柱面的一般方程

设柱面的准线 Γ 是一条空间曲线,其方程为

$$\Gamma:\begin{cases} F_1(x,y,z)=0 \\ F_2(x,y,z)=0 \end{cases}$$

设母线方向为 $\{X,Y,Z\}$.在准线 Γ 上任取一点 $P_1(x_1,y_1,z_1)$,则过点 P_1 的母线方程是

$$\begin{cases} x=x_1+tX \\ y=y_1+tY \ (t\text{ 为参数}) \\ z=z_1+tZ \end{cases} \tag{3.2.2}$$

这里 x,y,z 是母线上任意点的坐标.因为点 P_1 在准线上,所以 P_1 的坐标应满足

$$\begin{cases}F_1(x_1,y_1,z_1)=0\\F_2(x_1,y_1,z_1)=0\end{cases}$$

由方程(3.2.2)可得

$$\begin{cases}F_1(x-tX,y-tY,z-tZ)=0\\F_2(x-tX,y-tY,z-tZ)=0\end{cases}\tag{3.2.3}$$

当 P_1 取遍 Γ 上的点时，方程(3.2.2)就构成生成柱面的一族直母线，所以从方程(3.2.3)中消去参数 t，最后得一个三元方程

$$F(x,y,z)=0$$

这就是以 Γ 为准线、母线的方向数为 $\{X,Y,Z\}$ 的柱面方程.

例 3.2.1 设柱面的准线是球面 $x^2+y^2+z^2=1$ 与平面 $x+y+z=0$ 的交线，母线方向是 $\{1,1,1\}$，求柱面的方程.

解 设 (x_1,y_1,z_1) 是准线上任一点，则过这点的母线方程为

$$x=x_1+t,\quad y=y_1+t,\quad z=z_1+t$$

由此得

$$x_1=x-t,\quad y_1=y-t,\quad z_1=z-t$$

代入准线方程，得

$$\begin{cases}(x-t)^2+(y-t)^2+(z-t)^2=1\\x+y+z-3t=0\end{cases}$$

消去参数 t，得

$$\left(x-\frac{x+y+z}{3}\right)^2+\left(y-\frac{x+y+z}{3}\right)^2+\left(z-\frac{x+y+z}{3}\right)^2=1$$

化简上式，得

$$2(x^2+y^2+z^2-xy-yz-zx)=3$$

这就是所求的柱面方程.

3)曲线的射影柱面

定义 3.2.2 设 Γ 是一条空间曲线，π 为一平面，经过 Γ 上的每一点作平面 π 的垂线，由这些垂线构成的柱面叫做从 Γ 到 π 的射影柱面，柱面与平面的交线称为曲线 Γ 在平面 π 上的射影(图 3.7).

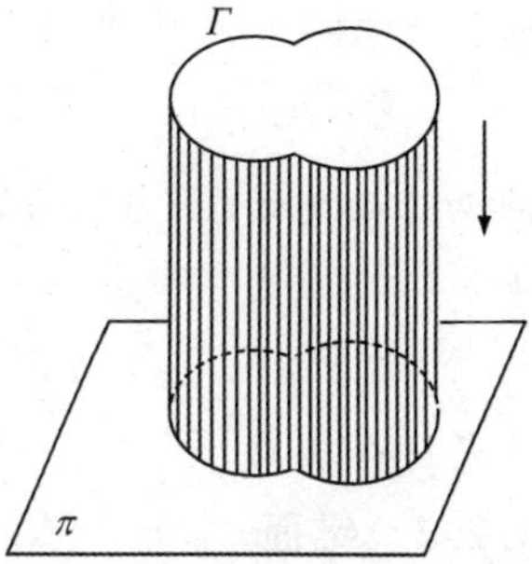

图 3.7

下面我们只考虑空间曲线对三个坐标面的射影柱面，以及空间曲线在坐标面上的射影.

给定空间曲线

$$\Gamma:\begin{cases}F_1(x,y,z)=0\\F_2(x,y,z)=0\end{cases}$$

那么怎样求曲线 Γ 到 xOy 平面上的射影柱面方程？因为这个柱面的母线平行于 z 轴，因此它的方程中不应含变量 z，这样只要消去 z，就得到从 Γ 向 xOy 面的射影柱面方程为

$$f(x,y)=0$$

而曲线 Γ 在 xOy 平面上的射影为

$$\begin{cases}f(x,y)=0\\z=0\end{cases}$$

同理，曲线 Γ 在另外两个坐标平面上的射影柱面方程及射影的方程分别为

$$g(y,z)=0\qquad h(x,z)=0$$

$$\begin{cases}g(y,z)=0\\x=0\end{cases}\qquad\begin{cases}h(x,z)=0\\y=0\end{cases}$$

因为射影柱面方程比一般三元方程简单，所以常用两个射影柱面方程来表示空间曲线. 具体做法是从曲线 Γ 的方程中轮流消去变量 x,y 与 z，就分别得到它在 yOz 面、xOz 面和 xOy 面上的射影柱面方程，然后在这三个柱面方程中选取两个形式简单的方程联立起来，那么就得到了原曲线的形式较简单的方程，且便于作图.

例 3.2.2 求曲线 Γ: $x^2+y^2+x^2=1, x^2+(y-1)^2+(z-1)^2=1$ 在 xOy 面上的射影.

解 欲求曲线在 xOy 面上的射影，需先求出曲线到 xOy 面上的射影柱面，这又需从曲线方程中消去 z. 由 Γ 的第一个方程减去第二个方程并化简，得

$$y+z=1 \text{ 或 } z=1-y$$

将 $z=1-y$ 代入曲线的方程中的任何一个，得曲线 Γ 到 Oxy 面的射影柱面

$$x^2+2y^2-2y=0$$

故两球面交线在 Oxy 面的射影曲线方程是

$$\begin{cases}x+2y^2-2y=0\\z=0\end{cases}$$

这是一个椭圆.

3.2.2 锥面

定义 3.2.3 在空间中，过一定点 P_0 且与一条定曲线 Γ 相交的一族直线所构成的曲面叫做锥面(图 3.8)，定点 P_0 叫做锥面的顶点，定曲线 Γ 叫做锥面的准线，

构成锥面的直线叫做锥面的母线.

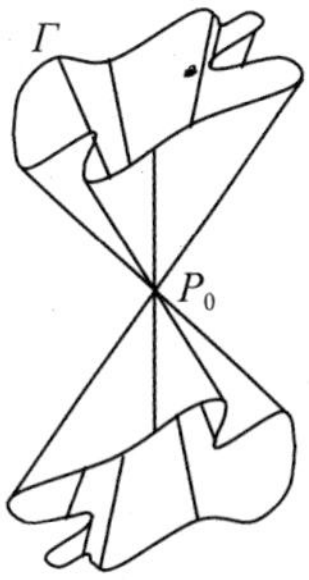

图 3.8

由定义 3.2.3 可见,锥面有个显著的特点:顶点与曲面上任意其他点的连线全在曲面上.显然,锥面的准线不是唯一的,任何一条与所有母线相交的曲线都可以作为锥面的准线.

设锥面的准线 Γ 为一空间曲线

$$\Gamma: \begin{cases} F_1(x,y,z)=0 \\ F_2(x,y,z)=0 \end{cases}$$

顶点 P_0 的坐标为 (x_0,y_0,z_0). 又设 $P_1(x_1,y_1,z_1)$ 为准线上一点,则过点 P_1 的母线方程为

$$x=x_0+t(x_1-x_0), \quad y=y_0+t(y_1-y_0), \quad z=z_0+t(z_1-z_0) \tag{3.2.4}$$

因为 P_1 在准线上,故有

$$\begin{cases} F_1(x_1,y_1,z_1)=0 \\ F_2(x_1,y_1,z_1)=0 \end{cases} \tag{3.2.5}$$

由方程(3.2.4)和(3.2.5)可得

$$\begin{cases} F_1\left(\dfrac{x-x_0(1-t)}{t}, \dfrac{y-y_0(1-t)}{t}, \dfrac{z-z_0(1-t)}{t}\right)=0 \\ F_2\left(\dfrac{x-x_0(1-t)}{t}, \dfrac{y-y_0(1-t)}{t}, \dfrac{z-z_0(1-t)}{t}\right)=0 \end{cases} \tag{3.2.6}$$

当 P_1 取遍 Γ 上的所有点,方程(3.2.4)就构成生成锥面的一族直母线,所以从方程(3.2.6)中消去参数 t,最后得一个三元方程

$$F(x,y,z)=0$$

这就是以 Γ 为准线、以 P_0 为顶点的锥面方程.

例 3.2.3 设锥面的顶点在原点,且准线为 $\begin{cases} \dfrac{x^2}{a^2}+\dfrac{y^2}{b^2}=1 \\ z=c \end{cases}$,求锥面的方程.

解 设 $M_1(x_1,y_1,z_1)$ 为准线上的任意一点,那么过 M_1 的母线为

$$\frac{x}{x_1}=\frac{y}{y_1}=\frac{z}{z_1} \tag{3.2.7}$$

且有

$$\begin{cases} \dfrac{x_1^2}{a^2}+\dfrac{y_1^2}{b^2}=1 & (3.2.8) \\ z_1=c & (3.2.9) \end{cases}$$

由方程(3.2.7)和(3.2.9)得

$$x_1=c\frac{x}{z},\quad y_1=c\frac{y}{z}\tag{3.2.10}$$

将方程(3.2.10)代入方程(3.2.8),得所求的锥面方程为

$$\frac{x^2}{a^2}+\frac{y^2}{b^2}-\frac{z^2}{c^2}=0$$

这个锥面叫做二次锥面.

定理 3.2.2 在空间中,关于 x,y,z 的齐次方程表示以坐标原点为顶点的锥面.

证明 设 $F(x,y,z)=0$ 是关于 x,y,z 的 n 次齐次方程,即

$$F(tx,ty,tz)=t^nF(x,y,z)$$

令 $t=0$,得 $F(0,0,0)=0$,所以曲面过原点 O.

此外,设点 $P_1(x_1,y_1,z_1)$ 是方程所表示的曲面 Σ 上的任意一点(但不是原点),那么

$$F(x_1,y_1,z_1)=0$$

连接 OP_1,在此直线上任取一点 $P(x',y',z')$,因为$\overrightarrow{OP}=t\overrightarrow{OP_1}$,故有

$$x'=tx_1,\quad y'=ty_1,\quad z'=tz_1$$

把点 P 的坐标代入曲面 Σ 的方程,利用 F 是 n 次齐次函数,有

$$F(x',y',z')=F(tx_1,ty_1,tz_1)=t^nF(x_1,y_1,z_1)=0$$

这表示直线 OP_1 上任何点都在曲面 Σ 上,因而 Σ 是由通过原点的直线构成的,这就证明了它是一个以原点为顶点的锥面.

推论 在空间中,关于 $x-x_0,y-y_0,z-z_0$ 的齐次方程表示以 (x_0,y_0,z_0) 为顶点的锥面.

证明 平移坐标轴,使得 (x_0,y_0,z_0) 为新坐标系的原点,利用定理 3.2.2 即得证明.

例 3.2.4 求顶点在 $P_0(0,b,0)$,准线为 Γ: $\begin{cases}\dfrac{z^2}{c^2}-\dfrac{x^2}{a^2}=1\\ y=0\end{cases}$ 的锥面方程.

解 设 $P(x,y,z)$ 是锥面上一动点,$P_1(x_1,0,z_1)$ 为母线 P_0P 与准线 Γ 的交点,则母线 P_0P 的方程为

$$x=x_1t,\quad y=b-bt,\quad z=z_1t\,(t\text{ 为参数})$$

从上式可解得交点 P_1 的坐标

$$x_1=\frac{x}{t},\quad 0=y-b+bt,\quad z_1=\frac{z}{t}$$

由此可解得 $t=-\dfrac{y-b}{b}$. 将点 P_1 的坐标代入准线方程中,得

$$\frac{z^2}{c^2t^2}-\frac{x^2}{a^2t^2}=1 \text{ 或 } \frac{z^2}{c^2}-\frac{x^2}{a^2}-t^2=0$$

由此可得

$$\frac{z^2}{c^2}-\frac{(y-b)^2}{b^2}-\frac{x^2}{a^2}=0$$

这就是所求的锥面方程.

习题 3.2

1. 设柱面的准线为$\begin{cases}\dfrac{x^2}{4}+\dfrac{y^2}{4}+\dfrac{z^2}{9}=1\\ z=2\end{cases}$，母线平行于 z 轴，试求柱面的方程.

2. 求曲线$\begin{cases}x^2+y^2-z=0\\ z=x+1\end{cases}$对三坐标平面的射影柱面.

3. 已知圆柱面的轴为$\dfrac{x}{1}=\dfrac{y-1}{-2}=\dfrac{z+1}{-2}$，点$(1,-2,1)$在这个圆柱面上，求这个圆柱面方程.

4. 已知锥面准线的方程为$\begin{cases}y^2=4x\\ z=0\end{cases}$，顶点为$(0,0,8)$，求锥面的方程.

5. 求顶点为$(1,2,4)$，轴与 $2x+2y+z=0$ 垂直，且经过点$(3,2,1)$的圆锥面的方程.

3.3 旋转曲面

定义 3.3.1 在空间中，一条曲线 Γ 绕一条定直线 l 旋转而产生的曲面叫做旋转曲面(图 3.9)，曲线 Γ 叫做旋转曲面的母线，直线 l 叫做旋转轴，Γ 上每一点在旋转过程中生成的圆叫做纬圆或纬线.

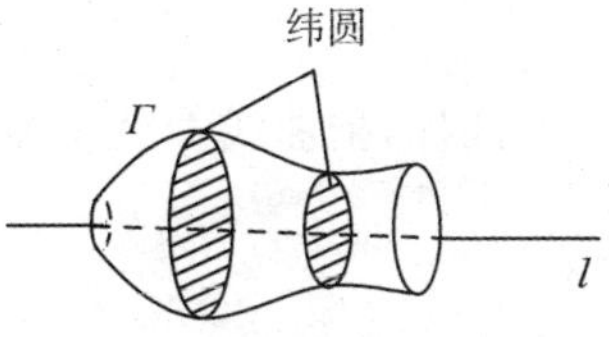

图 3.9

当 Γ 为直线，若 Γ 与轴平行，则旋转曲面是圆柱面；若 Γ 与轴相交时，旋转曲面是圆锥面；若 Γ 与轴垂直，则旋转曲面是平面(图 3.10)，因此圆柱面、圆锥面，还有平面都可看作是旋转曲面的特殊例子.

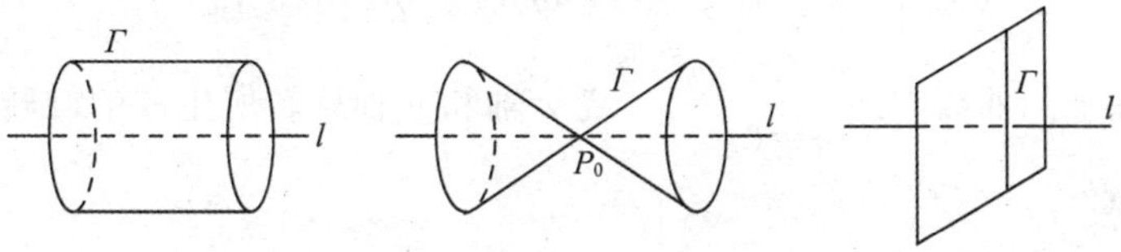

图 3.10

1）特殊位置的旋转曲面的方程

设 Γ 是坐标平面 yOz 上的曲线（图 3.11），它的方程是

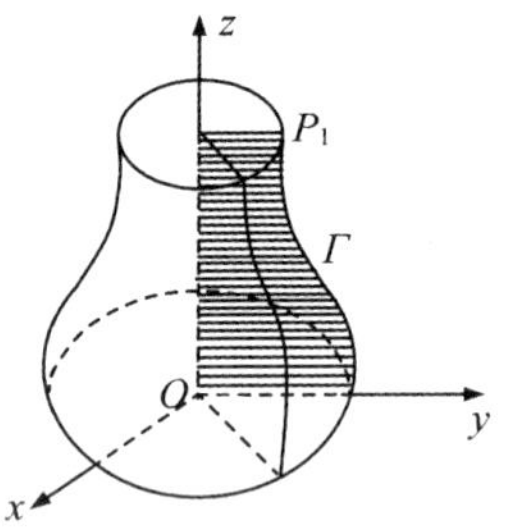

图 3.11

$$\begin{cases} g(y,z)=0 \\ x=0 \end{cases}$$

旋转轴为 z 轴：$\frac{x}{0}=\frac{y}{0}=\frac{z}{1}$. 设 $P_1(0,y_1,z_1)$ 为母线 Γ 上的一点，那么过点 P_1 的纬圆可以看成是过 P_1 与 z 轴垂直的平面与以原点为中心、$|\overrightarrow{OP_1}|$ 为半径的球面的交线，所以过点 P_1 的纬圆的方程为

$$\begin{cases} z-z_1=0 \\ x^2+y^2+z^2=y_1^2+z_1^2 \end{cases} \tag{3.3.1}$$

因为 $P_1(0,y_1,z_1)$ 在母线 Γ 上，所以有

$$g(y_1,z_1)=0 \tag{3.3.2}$$

当 P_1 取遍母线 Γ 上的点，方程(3.3.1)就构成旋转曲面的纬圆族，因此由方程(3.3.1)和(3.3.2)消去参数 y_1,z_1，所得的方程就是旋转曲面的方程. 具体做法是由方程(3.3.1)得

$$y_1^2=x^2+y^2$$

即

$$y_1=\pm\sqrt{x^2+y^2}$$

将 $y_1=\pm\sqrt{x^2+y^2}$ 及 $z_1=z$ 代入方程(3.3.2)，即得

$$g(\pm\sqrt{x^2+y^2},z)=0 \tag{3.3.3}$$

同样，把曲线 Γ 绕 y 轴旋转所得的旋转曲面的方程是

$$g(y,\pm\sqrt{x^2+z^2})=0 \tag{3.3.4}$$

同理可知，坐标平面 xOz 上的曲线 Γ：$\begin{cases} h(x,z)=0 \\ y=0 \end{cases}$ 绕 x 轴和 z 轴旋转所生成的旋转曲面方程分别为

$$h(x,\pm\sqrt{y^2+z^2})=0 \text{ 和 } h(\pm\sqrt{x^2+y^2},z)=0$$

xOy 面上的曲线 Γ：$\begin{cases} f(x,y)=0 \\ z=0 \end{cases}$ 绕 x 轴和 y 轴旋转所生成的旋转曲面方程分别为

$$f(x,\pm\sqrt{y^2+z^2})=0 \text{ 和 } f(\pm\sqrt{x^2+z^2},y)=0$$

因此，我们有如下结论：

定理 3.3.1 当坐标平面上的曲线 Γ 绕此坐标平面内的一个坐标轴旋转时，只要将曲线 Γ 在坐标平面里的方程保留和旋转轴同名的坐标，而以其余两个变量的平方和的平方根去替换方程中的另一坐标，即得旋转曲面的方程.

例 3.3.1 将 xOy 面上的圆 C：$\begin{cases}(x-a)^2+y^2=r^2\ (a>r)\\ z=0\end{cases}$ 绕 y 轴旋转，求所得旋转曲面的方程.

解 因为曲线 C 绕 y 轴旋转，所以方程 $(x-a)^2+y^2=r^2$ 中保留 y 不变，而 x 用 $\pm\sqrt{x^2+z^2}$ 代替，即得旋转曲面方程为

$$(\pm\sqrt{x^2+z^2}-a)^2+y^2=r^2$$

化简得

$$x^2+y^2+z^2+a^2-r^2=\pm 2a\sqrt{x^2+z^2}$$

即

$$(x^2+y^2+z^2+a^2-r^2)^2=4a^2(x^2+z^2)$$

这样的曲面叫做环面(图 3.12)，它的形状像救生圈.

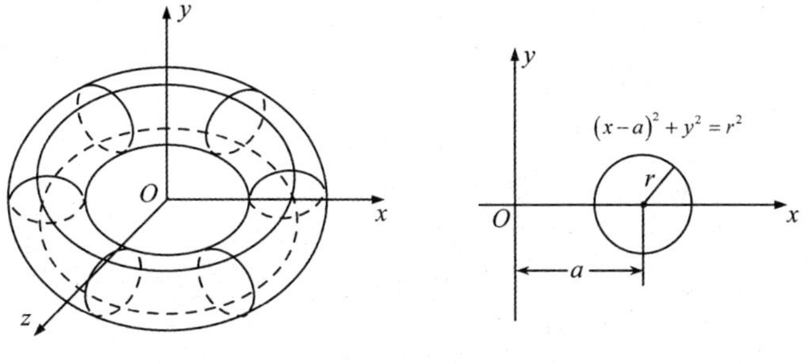

图 3.12

下面给出一些旋转二次曲面的例子.

例 3.3.2 圆 C：$\begin{cases}x^2+y^2=r^2\\ z=0\end{cases}$ 绕 x 轴旋转所得的曲面方程为

$$x^2+(\pm\sqrt{y^2+z^2})^2=r^2$$

即

$$x^2+y^2+z^2=r^2$$

它是以原点为中心、r 为半径的球面.

例 3.3.3 椭圆：$\begin{cases}\dfrac{x^2}{a^2}+\dfrac{y^2}{b^2}=1(a>b)\\ z=0,\end{cases}$ 分别绕长轴(即 x 轴)与短轴(即 y 轴)旋转，所得的旋转曲面方程分别为

$$\frac{x^2}{a^2}+\frac{y^2+z^2}{b^2}=1 \tag{3.3.5}$$

$$\frac{x^2+z^2}{a^2}+\frac{y^2}{b^2}=1 \tag{3.3.6}$$

曲面(3.3.5)叫做长形旋转椭球面(图 3.13). 曲面(3.3.6)叫做扁形旋转椭球面(图 3.14).

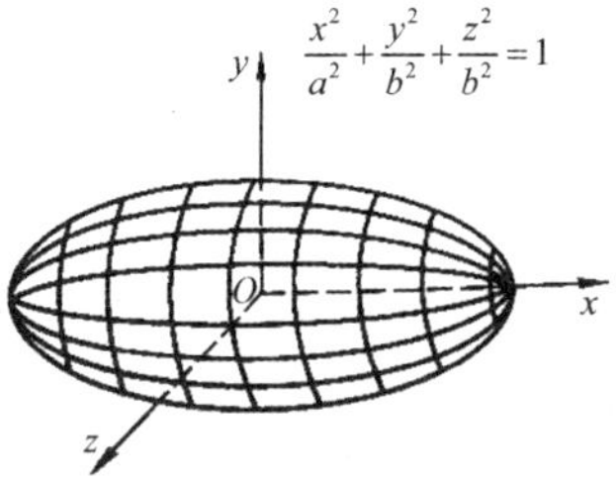

图 3.13

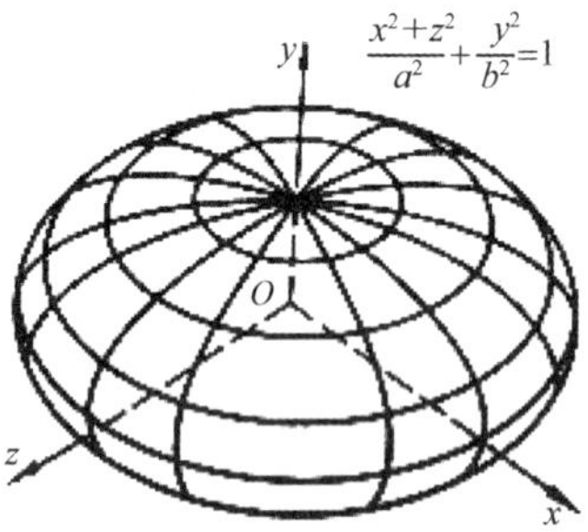

图 3.14

在研究地球时，常把地球表面看成是扁形旋转椭球面. 有些锅炉为了减轻蒸汽对炉壁的冲击力，常把它做成旋转椭球面的形状.

例 3.3.4 将双曲线 $\begin{cases}\dfrac{y^2}{b^2}-\dfrac{z^2}{c^2}=1\\ x=0\end{cases}$ 绕虚轴(即 z 轴)旋转的曲面方程为

$$\frac{x^2+y^2}{b^2}-\frac{z^2}{c^2}=1 \tag{3.3.7}$$

绕实轴(即 y 轴)旋转的曲面方程为

$$\frac{y^2}{b^2}-\frac{x^2+z^2}{c^2}=1 \tag{3.3.8}$$

曲面(3.3.7)叫做单叶旋转双曲面(图 3.15). 曲面(3.3.8)叫做双叶旋转双曲面(图 3.16).

单叶旋转双曲面在工程技术中很有用. 例如发电厂和水泥厂的冷却塔多半建成单叶旋转双曲面的形状.

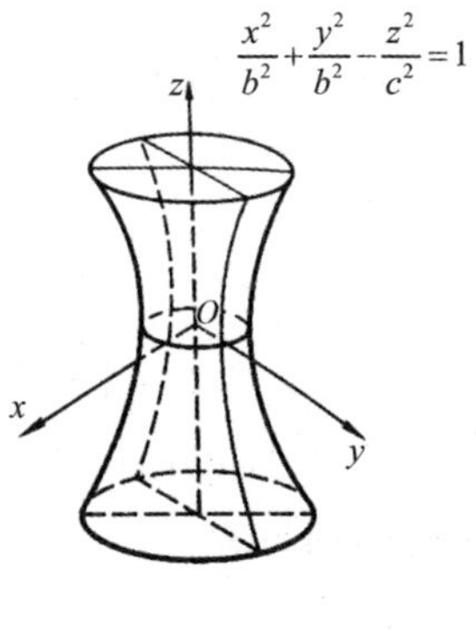

图 3.15

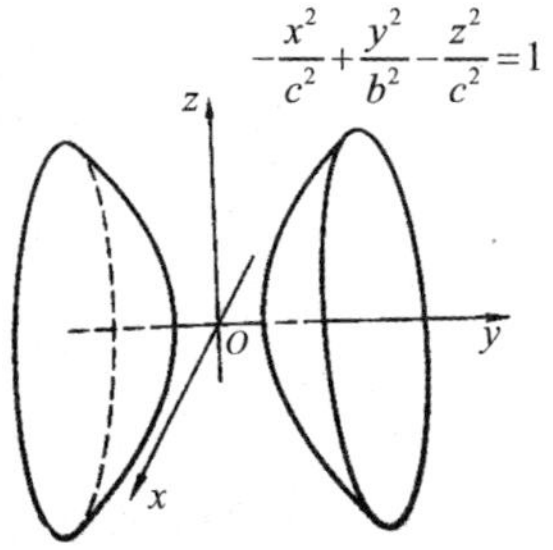

图 3.16

例 3.3.5 将抛物线$\begin{cases} y^2=2pz \\ x=0 \end{cases}$绕它的对称轴(即 z 轴)旋转的曲面方程为

$$x^2+y^2=2pz \tag{3.3.9}$$

它叫做旋转抛物面(图 3.17).

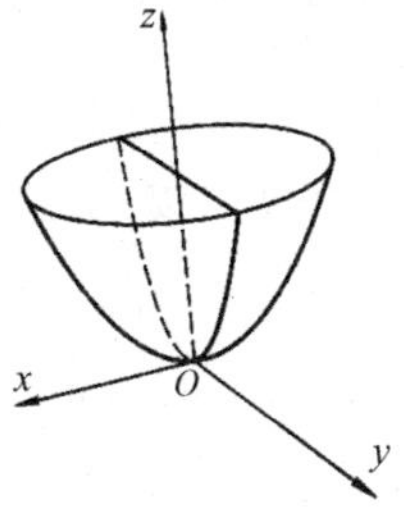

图 3.17

旋转抛物面有着广泛的用途,如探照灯、车灯和太阳灶的反光面就是这种曲面.为了保持发射与接收电磁波的良好性能,雷达和射电望远镜的天线多做成旋转抛物面.

2) 一般位置的旋转曲面的方程

设旋转曲面的母线是一条空间曲线

$$\Gamma:\begin{cases} F_1(x,y,z)=0 \\ F_2(x,y,z)=0 \end{cases}$$

旋转轴 l 是过点 $P_0(x_0,y_0,z_0)$,方向为$\{X,Y,Z\}$的直线

$$l:\begin{cases} x=x_0+tX \\ y=y_0+tY\ (-\infty<t<+\infty) \\ z=z_0+tZ \end{cases}$$

下面我们来建立旋转曲面的方程.

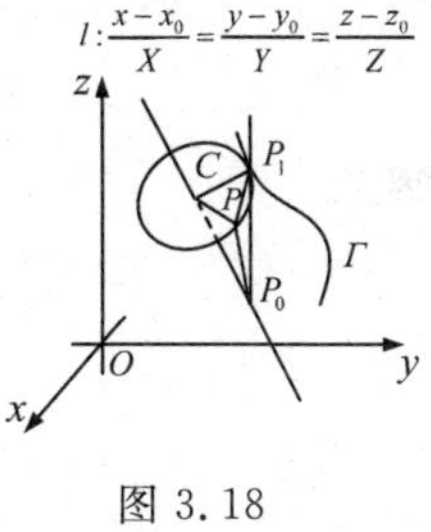

图 3.18

设 $P_1(x_1,y_1,z_1)$是母线上任意一点,那么过 P_1 点的纬圆,总可以看成过 P_1 且垂直于旋转轴 l 的平面与以直线 l 上的定点 $P_0(x_0,y_0,z_0)$为中心、$|\overrightarrow{P_0M_1}|$为半径的球面的交线(图 3.18).所以过 $P_1(x_1,y_1,z_1)$的纬圆的方程为

$$\begin{cases}X(x-x_1)+Y(y-y_1)+Z(z-z_1)=0\\(x-x_0)^2+(y-y_0)^2+(z-z_0)^2=(x_1-x_0)^2+(y_1-y_0)^2+(z_1-z_0)^2\end{cases}\tag{3.3.10}$$

因为点 P_1 在母线 Γ 上，故有

$$\begin{cases}F_1(x_1,y_1,z_1)=0\\F_2(x_1,y_1,z_1)=0\end{cases}\tag{3.3.11}$$

当 P_1 取遍 Γ 上的点，方程(3.3.10)就构成生成旋转曲面的一族纬圆，因此由方程(3.3.10)和(3.3.11)消去 x_1,y_1,z_1，即得旋转曲面方程

$$F(x,y,z)=0\tag{3.3.12}$$

例 3.3.6 求直线$\frac{x-1}{1}=\frac{y}{2}=\frac{z}{2}$绕直线 l：$x=y=z$ 旋转所得的旋转曲面方程.

解 设 $P(x,y,z)$ 是旋转曲面上的任意一点，过 P 作轴 $x=y=z$ 的垂直平面，交母线$\frac{x-1}{1}=\frac{y}{2}=\frac{z}{2}$于一点 $P_1(x_1,y_1,z_1)$（图 3.19），因为旋转轴通过原点，不妨取原点为 P_0，因此过点 P_1 的纬圆方程是

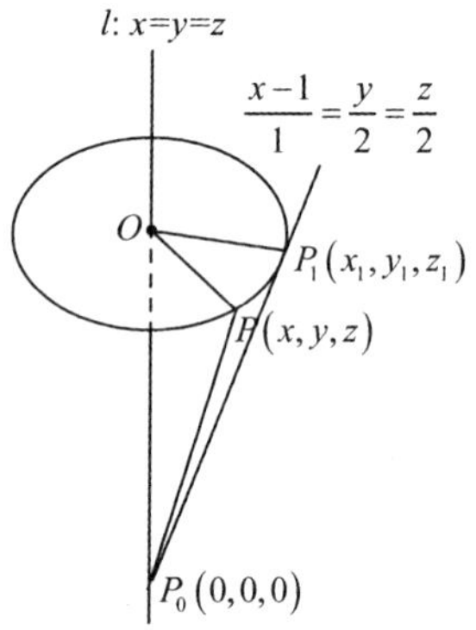

图 3.19

$$\begin{cases}(x-x_1)+(y-y_1)+(z-z_1)=0\\x^2+y^2+z^2=x_1^2+y_1^2+z_1^2\end{cases}\tag{3.3.13}$$

由于点 P_1 在母线上，故

$$\frac{x_1-1}{1}=\frac{y_1}{2}=\frac{z_1}{2}$$

或

$$y_1=2(x_1-1),\quad z_1=2(x_1-1)\tag{3.3.14}$$

将式(3.3.14)代入式(3.3.13)的第一个式子，得

$$x+y+z=x_1+2x_1-2+2x_1-2=5x_1-4$$

因此

$$\begin{cases}x_1=\frac{1}{5}(x+y+z+4)\\y_1=2(x_1-1)=\frac{2}{5}(x+y+z-1)\\z_1=2(x_1-1)=\frac{2}{5}(x+y+z-1)\end{cases}\tag{3.3.15}$$

将方程(3.3.15)代入方程(3.3.13)的第二个式子，得

$$x^2+y^2+z^2=\frac{1}{25}(x+y+z+4)^2+\frac{8}{25}(x+y+z-1)^2$$

即

$$8x^2+8y^2+8z^2-9xy-9xz-9yz+4x+4y+4z-12=0$$

这就是所求的旋转曲面方程.

习题 3.3

1. 说明下列旋转曲面是怎么产生的.

(1) $\frac{x^2}{4}+\frac{y^2}{9}+\frac{z^2}{9}=1$； (2) $x^2-y^2-z^2=1$；

(3) $x^2-\frac{y^2}{4}+z^2=1$； (4) $2x^2+2y^2=z$.

2. 试求分别满足下列条件的旋转曲面的方程.

(1) 母线 $\begin{cases}x^2+4y^2=4\\ z=0\end{cases}$ 绕 x 轴旋转；

(2) 母线 $\begin{cases}x^2=3z^2\\ y=0\end{cases}$ 绕 z 轴旋转.

3. (1) 求直线 $\frac{x-1}{-1}=\frac{y}{-3}=\frac{z}{3}$ 绕 z 轴旋转所得的曲面方程；

(2) 求曲线 $\begin{cases}z=x^2\\ x^2+y^2=1\end{cases}$ 绕 z 轴旋转所得的曲面方程.

3.4　椭球面

当曲面的方程比较简单时，我们常常从它们的方程入手，研究其图像. 在平面解析几何中，从曲线的方程来识别它的图形，一般是先对曲线的方程进行讨论，掌握曲线的特征，然后再采用描点法作图. 在空间要描述曲面的形状，同样也先对曲面的方程进行讨论，初步了解曲面的特征，但由于空间不能用描点法作图，而是用一族平行平面来截曲面，考察所截得的一族平面曲线的变化趋势，来了解曲面的全貌，这种方法叫做平行截割法.

对方程比较简单的曲面进行讨论时，我们一般从以下几个方面进行讨论：

1) 曲面的对称性；

2) 曲面与坐标轴的交点；

3）曲面的存在范围；

4）被坐标面所截的曲线；

5）被坐标面的平行平面所截的曲线.

定义 3.4.1 在空间直角坐标系下，由方程

$$\frac{x^2}{a^2}+\frac{y^2}{b^2}+\frac{z^2}{c^2}=1 \qquad (3.4.1)$$

所确定的曲面，叫做椭球面，方程(3.4.1)称为椭球面的标准方程，其中 a,b,c 均为正实数.

特别地，在方程(3.4.1)中，若 $a=b$(或 $a=c$，或 $b=c$)时，这时的椭球面是旋转椭球面；若 $a=b=c$ 时，则可得 $x^2+y^2+z^2=a^2$，此方程表示一个以原点 O 为球心，a 为半径的一个球面. 因此，旋转椭球面和球面是椭球面的特例.

1）椭球面的对称性

由于方程(3.4.1)仅含有坐标的平方项，可见当(x,y,z)满足方程(3.4.1)时，$(\pm x,\pm y,\pm z)$也一定满足，并且正负号可以任意选取，所以椭球面(3.4.1)关于三个坐标平面、三个坐标轴与坐标原点都对称. 椭球面的对称平面、对称轴和对称中心分别称为椭球面的主平面、主轴和中心.

2）椭球面与坐标轴的交点

在方程(3.4.1)中，令 $y=z=0$，得到 $x=\pm a$，所以椭球面(3.4.1)与 x 轴的交点为$(\pm a,0,0)$. 同理可得椭球面与 y 轴的交点为$(0,\pm b,0)$，与 z 轴的交点为$(0,0,\pm c)$.

椭球面与对称轴的交点称为它的顶点，因此椭球面(3.4.1)的顶点为$(\pm a,0,0)$，$(0,\pm b,0)$，$(0,0,\pm c)$. 同一轴上两顶点间的线段以及它们的长度 $2a,2b,2c$ 叫做椭球面(3.4.1)的轴，轴的一半叫做半轴；当 $a>b>c$ 时，$2a,2b,2c$ 分别称为长轴、中轴、短轴，a,b,c 分别称为长半轴、中半轴、短半轴.

3）椭球面的范围

由方程(3.4.1)可知

$$\frac{x^2}{a^2}\leqslant 1,\quad \frac{y^2}{b^2}\leqslant 1,\quad \frac{z^2}{c^2}\leqslant 1$$

所以

$$|x|\leqslant a,\quad |y|\leqslant b,\quad |z|\leqslant c$$

这说明椭球面上所有的点都在以平面 $x=\pm a,y=\pm b,z=\pm c$ 所构成的长方体内.

4）被坐标面所截的曲线

我们用三个坐标面 xOy，xOz，yOz 去截椭球面(3.4.1)，那么所得的截线方程分别为

$$\begin{cases}\dfrac{x^2}{a^2}+\dfrac{y^2}{b^2}=1\\ z=0\end{cases} \tag{3.4.2}$$

$$\begin{cases}\dfrac{x^2}{a^2}+\dfrac{z^2}{c^2}=1\\ y=0\end{cases} \tag{3.4.3}$$

$$\begin{cases}\dfrac{y^2}{b^2}+\dfrac{z^2}{c^2}=1\\ x=0\end{cases} \tag{3.4.4}$$

因此，椭球面(3.4.1)被三个坐标面所截的截线都是椭圆，它们叫做椭球面(3.4.1)的主截线(或主椭圆).

5) 被坐标面平行平面所截的曲线

为了把握椭球面的形状，我们用“平行截割法”来研究它的平面截线. 平行截割法反映在方程上，就是将平面方程与曲面方程联立起来，进而研究它们所表示的是哪种图形、哪种曲线，从而得知截线的形状.

用平行于坐标面 xOy 的平面 $z=h$ 去截椭球面(3.4.1)，其截线方程为

$$\begin{cases}\dfrac{x^2}{a^2}+\dfrac{y^2}{b^2}=1-\dfrac{h^2}{c^2}\\ z=h\end{cases} \tag{3.4.5}$$

截线(3.4.5)形状受 h 值大小的影响，有以下三种可能：

(i) 当 $|h|>c$ 时，方程(3.4.5)确定一个虚椭圆，，此时平面 $z=h$ 与椭球面不相交；

(ii) 当 $|h|=c$ 时，方程(3.4.5)的图形是一个点 $(0,0,c)$ 或 $(0,0,-c)$；

(iii) 当 $|h|<c$ 时，$\sqrt{1-\dfrac{h^2}{c^2}}>0$，所以截线为一椭圆，两半轴分别是 $a\sqrt{1-\dfrac{h^2}{c^2}}$ 和 $b\sqrt{1-\dfrac{h^2}{c^2}}$；它的两对顶点分别为

$$\left(\pm a\sqrt{1-\frac{h^2}{c^2}},0,h\right)\text{和}\left(0,\pm b\sqrt{1-\frac{h^2}{c^2}},h\right)$$

显然，这对顶点分别在主椭圆(3.4.3)和(3.4.4)上(图 3.20). 因此，如果把方程(3.4.5)中的 h 看作参数，方程(3.4.5)就表示一族椭圆，椭球面(3.4.1)可以看成由椭圆族(3.4.5)所生成的曲面，这些椭圆所在的平面与 xOy 平面平行，而椭圆的两

对顶点分别在另外两个主椭圆(3.4.3)和(3.4.4)上.

同理,用平面 $y=h$ 和 $x=h$ 去截椭球面时,都得到完全类似的结果.

综上所述,我们可以断定椭球面是一个卵形曲面,它有三个互相垂直的对称面(就是三个坐标面),其形状如图 3.20 所示.

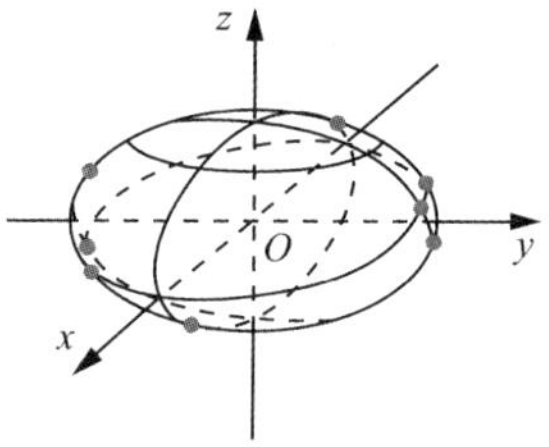

图 3.20

例 3.4.1 已知椭球面的三轴分别与三坐标轴重合,且通过椭圆$\frac{x^2}{9}+\frac{y^2}{16}=1,z=0$ 与点 $M(1,2,\sqrt{23})$,求椭球面的方程.

解 因为椭球面的三轴和三个坐标轴重合,所以可设椭球面的方程为

$$\frac{x^2}{a^2}+\frac{y^2}{b^2}+\frac{z^2}{c^2}=1$$

它与坐标平面 $z=0$ 的交线为$\frac{x^2}{a^2}+\frac{y^2}{b^2}=1,z=0$,因此与已知椭圆比较可得

$$a^2=9,\quad b^2=16$$

又因为 $M(1,2,\sqrt{23})$在椭球面上,即

$$\frac{1}{9}+\frac{4}{16}+\frac{23}{c^2}=1$$

由此可得 $c^2=36$,所以椭球面的方程为

$$\frac{x^2}{9}+\frac{y^2}{16}+\frac{z^2}{36}=1$$

习题 3.4

1. 求椭球面的方程,它的三条对称轴与坐标轴重合,且通过曲线$\frac{x^2}{16}+\frac{y^2}{4}=1$, $z=0$和点 $N(2,1,\frac{\sqrt{2}}{2})$.

2. 求椭球面$\frac{x^2}{16}+\frac{y^2}{4}+z^2=1$ 与平面 $x+4z-4=0$ 的交线在 xOy 平面上的射影曲线.

3. 由椭球面$\frac{x^2}{a^2}+\frac{y^2}{b^2}+\frac{z^2}{c^2}=1$ 的中心(即原点),沿某一定方向到曲面上的一点的距离为 r,设定方向的方向余弦分别为 λ,μ,υ,试证:

$$\frac{1}{r^2}=\frac{\lambda^2}{a^2}+\frac{\mu^2}{b^2}+\frac{\upsilon^2}{c^2}.$$

3.5 双曲面

3.5.1 单叶双曲面

定义 3.5.1 在空间直角坐标系下，由方程

$$\frac{x^2}{a^2}+\frac{y^2}{b^2}-\frac{z^2}{c^2}=1 \tag{3.5.1}$$

所确定的曲面叫做单叶双曲面，方程(3.5.1)称为单叶双曲面的标准方程，其中 a，b，c 都是正实数.

特别地，在方程(3.5.1)中，若 $a=b$，那么它就是单叶旋转双曲面. 方程

$$-\frac{x^2}{a^2}+\frac{y^2}{b^2}+\frac{z^2}{c^2}=1 \text{ 和 } \frac{x^2}{a^2}-\frac{y^2}{b^2}+\frac{z^2}{c^2}=1$$

的图形也是单叶双曲面，并且也称它们为单叶双曲面的标准方程.

对单叶双曲面的讨论，完全类似于椭球面.

1) 曲面的对称性

显然单叶双曲面(3.5.1)的对称性与椭球面(3.4.1)一样，关于三个坐标面、三条坐标轴及原点都对称，单叶双曲面的对称面、对称轴、对称中心分别叫做它的主平面、主轴、中心.

2) 曲面与坐标轴的交点

由单叶双曲面的标准方程(3.5.1)可知，单叶双曲面与 z 轴不相交，与 x 轴 y 轴分别交于 $(\pm a,0,0)$，$(0,\pm b,0)$，这四个点称为单叶双曲面的顶点.

3) 被坐标面所截的曲线

曲面(3.5.1)被三个坐标面所截的曲线方程分别为

$$\begin{cases}\dfrac{x^2}{a^2}+\dfrac{y^2}{b^2}=1\\ z=0\end{cases} \tag{3.5.2}$$

$$\begin{cases}\dfrac{x^2}{a^2}-\dfrac{z^2}{c^2}=1\\ y=0\end{cases} \tag{3.5.3}$$

$$\begin{cases}\dfrac{y^2}{b^2}-\dfrac{z^2}{c^2}=1\\ x=0\end{cases} \tag{3.5.4}$$

显然，方程(3.5.2)为 xOy 平面上的椭圆，方程(3.5.3)和(3.5.4)分别为 xOz 平面和 yOz 平面上的双曲线，这两条双曲线的虚轴都为 z 轴，虚轴的长都等于 $2c$(图 3.

21).

4) 被坐标面的平行平面所截的曲线

用平行于坐标面 xOy 的平面 $z=h$ 去截曲面(3.5.1),所得截线为一椭圆

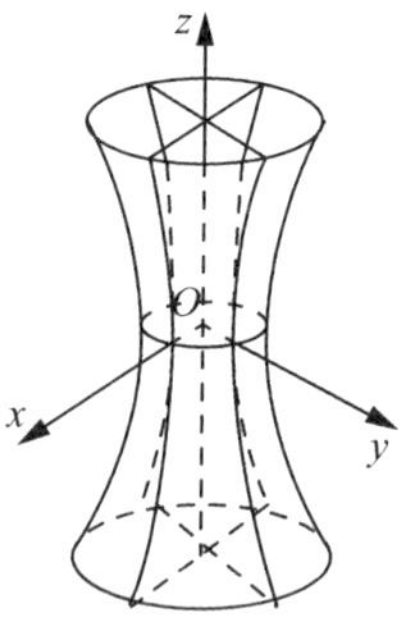

图 3.21

$$\begin{cases}\dfrac{x^2}{a^2}+\dfrac{y^2}{b^2}=1+\dfrac{h^2}{c^2}\\ z=h\end{cases}\tag{3.5.5}$$

即

$$\begin{cases}\dfrac{x^2}{\left(a\sqrt{1+\dfrac{h^2}{c^2}}\right)^2}+\dfrac{y^2}{\left(b\sqrt{1+\dfrac{h^2}{c^2}}\right)^2}=1\\ z=h\end{cases}$$

由此可见椭圆的两半轴长分别为

$$a\sqrt{1+\frac{h^2}{c^2}}\text{和 }b\sqrt{1+\frac{h^2}{c^2}}\tag{3.5.6}$$

两对顶点分别为 $\left(\pm a\sqrt{1+\dfrac{h^2}{c^2}},0,h\right)$ 与 $\left(0,\pm b\sqrt{1+\dfrac{h^2}{c^2}},h\right)$. 显然这两对顶点分别在双曲线(3.5.3)和(3.5.4)上.

如果把方程(3.5.5)中的 h 看成参数,方程(3.5.5)就表示一族椭圆,单叶双曲面(3.5.1)就可以看成是由椭圆族(3.5.5)生成的曲面,这族椭圆中每一个椭圆所在的平面都与 xOy 平面平行,并且它们的顶点分别在双曲线(3.5.3)和(3.5.4)上. 当 $|h|$ 逐渐增大时,由方程(3.5.6)可知,椭圆的两半轴增大,椭圆也越来越大. 特别地,当 $h=0$ 时,椭圆(3.5.5)就变为方程(3.5.2),这是椭圆族中最小的一个椭圆,称为单叶双曲面的腰椭圆.

如果用平行于坐标面 xOz 的平面 $y=h$ 去截曲面(3.5.1),所得截线为双曲线

$$\begin{cases}\dfrac{x^2}{a^2}-\dfrac{z^2}{c^2}=1-\dfrac{h^2}{b^2}\\ y=h\end{cases}\tag{3.5.7}$$

它的半轴分别为 $\dfrac{a}{b}\sqrt{|b^2-h^2|}$ 和 $\dfrac{c}{b}\sqrt{|b^2-h^2|}$.

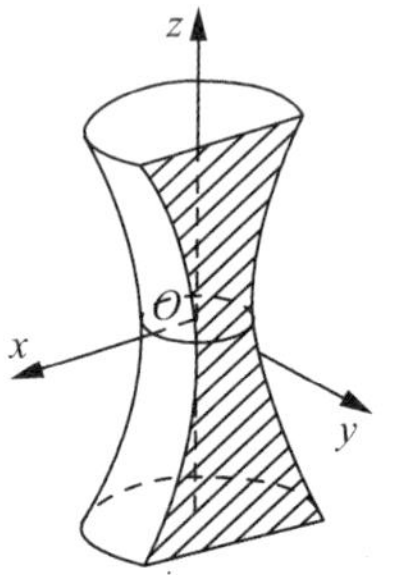

图 3.22

i) 当 $|h|<b$ 时,双曲线(3.5.7)的实轴平行于 x 轴,虚轴平行于 z 轴(图 3.22).

ii) 当 $|h|=b$ 时,双曲线(3.5.7)变为

$$\begin{cases}\dfrac{x^2}{a^2}-\dfrac{z^2}{c^2}=0\\ y=b\end{cases}$$

分解得

$$\begin{cases}\dfrac{x}{a}+\dfrac{z}{c}=0\\ y=b\end{cases} \quad 和 \quad \begin{cases}\dfrac{x}{a}-\dfrac{z}{c}=0\\ y=b\end{cases}$$

这表示平面 $y=b$ 截双曲面(3.5.1)时,所得截线为一对相交于点 $M_1(0,b,0)$ 的直线.同理,用平面 $y=-b$ 截双曲面(3.5.1)时,所得截线为一对相交于点 $M_2(0,-b,0)$ 的直线(图 3.23).

iii) 当 $|h|>b$ 时,方程(3.5.7)中的第一个式子的等号右端为负值,方程(3.5.7)也是一条双曲线,但实轴平行于 z 轴,而虚轴平行于 x 轴(图 3.24).

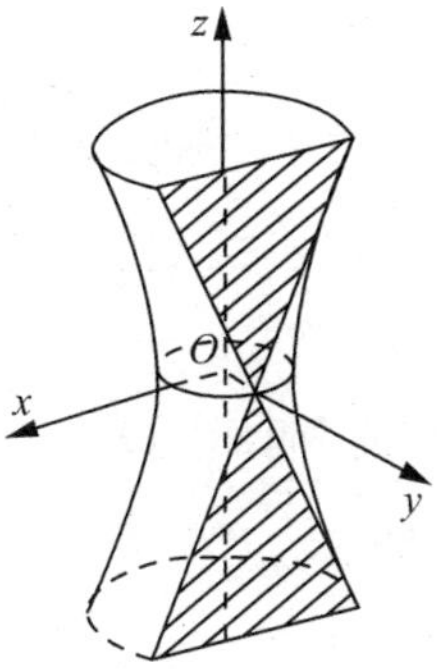

图 3.23

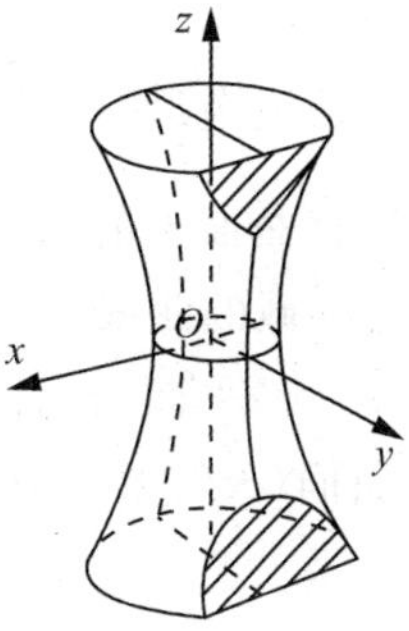

图 3.24

类似地,可以讨论用平行于平面 $yOz(x=0)$ 的平面去截曲面(3.5.1),所得的截线也是双曲线,特别是用平面 $x=a$(或 $x=-a$)去截曲面(3.5.1)时,所得截线也是一对相交直线.

3.5.2 双叶双曲面

定义 3.5.2 在空间直角坐标系下,由方程

$$-\frac{x^2}{a^2}+\frac{y^2}{b^2}+\frac{z^2}{c^2}=-1 \tag{3.5.8}$$

或

$$\frac{x^2}{a^2}-\frac{y^2}{b^2}+\frac{z^2}{c^2}=-1 \tag{3.5.9}$$

或

$$\frac{x^2}{a^2}+\frac{y^2}{b^2}-\frac{z^2}{c^2}=-1 \tag{3.5.10}$$

所确定的曲面，都叫做双叶双曲面，方程(3.5.8)、(3.5.9)和(3.5.10)称为双叶双曲面的标准方程，其中 a,b,c 为正实数.

现在，我们以方程(3.5.10)为例来研究双叶双曲面的形状.

1) 曲面的对称性

方程(3.5.10)只含有坐标的平方项，所以双叶双曲面关于三个坐标平面、三个坐标轴与坐标原点都对称.

2) 曲面与坐标轴的交点

由方程(3.5.10)可知，双叶双曲面与 x 轴、y 轴都没有交点，只与 z 轴交于两点 $(0,0,\pm c)$，这两点叫做双叶双曲面(3.5.10)的顶点.

3) 曲面存在的范围

将方程(3.5.10)变形为

$$\frac{x^2}{a^2}+\frac{y^2}{b^2}=\frac{z^2}{c^2}-1$$

因而曲面上的点坐标须满足 $\frac{z^2}{c^2}-1\geqslant 0$，即 $z\geqslant c$ 或 $z\leqslant -c$. 所以在两个平行平面 $z=c$ 和 $z=-c$ 中间没有曲面上的点，因此曲面分为两叶 $z\geqslant c$ 与 $z\leqslant -c$.

4)被坐标平面所截的曲线

坐标面 $xOy(z=0)$ 平面与曲面(3.5.10)不相交，而用 $xOz(y=0)$ 平面和 $yOz(x=0)$ 平面去截曲面(3.5.10)，所得截线是双曲线

$$\begin{cases}\dfrac{z^2}{c^2}-\dfrac{x^2}{a^2}=1\\ y=0\end{cases}\qquad(3.5.11)$$

$$\begin{cases}\dfrac{z^2}{c^2}-\dfrac{y^2}{b^2}=1\\ x=0\end{cases}\qquad(3.5.12)$$

这两个双曲线的实轴都是 z 轴，实轴的长都为 $2c$.

5) 被坐标面的平行平面所截的曲线

用平行于坐标面 xOy 的平面 $z=h(|h|\geqslant c)$ 去截曲面(3.5.10)，其截线方程为

$$\begin{cases}\dfrac{x^2}{a^2}+\dfrac{y^2}{b^2}=\dfrac{h^2}{c^2}-1\\ z=h\end{cases}\qquad(3.5.13)$$

i) 当 $|h|=c$ 时，由方程(3.5.13)得到

$$\begin{cases}\dfrac{x^2}{a^2}+\dfrac{y^2}{b^2}=0\\ z=\pm c\end{cases}$$

只有 $x=y=0$ 能满足此方程.这表示曲面(3.5.10)和平面 $z=\pm c$ 都相交,交点为 $(0,0,c)$ 和 $(0,0,-c)$,这两点叫做双叶双曲面的顶点.

ii) 当 $|h|>c$ 时,方程(3.5.13)表示一个椭圆,它的半轴分别是

$$a\sqrt{\frac{h^2}{c^2}-1} \quad 和 \quad b\sqrt{\frac{h^2}{c^2}-1}$$

这个椭圆的顶点为

$$\left(\pm a\sqrt{\frac{h^2}{c^2}-1},0,h\right) \quad 和 \quad \left(0,\pm b\sqrt{\frac{h^2}{c^2}-1},h\right)$$

它们分别在双曲线方程(3.5.11)和方程(3.5.12)上.因此,双叶双曲面和单叶双曲面一样,如果把方程(3.5.13)中的 h 看成参数,方程(3.5.13)就表示一族椭圆,双叶双曲面就是由这族椭圆生成的.

用平行于 xOz 坐标面或 yOz 坐标面的平面来截双叶双曲面(3.5.10),得到的都是双曲线,因此,方程(3.5.10)的图形如图 3.25 所示.

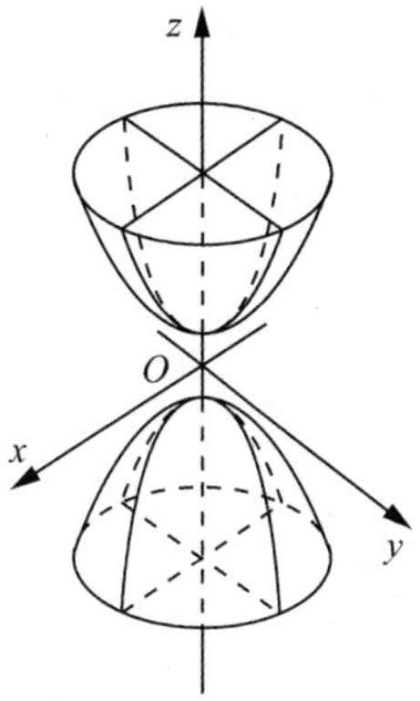

图 3.25

如果我们把双叶双曲面的方程写成下面的形式

$$\frac{x^2}{a^2}-\frac{y^2}{b^2}-\frac{z^2}{c^2}=1$$

或

$$-\frac{x^2}{a^2}+\frac{y^2}{b^2}-\frac{z^2}{c^2}=1$$

或

$$-\frac{x^2}{a^2}-\frac{y^2}{b^2}+\frac{z^2}{c^2}=1$$

那么对于双曲面(包括单、双叶两种)和坐标轴的位置关系,由上面的讨论,可得如下结论:

双曲面方程中哪个变量的系数为负,双曲面就与哪个变数所对应的坐标轴不相交.

例如,双叶双曲面

$$-\frac{x^2}{a^2}-\frac{y^2}{b^2}+\frac{z^2}{c^2}=1$$

只与 z 轴相交,与其他两轴都不相交(图 3.25).

例 3.5.1 给定方程 $\frac{x^2}{A-\lambda}+\frac{y^2}{B-\lambda}+\frac{z^2}{C-\lambda}=1(A>B>C>0)$,试问当 λ 取异于 A,B,C 的各种数值时,它表示怎样的曲面?

解 对方程$\frac{x^2}{A-\lambda}+\frac{y^2}{B-\lambda}+\frac{z^2}{C-\lambda}=1(A>B>C>0)$，

i) 当 $\lambda>A$ 时，不表示任何实图形；

ii) 当 $A>\lambda>B$ 时，表示双叶双曲面；

iii) 当 $B>\lambda>C$ 时，表示单叶双曲面；

iv) 当 $\lambda<C$ 时，表示椭球面.

例 3.5.2 已知单叶双曲面$\frac{x^2}{4}+\frac{y^2}{9}-\frac{z^2}{4}=1$，试求平面的方程，使这平面平行于 yOz 面(或 xOz 面)且与曲面的交线是一对相交直线.

解 设所求的平面为 $x=k$，则该平面与单叶双曲面的交线为

$$\begin{cases}\frac{x^2}{4}+\frac{y^2}{9}-\frac{z^2}{4}=1\\ x=k\end{cases}\tag{3.5.14}$$

即

$$\begin{cases}\frac{y^2}{9}-\frac{z^2}{4}=1-\frac{k^2}{4}\\ x=k\end{cases}$$

为使交线(3.5.14)是两相交直线，则须 $1-\frac{k^2}{4}=0$，即 $k=\pm 2$. 所以，要求的平面方程为 $x=\pm 2$. 同理，平行于 xOy 的平面且与单叶双曲面的交线为两相交直线的平面为 $y=\pm 3$.

习题 3.5

1. 判断下列方程表示的图形，并作草图.

(1) $\frac{x^2}{16}-\frac{y^2}{9}+\frac{z^2}{4}=1$；(2) $\frac{x^2}{9}-\frac{y^2}{16}+\frac{z^2}{4}=-1$.

2. 用一族平行平面 $z=h$(h 为参数)截割双叶双曲面$\frac{x^2}{a^2}-\frac{y^2}{b^2}-\frac{z^2}{c^2}=1$ 得一族双曲线，求这些双曲线焦点的轨迹.

3.6 抛物面

3.6.1 椭圆抛物面

定义 3.6.1 在空间直角坐标系下，由方程

$$\frac{x^2}{a^2}+\frac{y^2}{b^2}=2z\tag{3.6.1}$$

所确定的曲面叫做椭圆抛物面，方程(3.6.1)称为椭圆抛物面的标准方程，其中 a,b 为正常数.

特别地，在方程(3.6.1)中，若 $a=b$，那么它就是旋转抛物面.

1)曲面的对称性

显然，把方程(3.6.1)中 x,y 的任何一个或两个变号，方程(3.6.1)不变，所以椭圆抛物面关于 xOz 平面和 yOz 平面对称，并且关于 z 轴对称，但它没有对称中心，它与对称轴交于(0,0,0)点，这点叫做椭圆抛物面(3.6.1)的顶点.

2)曲面与坐标轴的交点

在方程(3.6.1)中，若令 x,y,z 中任意两个为零，则另一个也为零，所以椭圆抛物面过坐标原点，且除此之外，曲面与坐标轴没有其他交点.

3)曲面的存在范围

由方程(3.6.1)可知

$$z=\frac{1}{2}\left(\frac{x^2}{a^2}+\frac{y^2}{b^2}\right)\geqslant 0$$

所以曲面都在 xOy 的一侧，即在 $z\geqslant 0$ 的一侧.

4)被坐标面所截的曲线

曲面被三个坐标面所截的曲线分别为

$$\begin{cases}\dfrac{x^2}{a^2}+\dfrac{y^2}{b^2}=0\\ z=0\end{cases}\tag{3.6.2}$$

$$\begin{cases}x^2=2a^2z\\ y=0\end{cases}\tag{3.6.3}$$

$$\begin{cases}y^2=2b^2z\\ x=0\end{cases}\tag{3.6.4}$$

方程(3.6.2)表示一个点(0,0,0)，而方程(3.6.3)和(3.6.4)分别表示 xOz 与 yOz 平面上的抛物线，它们的顶点都为(0,0,0)，对称轴都为 z 轴，并且开口方向为 z 轴的正方向. 抛物线(3.6.3)和(3.6.4)分别叫做椭圆抛物面的主抛物线(图 3.26).

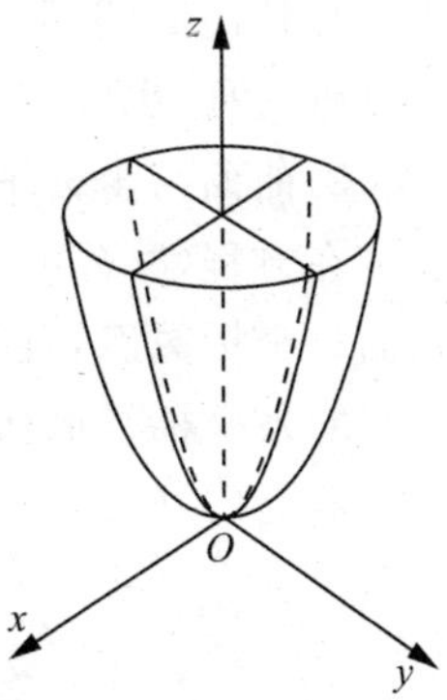

图 3.26

5)被坐标面的平行平面所截的曲线

用平面 $z=h(h>0)$ 去截曲面(3.6.1)，所得截线为中心在 z 轴上的椭圆

$$\begin{cases}\dfrac{x^2}{2a^2h}+\dfrac{y^2}{2b^2h}=1\\ z=h\end{cases} \tag{3.6.5}$$

它的顶点为$(\pm a\sqrt{2h},0,h)$和$(0,\pm b\sqrt{2h},h)$，它们分别在主抛物线(3.6.3)和(3.6.4)上.因此，当h变动时，方程(3.6.5)就表示一族椭圆，而椭圆抛物面(3.6.1)可以看成是由椭圆族(3.6.5)生成的，这族椭圆中的每一个椭圆所在的平面都与xOy平面平行，两对顶点分别在主抛物线(3.6.3)和(3.6.4)上.

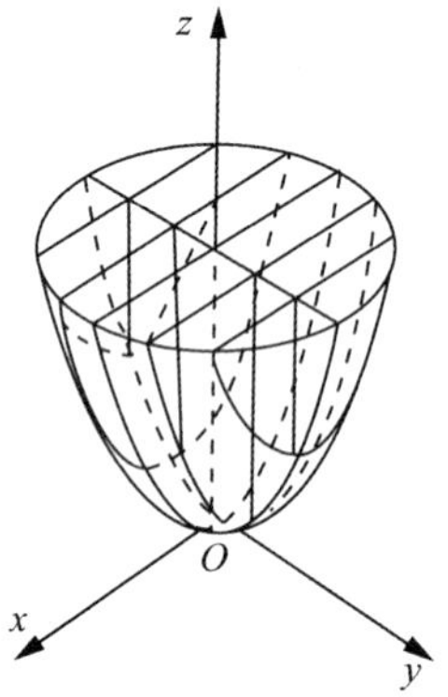

图 3.27

用平行xOz坐标面的平面$y=h$去截曲面(3.6.1)，所得截线为抛物线

$$\begin{cases}x^2=2a^2\left(z-\dfrac{h^2}{2b^2}\right)\\ y=h\end{cases}$$

它的轴平行于z轴，顶点$M\left(0,h,\dfrac{h^2}{2b^2}\right)$在主抛物线(3.6.4)上(图3.27).

同理，用平面$x=h$去截这曲面时，其截线也为抛物线.

综上所述，椭圆抛物面的形状如图(3.27)所示.

3.6.2 双曲抛物面

定义3.6.2 在空间直角坐标系下，由方程

$$\frac{x^2}{a^2}-\frac{y^2}{b^2}=2z \tag{3.6.6}$$

所确定的曲面叫做双曲抛物面.方程(3.6.6)称为双曲抛物面的标准方程，其中a,b为正常数.

1)曲面的对称性

显然曲面(3.6.6)与椭圆抛物面一样，关于xOz平面和yOz平面对称，并且关于z轴对称，也没有对称中心.

2)曲面与坐标轴的交点

在方程(3.6.6)中，若令x,y,z中任意两个为零，则另一个也为零，所以双曲抛物面过坐标原点，且与坐标轴没有其他交点.

3)被坐标平面所截的曲线

曲面(3.6.6)被xOy坐标面截的曲线为

$$\begin{cases}\dfrac{x^2}{a^2}-\dfrac{y^2}{b^2}=0\\ z=0\end{cases} \tag{3.6.7}$$

这是一对相交于原点 $O(0,0,0)$ 的直线

$$\begin{cases}\dfrac{x}{a}+\dfrac{y}{b}=0\\ z=0\end{cases} \quad 和 \quad \begin{cases}\dfrac{x}{a}-\dfrac{y}{b}=0\\ z=0\end{cases} \tag{3.6.8}$$

曲面(3.6.6)被 xOz 平面与 yOz 平面所截的曲线为抛物线

$$\begin{cases}x^2=2a^2z\\ y=0\end{cases} \tag{3.6.9}$$

$$\begin{cases}y^2=-2b^2z\\ x=0\end{cases} \tag{3.6.10}$$

这两个抛物线叫做双曲抛物面(3.6.6)的主抛物线，它们有相同的顶点与对称轴，但开口方向相反.

4) 被坐标面的平行平面所截的曲线

用平行于 xOy 坐标面的平面 $z=h(h\neq 0)$ 去截曲面(3.6.6)，其截线是双曲线

$$\begin{cases}\dfrac{x^2}{2a^2h}-\dfrac{y^2}{2b^2h}=1\\ z=h\end{cases} \tag{3.6.11}$$

i) 当 $h>0$ 时，双曲线的实轴平行于 x 轴，虚轴与 y 轴平行，顶点 $(\pm a\sqrt{2h},0,h)$ 在主抛物线(3.6.9)上(图 3.28).

ii) 当 $h<0$ 时，双曲线的实轴平行于 y 轴，而虚轴平行于 x 轴，其顶点 $(0,\pm b\sqrt{-2h},h)$ 在主抛物线(3.6.10)上.

iii) 当 $h=0$ 时，其截线为一对相交于原点的直线

$$\begin{cases}\dfrac{x}{a}+\dfrac{y}{b}=0\\ z=0\end{cases} \quad 和 \quad \begin{cases}\dfrac{x}{a}-\dfrac{y}{b}=0\\ z=0\end{cases}$$

用平行于坐标面 xOz 的平面 $y=h$ 去截曲面(3.6.6)，截线方程为抛物线

$$\begin{cases}x^2=2a^2\left(z+\dfrac{h^2}{2b^2}\right)\\ y=h\end{cases} \tag{3.6.12}$$

它的对称轴平行于 z 轴，且开口方向与 z 轴的正方向一致，顶点 $\left(0,h,-\dfrac{h^2}{2b^2}\right)$ 在主抛物线(3.6.10)上(图 3.29).

用平行于坐标面 yOz 的平面 $x=h$ 去截曲面(3.6.6)，截线是抛物线

$$\begin{cases} y^2=-2b^2\left(z-\dfrac{h^2}{2a^2}\right) \\ x=h \end{cases} \tag{3.6.13}$$

它的对称轴也平行于 z 轴，但开口方向与 z 轴的正方向相反，顶点 $\left(h,0,\dfrac{h^2}{2a^2}\right)$ 在主抛物线(3.6.9)上.

综合以上结论，双曲抛物面的大体形状如图 3.28 所示，这个图形与马鞍很相似，所以又称马鞍面.

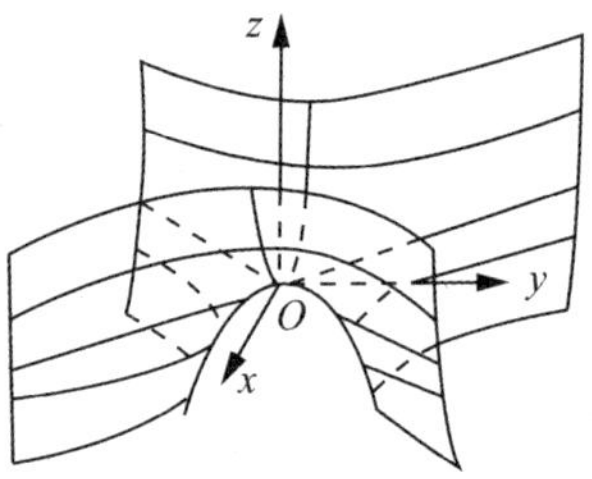

图 3.28

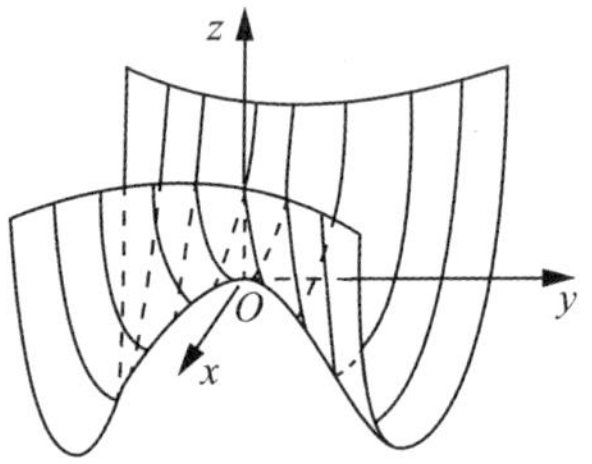

图 3.29

在图 3.29 的情况下，我们说马鞍骑在 x 轴上，鞍背朝向 z 轴. 同样，下列方程的图形也是双曲抛物面，而且这些方程也称为双曲抛物面的标准方程.

$$\frac{x^2}{a^2}-\frac{y^2}{b^2}=-2z,\quad \frac{x^2}{a^2}-\frac{z^2}{c^2}=\pm 2y,\quad \frac{y^2}{b^2}-\frac{z^2}{c^2}=\pm 2x$$

椭圆抛物面和双曲抛物面统称为抛物面，它们都是没有对称中心的，所以又叫无心二次曲面.

习题 3.6

1. 判断下列方程表示的图形，并画出草图.

(1) $\dfrac{x^2}{a^2}+\dfrac{y^2}{b^2}=-2z$；(2) $3x^2-5y^2+15z=0$.

2. 方程 $\dfrac{x^2}{a^2-k}+\dfrac{y^2}{b^2-k}=z$（其中 $a>b>0$，k 为参数）表示一族无心二次曲面. 问：k 为何值时，二次曲面为椭圆抛物面、双曲抛物面？

3.7 单叶双曲面与双曲抛物面的直纹性

我们知道柱面和锥面都可以由一族直线生成，这种由一族直线所生成的曲面叫做直纹面，而生成曲面的那族直线叫做这个曲面的一族直母线.

显然柱面与锥面都是直纹面，除此之外，还有哪些曲面是直纹面呢？

对于一个曲面，如果它上面存在一族直线，这族直线中的每一条都在这个曲面上；反过来，这个曲面上的每一点都在该直线族的某一条直线上，那么这个曲面就是由这族直线生成的直纹面.

下面我们来证明，二次曲面中的单叶双曲面与双曲抛物面也都是直纹面.

首先考虑单叶双曲面

$$\frac{x^2}{a^2}+\frac{y^2}{b^2}-\frac{z^2}{c^2}=1 \tag{3.7.1}$$

将方程(3.7.1)改写为

$$\frac{x^2}{a^2}-\frac{z^2}{c^2}=1-\frac{y^2}{b^2}$$

分解因式，得

$$\left(\frac{x}{a}+\frac{z}{c}\right)\left(\frac{x}{a}-\frac{z}{c}\right)=\left(1+\frac{y}{b}\right)\left(1-\frac{y}{b}\right) \tag{3.7.2}$$

现在引进不全为零的参数 λ,μ，并考察方程组

$$\begin{cases}\lambda\left(\dfrac{x}{a}+\dfrac{z}{c}\right)=\mu\left(1+\dfrac{y}{b}\right)\\ \mu\left(\dfrac{x}{a}-\dfrac{z}{c}\right)=\lambda\left(1-\dfrac{y}{b}\right)\end{cases} \tag{3.7.3}$$

显然，当 λ,μ 取定一组不全为零的值时，方程组(3.7.3)表示一条直线；当 λ,μ 取遍所有可能的不全为零的值时，我们就得到一族直线.

下面证明直线族(3.7.3)中的每一条直线都在曲面(3.7.1)上.

1)如果 λ,μ 都不为零，那么把方程组(3.7.3)的两个方程的左边与左边相乘，右边与右边相乘，再约去两边的参数 $\lambda\mu$，就得方程(3.7.2)，从而得方程(3.7.1)，所以由方程(3.7.3)表示的任意一条直线上的每一点都在曲面方程(3.7.1)上.

2)如果 λ,μ 中有一个为零，当 $\mu=0$ 时，那么必然有 $\lambda\neq0$，这样(3.7.3)变成

$$\begin{cases}\dfrac{x}{a}+\dfrac{z}{c}=0\\ 1-\dfrac{y}{b}=0\end{cases} \tag{3.7.4}$$

当 $\lambda=0$ 时，那么 $\mu\neq0$，方程组(3.7.3)就变成

$$\begin{cases}1+\dfrac{y}{b}=0\\ \dfrac{x}{a}-\dfrac{z}{c}=0\end{cases} \tag{3.7.5}$$

方程组(3.7.4)与(3.7.5)都表示一条直线,显然这两条直线上的每一点都满足方程(3.7.2),从而满足方程(3.7.1),这就是说,直线族(3.7.4)或(3.7.5)上的点都在曲面方程(3.7.1)上.

反过来,我们再来证明曲面(3.7.1)上的每一点都在直线族(3.7.3)的某一条直线上.

设(x_0,y_0,z_0)是曲面(3.7.1)上的点,从而有

$$\frac{x_0^2}{a^2}+\frac{y_0^2}{b^2}-\frac{z_0^2}{c^2}=1$$

因此

$$\left(\frac{x_0}{a}+\frac{z_0}{c}\right)\left(\frac{x_0}{a}-\frac{z_0}{c}\right)=\left(1+\frac{y_0}{b}\right)\left(1-\frac{y_0}{b}\right) \tag{3.7.6}$$

显然$1+\frac{y_0}{b}$与$1-\frac{y_0}{b}$不能同时为零,假设$1+\frac{y_0}{b}\neq 0$.

1) 如果$\frac{x_0}{a}+\frac{z_0}{c}\neq 0$,那么取$\lambda,\mu$使得

$$\lambda\left(\frac{x_0}{a}+\frac{z_0}{c}\right)=\mu\left(1+\frac{y_0}{b}\right)$$

显然这时λ,μ都不为零,于是由(3.7.6)可得

$$\mu\left(\frac{x_0}{a}-\frac{z_0}{c}\right)=\lambda\left(1-\frac{y_0}{b}\right)$$

所以点(x_0,y_0,z_0)在直线族(3.7.3)上.

2) 如果$\frac{x_0}{a}+\frac{z_0}{c}=0$,那么由方程(3.7.6)知,有$1-\frac{y_0}{b}=0$,所以点$(x_0,y_0,z_0)$在直线族(3.7.4)上.

如果假设$1-\frac{y_0}{b}\neq 0$,那么我们类似地可以得到点(x_0,y_0,z_0)在直线族(3.7.3)上,或者在直线族(3.7.5)上.

这就证明了曲面(3.7.1)是直纹面,而且直线族(3.7.3)是它的一族直母线.同样可以证明直线族

$$\begin{cases} t\left(\frac{x}{a}+\frac{z}{c}\right)=v\left(1-\frac{y}{b}\right) \\ v\left(\frac{x}{a}-\frac{z}{c}\right)=t\left(1+\frac{y}{b}\right) \end{cases} \tag{3.7.7}$$

也是曲面(3.7.1)的一族直母线.

这里必须指出,直线族(3.7.3)与(3.7.7)中的直线分别只依赖于$\lambda:\mu$与$t:v$

的值.

图 3.30 表示了单叶双曲面上的两族直母线的大概分布情况.

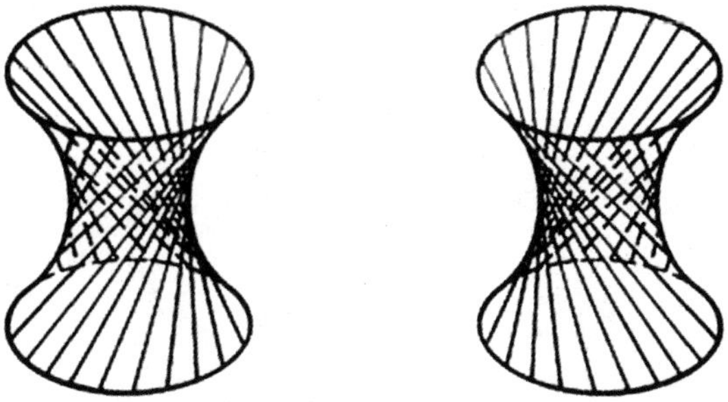

图 3.30

对于双曲抛物面

$$\frac{x^2}{a^2}-\frac{y^2}{b^2}=2z$$

同样也可以证明它也是直纹面,并且也有两族直母线,它们的方程分别为

$$\begin{cases}\dfrac{x}{a}+\dfrac{y}{b}=2\lambda\\ \lambda\left(\dfrac{x}{a}-\dfrac{y}{b}\right)=z\end{cases}\quad(\lambda\text{ 为参数})\tag{3.7.8}$$

与

$$\begin{cases}\dfrac{x}{a}-\dfrac{y}{b}=2\mu\\ \mu\left(\dfrac{x}{a}+\dfrac{y}{b}\right)=z\end{cases}\quad(\mu\text{ 为参数})\tag{3.7.9}$$

图 3.31 表示了双曲抛物面上两族直母线的大概分布情况.

图 3.31

例 3.7.1　试求单叶双曲面$\frac{x^2}{4}+\frac{y^2}{9}-z^2=1$上通过点(2,−3,1)的直母线.

解　这个单叶双曲面的两族直母线方程是

$$\begin{cases}\lambda\left(\dfrac{x}{2}+z\right)=\mu\left(1+\dfrac{y}{3}\right)\\ \mu\left(\dfrac{x}{2}-z\right)=\lambda\left(1-\dfrac{y}{3}\right)\end{cases} \quad 与 \quad \begin{cases}t\left(\dfrac{x}{2}+z\right)=v\left(1-\dfrac{y}{3}\right)\\ v\left(\dfrac{x}{2}-z\right)=t\left(1+\dfrac{y}{3}\right)\end{cases}$$

把点(2,−3,1)代入上面的两组方程,求得

$$\lambda=0,\quad t:v=1:1$$

再代入直母线族的方程,得过(2,−3,1)的两条直母线为

$$\begin{cases}1+\dfrac{y}{3}=0\\ \dfrac{x}{2}-z=0\end{cases} \quad 与 \quad \begin{cases}\dfrac{x}{2}+z=1-\dfrac{y}{3}\\ \dfrac{x}{2}-z=1+\dfrac{y}{3}\end{cases}$$

即

$$\begin{cases}y+3=0\\ x-2z=0\end{cases} \quad 与 \quad \begin{cases}3x+2y+6z-6=0\\ 3x-2y-6z-6=0\end{cases}$$

习题 3.7

1. 求双曲抛物面 $x^2-y^2=2z$ 上通过点(1,1,0)的两条直母线.
2. 求单叶双曲面 $x^2+y^2-z^2=1$ 上通过点(0,1,0)的两条直母线的夹角.
3. 在双曲面抛物面 $x^2-y^2=2z$ 上,试求平行于 $x+y+z=0$ 的直母线方程.

小 结

本章给出了特殊二次曲面的方程与图形的关系.对于柱面、锥面及旋转曲面,它们的图形较简单,因此我们从它们的图形入手,研究其方程、性质及其他相关问题;对于椭球面、双曲面及抛物面,它们的标准方程比较简单,我们从它们的方程入手,利用平行截割法研究其图形及其性质.

1. 空间曲面与曲线

在空间直角坐标系下,空间曲面的一般方程为 $F(x,y,z)=0$.空间曲线的一般方程为

$$\begin{cases}F_1(x,y,z)=0\\ F_2(x,y,z)=0\end{cases}$$

2. 柱面、锥面、旋转曲面

1) 柱面

(1) 定义:在空间中,由平行于定方向且与定曲线相交的一族平行直线所产生

的曲面叫做柱面.

(2) 特殊柱面：在空间直角坐标系中，凡三元方程缺少 x,y,z 中任何一个坐标时必表示一个柱面，它的母线平行于方程中所缺坐标的同名坐标轴.

2) 锥面

(1) 定义：在空间中，过一定点且与一条定曲线相交的一族直线所构成的曲面叫做锥面.

(2) 锥面的判断：在空间中，关于 x,y,z 的齐次方程表示以坐标原点为顶点的锥面.

3) 旋转曲面

(1) 定义：在空间中，一条曲线 Γ 绕一条定直线 l 旋转而产生的曲面叫做旋转曲面.

(2) 特殊旋转曲面求法：当坐标平面上的曲线绕此坐标平面内的一个坐标轴旋转时，只要将曲线在坐标平面里的方程保留和旋转轴同名的坐标，而以其余两个变量的平方和的平方根去替换方程中的另一坐标，即得旋转曲面的方程，如下表：

曲线	旋转轴		
	x	y	z
$\begin{cases} g(y,z)=0 \\ x=0 \end{cases}$		$g(y,\pm\sqrt{x^2+z^2})=0$	$g(\pm\sqrt{x^2+y^2},z)=0.$
$\begin{cases} h(x,z)=0 \\ y=0 \end{cases}$	$h(x,\pm\sqrt{y^2+z^2})=0$		$h(\pm\sqrt{x^2+y^2},z)=0$
$\begin{cases} f(x,y)=0 \\ z=0 \end{cases}$	$f(x,\pm\sqrt{y^2+z^2})=0$	$f(y,\pm\sqrt{x^2+z^2})=0$	

3. 特殊的二次曲面的方程与图形

二次曲面	方程	图形
椭球面	$\frac{x^2}{a^2}+\frac{y^2}{b^2}+\frac{z^2}{c^2}=1$	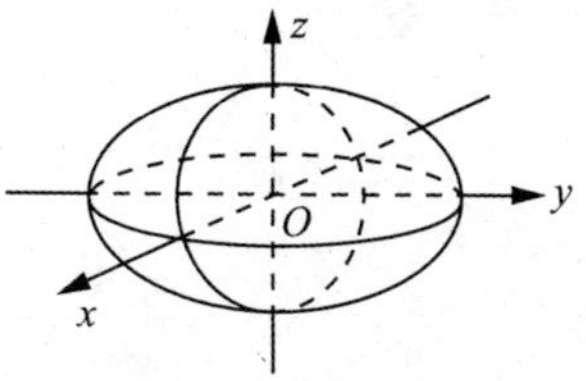

续 表

二次曲面	方程	图形
单叶双曲面	$\frac{x^2}{a^2}+\frac{y^2}{b^2}-\frac{z^2}{c^2}=1$	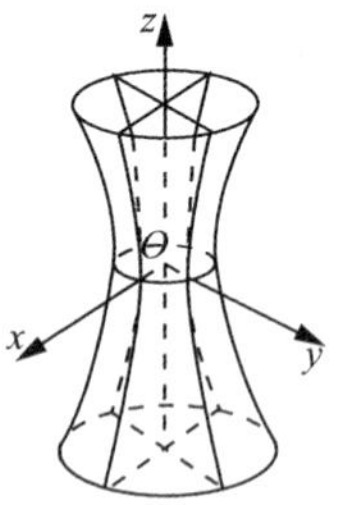
双叶双曲面	$\frac{x^2}{a^2}+\frac{y^2}{b^2}-\frac{z^2}{c^2}=-1$	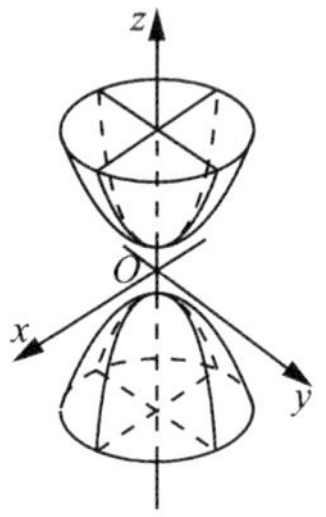
椭圆抛物面	$\frac{x^2}{a^2}+\frac{y^2}{b^2}=2z$	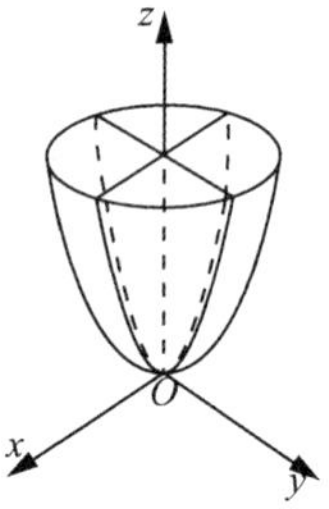
双曲抛物面	$\frac{x^2}{a^2}-\frac{y^2}{b^2}=2z$	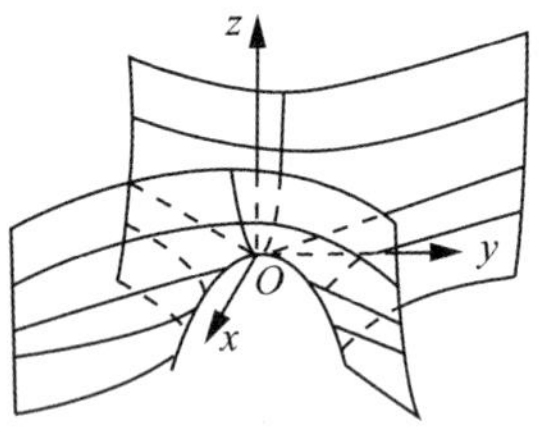
二次锥面	$\frac{x^2}{a^2}+\frac{y^2}{b^2}-\frac{z^2}{c^2}=0$	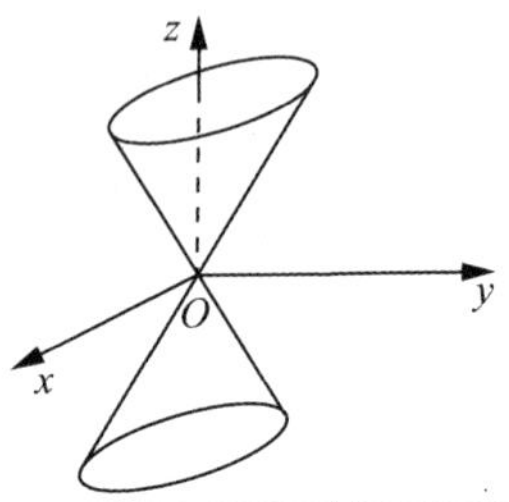

续　表

二次曲面	方程	图形
椭圆柱面	$\dfrac{x^2}{a^2}+\dfrac{y^2}{b^2}=1$	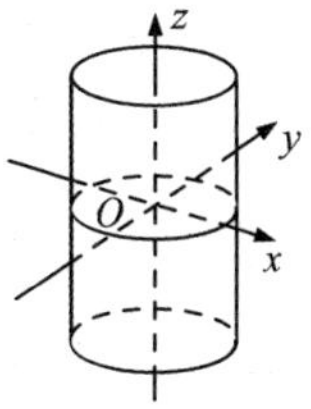
双曲柱面	$\dfrac{x^2}{a^2}-\dfrac{y^2}{b^2}=1$	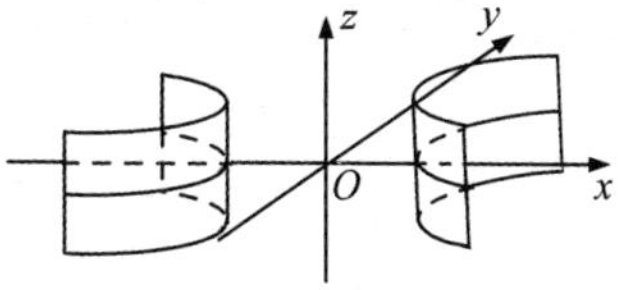
抛物柱面	$y^2=2px$	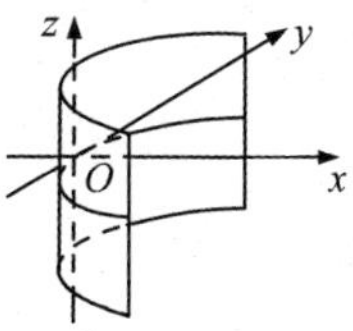

4. 直纹面

定义：由一族直线所生成的曲面叫做直纹面.

单叶双曲面$\dfrac{x^2}{a^2}+\dfrac{y^2}{b^2}-\dfrac{z^2}{c^2}$上的两族直母线为

$$\begin{cases}\lambda\left(\dfrac{x}{a}+\dfrac{z}{c}\right)=\mu\left(1+\dfrac{y}{b}\right)\\\mu\left(\dfrac{x}{a}-\dfrac{z}{c}\right)=\lambda\left(1-\dfrac{y}{b}\right)\end{cases}\quad 与 \quad\begin{cases}t\left(\dfrac{x}{a}+\dfrac{z}{c}\right)=v\left(1-\dfrac{y}{b}\right)\\v\left(\dfrac{x}{a}-\dfrac{z}{c}\right)=t\left(1+\dfrac{y}{b}\right)\end{cases}$$

双曲抛物面$\dfrac{x^2}{a^2}-\dfrac{y^2}{b^2}=2z$上的两族直母线为

$$\begin{cases}\dfrac{x}{a}+\dfrac{y}{b}=2\lambda\\\lambda\left(\dfrac{x}{a}-\dfrac{y}{b}\right)=z\end{cases}\quad 与 \quad\begin{cases}\dfrac{x}{a}-\dfrac{y}{b}=2\mu\\\mu\left(\dfrac{x}{a}+\dfrac{y}{b}\right)=z\end{cases}$$

4 二次曲线的一般理论

平面上,二元二次方程

$$F(x,y)=a_{11}x^2+2a_{12}xy+a_{22}y^2+2a_{13}x+2a_{23}y+a_{33}=0 \tag{4.1}$$

所表示的曲线叫做二次曲线.例如,$\frac{x^2}{a^2}+\frac{y^2}{b^2}=1$(椭圆),$\frac{x^2}{a^2}-\frac{y^2}{b^2}=1$(双曲线),$y^2=2px$(抛物线)都是特殊的二次曲线.那如何判断一个一般二次曲线的图形?由于同一条曲线在不同坐标系下的方程不同,所以本章从直角坐标变换出发,利用转轴、移轴及主直径的方法建立坐标变换,使二次曲线的方程(4.1)在新的坐标系里具有最简形式,然后在此基础上进行二次曲线的分类.

4.1 平面直角坐标变换

4.1.1 平面直角坐标变换公式

设在平面上给出了由两个标架$\{O;\boldsymbol{i},\boldsymbol{j}\}$和$\{O';\boldsymbol{i}',\boldsymbol{j}'\}$所决定的右手直角坐标系,我们依次称这两个坐标系为旧坐标系和新坐标系.

由于坐标系的位置完全由原点和单位坐标向量决定,所以新坐标系与旧坐标系之间的关系,就由O'在$\{O;\boldsymbol{i},\boldsymbol{j}\}$中的坐标以及$\boldsymbol{i}',\boldsymbol{j}'$在$\{O;\boldsymbol{i},\boldsymbol{j}\}$中的坐标所决定.

(1) 移轴

如果两个标架$\{O;\boldsymbol{i},\boldsymbol{j}\}$和$\{O';\boldsymbol{i}',\boldsymbol{j}'\}$的原点$O$与$O'$不同,$O'$在$\{O;\boldsymbol{i},\boldsymbol{j}\}$中的坐标为$(x_0,y_0)$,但两标架的单位坐标向量相同,即$\boldsymbol{i}'=\boldsymbol{i},\boldsymbol{j}'=\boldsymbol{j}$,那么标架$\{O';\boldsymbol{i}',\boldsymbol{j}'\}$可以看成是由标架$\{O;\boldsymbol{i},\boldsymbol{j}\}$将原点平移到$O'$点而得来的(图 4.1).这种坐标变换叫做移轴(坐标平移).

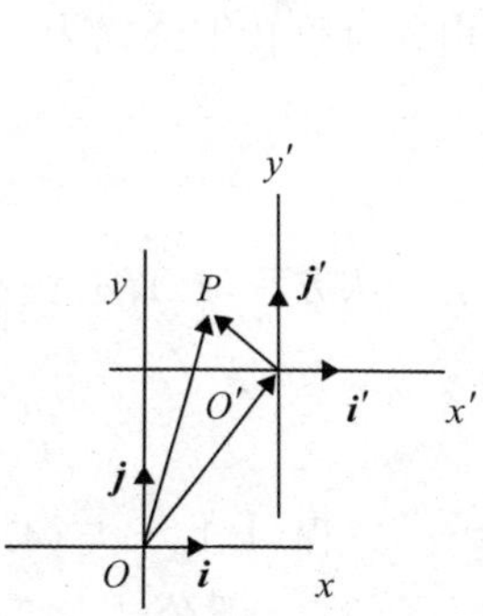

图 4.1

设P是平面内任意一点,它对标架$\{O;\boldsymbol{i},\boldsymbol{j}\}$和$\{O';\boldsymbol{i}',\boldsymbol{j}'\}$的坐标分别为$(x,y)$与$(x',y')$,则有

$$\overrightarrow{OP}=\overrightarrow{OO'}+\overrightarrow{O'P}$$

即

$$x\boldsymbol{i}+y\boldsymbol{j}=(x'+x_0)\boldsymbol{i}+(y'+y_0)\boldsymbol{j}$$

从而可得移轴的坐标变换公式为

$$\begin{cases} x=x'+x_0 \\ y=y'+y_0 \end{cases} \tag{4.1.1}$$

从方程(4.1.1)解出 x',y',得

$$\begin{cases} x'=x-x_0 \\ y'=y-y_0 \end{cases} \tag{4.1.2}$$

方程(4.1.1)与(4.1.2)都叫做移轴公式.

(2) 转轴

若两个标架$\{O;\boldsymbol{i},\boldsymbol{j}\}$和$\{O';\boldsymbol{i}',\boldsymbol{j}'\}$的原点相同,但单位坐标向量不同,且有$\angle(\boldsymbol{i},\boldsymbol{i}')=\alpha$,则标架$\{O;\boldsymbol{i}',\boldsymbol{j}'\}$可以看成是由标架$\{O;\boldsymbol{i},\boldsymbol{j}\}$绕 O 点旋转角度 α 而得来的(图 4.2),这种坐标变换叫做转轴(坐标旋转).

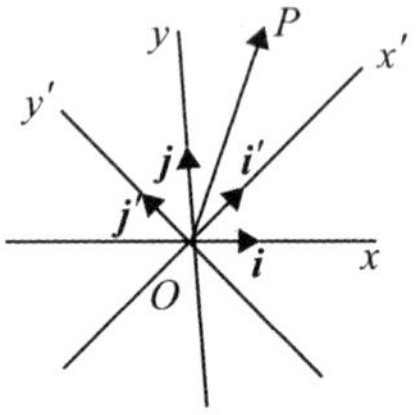

图 4.2

设 P 是平面内任意一点(图 4.2),它对标架$\{O;\boldsymbol{i},\boldsymbol{j}\}$和$\{O;\boldsymbol{i}',\boldsymbol{j}'\}$的坐标分别为$(x,y)$与$(x',y')$,则有

$$\overrightarrow{OP}=\overrightarrow{O'P}$$

由于

$$\boldsymbol{i}'=\boldsymbol{i}\cos\alpha+\boldsymbol{j}\sin\alpha$$

$$\boldsymbol{j}'=\boldsymbol{i}\cos\left(\alpha+\frac{\pi}{2}\right)+\boldsymbol{j}\sin\left(\alpha+\frac{\pi}{2}\right)=-\boldsymbol{i}\sin\alpha+\boldsymbol{j}\cos\alpha$$

于是
$$\begin{aligned}\overrightarrow{O'P}&=x'(\boldsymbol{i}\cos\alpha+\boldsymbol{j}\sin\alpha)+y'(-\boldsymbol{i}\sin\alpha+\boldsymbol{j}\cos\alpha)\\&=(x'\cos\alpha-y'\sin\alpha)\boldsymbol{i}+(x'\sin\alpha+y'\cos\alpha)\boldsymbol{j}\end{aligned}$$

由此可得转轴公式为

$$\begin{cases} x=x'\cos\alpha-y'\sin\alpha \\ y=x'\sin\alpha+y'\cos\alpha \end{cases} \tag{4.1.3}$$

从方程(4.1.3)解出 x',y',得

$$\begin{cases} x'=x\cos\alpha+y\sin\alpha \\ y'=-x\sin\alpha+y\cos\alpha \end{cases} \tag{4.1.4}$$

方程(4.1.3)与(4.1.4)都叫做转轴公式.

(3) 一般公式

一般情况下,坐标系的任意变动都可以通过先移轴再转轴达到(图 4.3),因此由平移公式和转轴公式易得一般坐标变换公式:

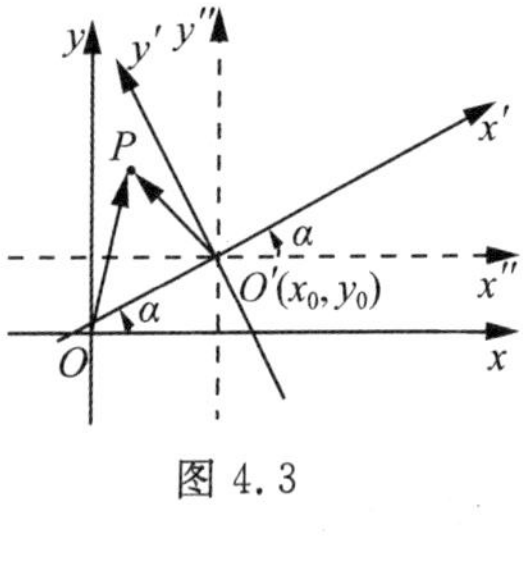

图 4.3

$$\begin{cases} x=x'\cos\alpha-y'\sin\alpha+x_0 \\ y=x'\sin\alpha+y'\cos\alpha+y_0 \end{cases} \tag{4.1.5}$$

或

$$\begin{cases} x'=x\cos\alpha+y\sin\alpha-(x_0\cos\alpha+y_0\sin\alpha) \\ y'=-x\sin\alpha+y\cos\alpha-(-x_0\sin\alpha+y_0\cos\alpha) \end{cases} \tag{4.1.6}$$

其中(x_0,y_0)为新坐标原点在旧坐标系的坐标，α 为从旧坐标系 Ox 轴到新坐标系 $O'x'$轴的旋转角.

以上得到的是由新坐标系的原点在旧坐标系的坐标(x_0,y_0)与坐标轴的旋转角 α 决定的坐标变换公式.确定坐标变换公式还可以有其他方法，例如给定新坐标系两个坐标轴的方程，并规定一个轴的正方向.下面我们将给出这种情况下确定坐标变换公式的方法.

在直角坐标系 xOy 下，给出两条相互垂直的直线，即

$$l_1:A_1x+B_1y+C_1=0,\quad l_2:A_2x+B_2y+C_2=0$$

其中 $A_1A_2+B_1B_2=0$. 取 l_1 为新坐标的横轴 $O'x'$轴，l_2 为新坐标的纵轴 $O'y'$轴，l_1,l_2 的交点为新坐标的坐标原点.设 M 点在旧坐标系与新坐标系的坐标分别为(x,y)和(x',y')，则$|x'|$是 M 点到 $O'y'$(直线 l_2)的距离，$|y'|$是 M 到 $O'x'$(直线 l_1)的距离(图 4.4)，即

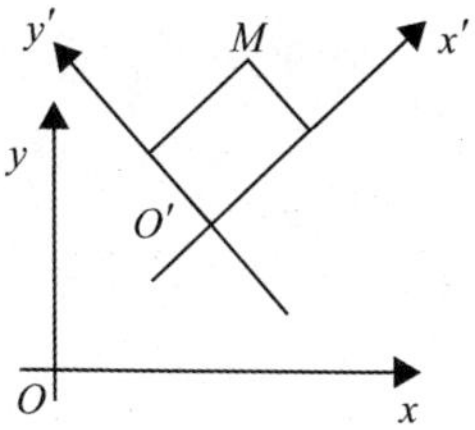

图 4.4

$$|x'|=\frac{|A_2x+B_2y+C_2|}{\sqrt{A_2^2+B_2^2}},\quad |y'|=\frac{|A_1x+B_1y+C_1|}{\sqrt{A_1^2+B_1^2}}$$

去掉绝对值符号后，有

$$\begin{cases} x'=\pm\dfrac{A_2x+B_2y+C_2}{\sqrt{A_2^2+B_2^2}} \\ y'=\pm\dfrac{A_1x+B_1y+C_1}{\sqrt{A_1^2+B_1^2}} \end{cases} \tag{4.1.7}$$

由(4.1.7)我们也可以得到坐标变换公式，并且它的系数满足(4.1.6)，从而有

$$\frac{\pm A_2}{\sqrt{A_2^2+B_2^2}}=\cos\alpha,\frac{\pm B_2}{\sqrt{A_2^2+B_2^2}}=\sin\alpha,\frac{\pm A_1}{\sqrt{A_1^2+B_1^2}}=-\sin\alpha,\frac{\pm B_1}{\sqrt{A_1^2+B_1^2}}=\cos\alpha$$

因此，坐标变换公式(4.1.7)的正负号选取只需满足

$$\frac{\pm A_2}{\sqrt{A_2^2+B_2^2}}=\frac{\pm B_1}{\sqrt{A_1^2+B_1^2}}=\cos\alpha$$

即可.

例 4.1.1　已知两条相互垂直的直线

$$l_1: x-y-2=0, \quad l_2: x+y-3=0$$

求以 l_1 为新坐标系的 $O'x'$ 轴，l_2 为 $O'y'$ 轴的坐标变换公式.

解 由题意可得

$$\begin{cases} x'=\pm\dfrac{x+y-3}{\sqrt{2}} \\ y'=\pm\dfrac{x-y-2}{\sqrt{2}} \end{cases}$$

根据正负号的选取法则，以 l_1 为 $O'x'$ 轴，l_2 为 $O'y'$ 轴的坐标变换公式为

$$\begin{cases} x'=\dfrac{x+y-3}{\sqrt{2}} \\ y'=-\dfrac{x-y-2}{\sqrt{2}} \end{cases} \quad 或 \quad \begin{cases} x'=-\dfrac{x+y-3}{\sqrt{2}} \\ y'=\dfrac{x-y-2}{\sqrt{2}} \end{cases}$$

4.1.2 利用移轴、转轴化简二次曲线

(1) 移轴对二次曲线系数的影响

在坐标平移公式 $\begin{cases} x=x'+x_0 \\ y=y'+y_0 \end{cases}$ 下，二次曲线(4.1)的新方程变为

$$\begin{aligned} F(x,y)&=F(x'+x_0,y'+y_0) \\ &\equiv a_{11}(x'+x_0)^2+2a_{12}(x'+x_0)(y'+y_0)+a_{22}(y'+y_0)^2 \\ &\quad +2a_{13}(x'+x_0)+2a_{23}(y'+y_0)+a_{33} \\ &=a_{11}x'^2+2a_{12}x'y'+a_{22}y'^2+2F_1(x_0,y_0)x'+2F_2(x_0,y_0)y' \\ &\quad +F(x_0,y_0) \\ &=0 \end{aligned}$$

其中

$$F_1(x,y)=a_{11}x+a_{12}y+a_{13}, \quad F_2(x,y)=a_{12}x+a_{22}y+a_{23}$$

若令在移轴公式下二次曲线(4.1)的新方程为

$$a'_{11}x'^2+2a'_{12}x'y'+a'_{22}y'^2+2a'_{13}x'+2a'_{23}y'+a'_{33}=0$$

这里

$$\begin{cases} a'_{11}=a_{11} \\ a'_{12}=a_{12} \\ a'_{22}=a_{22} \\ a'_{13}=F_1(x_0,y_0) \\ a'_{23}=F_2(x_0,y_0) \\ a'_{33}=F(x_0,y_0) \end{cases} \tag{4.1.8}$$

因此，在移轴公式下，二次曲线方程(4.1)系数的变换规律为：

i）二次项系数不变；

ii）一次项系数变为 $2F_1(x_0,y_0)$ 与 $2F_2(x_0,y_0)$；

iii）常数项变为 $F(x_0,y_0)$.

因此，若 $F_1(x_0,y_0)=0, F_2(x_0,y_0)=0$ 有解，则作移轴变换，将二次曲线(4.1)新的坐标原点移到 (x_0,y_0)，那么就可以消去二次曲线(4.1)方程中的一次项.

(2) 转轴对二次曲线系数的影响

在转轴公式 $\begin{cases}x=x'\cos\alpha-y'\sin\alpha\\ y=x'\sin\alpha+y'\cos\alpha\end{cases}$ 下，二次曲线(4.1)的新方程为

$$\begin{aligned}F(x,y)&=F(x'\cos\alpha-y'\sin\alpha,x'\sin\alpha+y'\cos\alpha)\\&=(a_{11}\cos^2\alpha+2a_{12}\sin\alpha\cos\alpha+a_{22}\sin^2\alpha)x'^2\\&\quad+2[(a_{22}-a_{11})\sin\alpha\cos\alpha+a_{12}(\cos^2\alpha-\sin^2\alpha)]x'y'\\&\quad+(a_{11}\sin^2\alpha-2a_{12}\sin\alpha\cos\alpha+a_{22}\cos^2\alpha)y'^2\\&\quad+2(a_{13}\cos\alpha+a_{23}\sin\alpha)x'\\&\quad+2(-a_{13}\sin\alpha+a_{23}\cos\alpha)y'+a_{33}\end{aligned}$$

若令转轴后二次曲线(4.11)的新方程为

$$a'_{11}x'^2+2a'_{12}x'y'+a'_{22}y'^2+2a'_{13}x'+2a'_{23}y'+a'_{33}=0$$

这里

$$\begin{cases}a'_{11}=a_{11}\cos^2\alpha+2a_{12}\sin\alpha\cos\alpha+a_{22}\sin^2\alpha\\ a'_{12}=(a_{22}-a_{11})\sin\alpha\cos\alpha+a_{12}(\cos^2\alpha-\sin^2\alpha)\\ a'_{22}=a_{11}\sin^2\alpha-2a_{12}\sin\alpha\cos\alpha+a_{22}\cos^2\alpha\\ a'_{13}=a_{13}\cos\alpha+a_{23}\sin\alpha\\ a'_{23}=-a_{13}\sin\alpha+a_{23}\cos\alpha\\ a'_{33}=a_{33}\end{cases}\tag{4.1.9}$$

因此，在转轴公式下，二次曲线方程(4.1)的系数变化规律如下：

i）二次项的系数要改变.新方程二次项的系数仅与原方程的二次项系数与旋转角 α 有关，而与一次项系数和常数无关.

ii）一次项系数要改变.新方程一次项的系数仅与原方程的一次项系数与旋转角 α 有关，而与二次项系数和常数无关.

iii）常数项不变.

因此，在二次曲线方程(4.1)里，如果 $a_{12}\neq0$，我们经常使用坐标旋转变换，使新方程中 $a'_{12}=0$.所以，我们仅需取旋转角 α，使得

$$a'_{22}=(a_{22}-a_{11})\sin\alpha\cos\alpha+a_{12}(\cos^2\alpha-\sin^2\alpha)=0$$

即

$$\cot 2\alpha=\frac{a_{11}-a_{22}}{2a_{12}}$$

综合上面的讨论，利用转轴与移轴化简一般二次曲线的方程

$$a_{11}x^2+2a_{12}xy+a_{22}y^2+2a_{13}x+2a_{23}y+a_{33}=0$$

的步骤为：

i）取满足 $\cot 2\alpha=\dfrac{a_{11}-a_{22}}{2a_{12}}$ 的 α 为旋转角作转轴，消去方程中的 xy 项，先把方程化为

$$a'_{11}x'^2+a'_{22}y'^2+2a'_{13}x'+2a'_{23}y'+a'_{33}=0$$

的形式.

ii）利用配方作移轴变换，把方程化简到最简形式.

例 4.1.2 化简二次曲线方程 $x^2+4xy+4y^2+12x-y+1=0$.

解 因为 $\cot 2\alpha=-\dfrac{3}{4}$，即 $\dfrac{1-\tan^2\alpha}{2\tan\alpha}=-\dfrac{3}{4}$，则 $2\tan^2\alpha-3\sin\alpha-2=0$，所以 $\tan\alpha=-\dfrac{1}{2}$ 或 $\tan\alpha=2$.

取 $\tan\alpha=2$，得到 $\sin\alpha=\dfrac{2}{\sqrt{5}}$，$\cos\alpha=\dfrac{1}{\sqrt{5}}$，因而转轴公式为

$$\begin{cases}x=\dfrac{1}{\sqrt{5}}(x'-2y')\\ y=\dfrac{1}{\sqrt{5}}(2x'+y')\end{cases}$$

代入原方程，得

$$5x'^2+2\sqrt{5}x'-5\sqrt{5}y'+1=0$$

配方得

$$\left(x'+\frac{\sqrt{5}}{5}\right)^2-\sqrt{5}y'=0$$

作移轴，令

$$\begin{cases}x'=x''-\dfrac{\sqrt{5}}{5}\\ y'=y''\end{cases}$$

得最简方程为 $x''^2-\sqrt{5}y''=0$，标准方程为 $x''^2=\sqrt{5}y''$.

利用坐标变换化简二次曲线的方程时，如果

$$\begin{cases} F_1(x,y)=0 \\ F_2(x,y)=0 \end{cases}$$

有唯一解(x_0,y_0)，往往取(x_0,y_0)为新坐标系的原点，先作移轴消去方程式中的一次项，然后再作转轴消去方程中的交叉项，最后求出曲线的最简方程.

例 4.1.3　化简二次曲线方程 $x^2-xy+y^2+2x-4y=0$.

解　由于

$$\begin{cases} F_1(x,y)=a_{11}x+a_{12}y+a_{13}\equiv x-\dfrac{1}{2}y+1=0 \\ F_2(x,y)=a_{12}x+a_{22}y+a_{23}\equiv -\dfrac{1}{2}x+y-2=0 \end{cases}$$

满足

$$\begin{vmatrix} a_{11} & a_{12} \\ a_{12} & a_{22} \end{vmatrix}=\begin{vmatrix} 1 & -\dfrac{1}{2} \\ -\dfrac{1}{2} & 1 \end{vmatrix}=\frac{3}{4}\neq 0$$

可以解得 $x=0$，$y=2$. 取$(0,2)$为新坐标系原点，作移轴

$$\begin{cases} x=x' \\ y=y'+2 \end{cases}$$

得移轴后的曲线方程为

$$x'^2-x'y'+y'^2-4=0$$

再转轴消去 $x'y'$ 项，即 $\cot 2\alpha=0$，从而可取旋转角 $\alpha=\dfrac{\pi}{4}$，得转轴公式为

$$\begin{cases} x'=\dfrac{1}{\sqrt{2}}(x''-y'') \\ y'=\dfrac{1}{\sqrt{2}}(x''+y'') \end{cases}$$

经转轴后的曲线方程为

$$\frac{1}{2}x''^2+\frac{3}{2}y''^2-4=0$$

即

$$\frac{x''^2}{8}+\frac{y''^2}{\frac{8}{3}}=1$$

这是一个椭圆.

习题 4.1

1. 已知两垂直直线 l_1：$2x-y+3=0$ 与 l_2：$x+2y-2=0$，取 l_1 为 $O'x'$ 轴，l_2 为 $O'y'$ 轴，求坐标变换公式.

2. 化简二次曲线方程

(1) $x^2-4xy+4y^2-14x-2y+7=0$；

(2) $5x^2+6xy+5y^2-6x+22y+21=0$.

4.2 二次曲线与直线的相关位置

4.2.1 二次曲线中的一些记号

为方便起见，我们将引入下面的一些记号：

$F(x,y)=a_{11}x^2+2a_{12}xy+a_{22}y^2+2a_{13}x+2a_{23}y+a_{33}$

$F_1(x,y)=a_{11}x+a_{12}y+a_{13}$

$F_2(x,y)=a_{12}x+a_{22}y+a_{23}$

$\Phi(x,y)=a_{11}x^2+2a_{12}xy+a_{22}y^2$

我们把 $F(x,y)$ 的系数所排成的矩阵

$$\mathbf{A}=\begin{pmatrix} a_{11} & a_{12} & a_{13} \\ a_{12} & a_{22} & a_{23} \\ a_{13} & a_{23} & a_{33} \end{pmatrix}$$

叫做二次曲线(4.1)的矩阵. 把 $\Phi(x,y)$ 的系数所排成的矩阵

$$\mathbf{A}_1=\begin{pmatrix} a_{11} & a_{12} \\ a_{12} & a_{22} \end{pmatrix}$$

叫做 $\Phi(x,y)$ 的矩阵. 今后，我们还常常用到下面的符号

$$I_1=a_{11}+a_{22}\,(\mathbf{A}_1\text{ 矩阵的迹}),\quad I_2=\begin{vmatrix} a_{11} & a_{12} \\ a_{12} & a_{22} \end{vmatrix}\,(\mathbf{A}_1\text{ 矩阵的行列式})$$

4.2.2 二次曲线与直线的相关位置

我们讨论二次曲线(4.1)与过点 (x_0,y_0) 且具有方向 $l:m$ 的直线

$$\begin{cases} x=x_0+lt \\ y=y_0+mt \end{cases} \tag{4.2.1}$$

的交点情况. 将方程(4.2.1)代入方程(4.1)可得

$$(a_{11}l^2+2a_{12}lm+a_{22}m^2)t^2+2[(a_{11}x_0+a_{12}y_0+a_{13})l+(a_{12}x_0+a_{22}y_0+a_{23})m]t$$
$$+a_{11}x_0^2+2a_{12}x_0y_0+a_{22}y_0^2+2a_{13}x_0+2a_{23}y_0+a_{33}=0$$

用前面给出的符号,即

$$\Phi(l,m)t^2+2[F_1(x_0,y_0)l+F_2(x_0,y_0)m]t+F(x_0,y_0)=0 \qquad (4.2.2)$$

1) $\Phi(l,m)\neq 0$,方程(4.2.2)为关于 t 的二次方程(实系数),且判别式

$$\Delta=[F_1(x_0,y_0)l+F_2(x_0,y_0)m]^2-\Phi(l,m)\cdot F(x_0,y_0)$$

这时二次曲线与直线交点有三种情况:

(1) $\Delta>0$,方程(4.2.2)有两个不等的实根 $t_1,t_2(t_1\neq t_2)$,直线(4.2.1)与二次曲线(4.1)有两个不同的实交点;

(2) $\Delta=0$,方程(4.2.2)有两个相等的实根 $t_1,t_2(t_1=t_2)$,直线(4.2.1)与二次曲线(4.1)有两个重合的实交点;

(3) $\Delta<0$,方程(4.2.2)有两个共轭虚根,直线(4.2.1)与二次曲线(4.1)有一对共轭虚交点(无实交点).

2) $\Phi(l,m)=0$,这时又可分为三种情况:

(1) $F_1(x_0,y_0)l+F_2(x_0,y_0)m\neq 0$,此时关于 t 的方程(4.2.2)是一次方程,它有唯一的一个实根,所以直线(4.2.1)与二次曲线(4.1)有唯一的实交点;

(2) $F_1(x_0,y_0)l+F_2(x_0,y_0)m=0$,而 $F(x_0,y_0)\neq 0$,方程(4.2.2)为矛盾方程,无交点;

(3) $F_1(x_0,y_0)l+F_2(x_0,y_0)m=0$,且 $F(x_0,y_0)=0$,方程(4.2.2)为恒等式,直线(4.2.1)全部在二次曲线(4.1)上.

定义 4.2.1　满足条件 $\Phi(l,m)=0$ 的方向 $l:m$ 叫做二次曲线的渐近方向,$\Phi(l,m)\neq 0$ 的方向 $l:m$ 叫做二次曲线的非渐近方向.

因为二次曲线的二次项系数 a_{11},a_{12},a_{22} 不能全为零,所以渐近方向所满足的关于 $l:m$ 的方程

$$a_{11}l^2+2a_{12}lm+a_{22}m^2=0 \qquad (4.2.3)$$

总有确定的解.

若 $a_{11}\neq 0$,则方程(4.2.3)可化为

$$a_{11}\left(\frac{l}{m}\right)^2+2a_{12}\left(\frac{l}{m}\right)+a_{22}=0$$

从而

$$\frac{l}{m}=\frac{-2a_{12}\pm\sqrt{4a_{12}^2-4a_{11}a_{22}}}{2a_{11}}=\frac{-a_{12}\pm\sqrt{a_{12}^2-a_{11}a_{22}}}{a_{11}}=\frac{-a_{12}\pm\sqrt{-I_2}}{a_{11}}$$

若 $a_{22}\neq 0$,则方程(4.2.3)可化为

$$a_{22}\left(\frac{m}{l}\right)^2+2a_{12}\left(\frac{m}{l}\right)+a_{11}=0$$

从而

$$\frac{m}{l}=\frac{-2a_{12}\pm\sqrt{4a_{12}^2-4a_{11}a_{22}}}{2a_{22}}=\frac{-a_{12}\pm\sqrt{a_{12}^2-a_{11}a_{22}}}{a_{22}}=\frac{-a_{12}\pm\sqrt{-I_2}}{a_{22}}$$

若 $a_{11}=a_{22}=0$，那么 $a_{12}\neq 0$，则方程(4.2.3)化为

$$2a_{12}lm=0$$

即有 $l:m=1:0$ 或 $l:m=0:1$，这时 $I_2=\begin{vmatrix}0 & a_{12}\\ a_{12} & 0\end{vmatrix}=-a_{12}^2<0$.

由以上讨论可知，当且仅当 $I_2<0$ 时，二次曲线有两个实渐近方向；当且仅当 $I_2=0$ 时，二次曲线有一个实渐近方向；当且仅当 $I_2>0$ 时，二次曲线有两个共轭虚渐近方向.

因此，二次曲线的渐近方向最多有两个，而二次曲线的非渐近方向是除了渐近方向以外的所有方向，所以二次曲线的非渐近方向有无穷多个.

定义 4.2.2 没有实渐近方向的二次曲线叫做椭圆型二次曲线，有一个实渐近方向的二次曲线的叫做抛物型二次曲线，有两个实渐近方向的二次曲线叫做双曲型二次曲线.

因此，二次曲线按渐近方向可分为三种类型，即

(1) 椭圆型二次曲线：$I_2>0$；

(2) 抛物型二次曲线：$I_2=0$；

(3) 双曲型二次曲线：$I_2<0$.

例 4.2.1 求二次曲线 $x^2+2xy+y^2+3x+y=0$ 的渐近方向，并指出它属于何种类型.

解 由于

$$\Phi(l,m)=l^2+2lm+m^2$$

这样就得到了确定渐近方向 $l:m$ 的方程. 将上式改写成

$$\left(\frac{l}{m}\right)^2+2\frac{l}{m}+1=0$$

解得

$$\frac{l}{m}=\frac{-2\pm\sqrt{4-4}}{2}=-1:1$$

即该二次曲线有一个实渐近方向 $l:m=-1:1$，故该二次曲线属于抛物型曲线.

习题 4.2

1. 求二次曲线 $x^2-2xy-3y^2-4x-6y+3=0$ 与直线 $x-3y=0$ 的交点.

2. 求下列二次曲线的渐近方向,并指出二次曲线属于何种类型.

(1) $2x^2-3xy+y^2+3x+2y+1=0$;

(2) $4x^2-4xy+y^2+7=0$.

4.3　二次曲线的中心与直径

4.3.1　二次曲线的中心

当直线(4.2.1)的方向 $l:m$ 为二次曲线(4.1)的非渐近方向时,即当 $\Phi(l,m)=a_{11}l^2+2a_{12}lm+a_{22}m^2\neq 0$ 时,直线(4.2.1)与二次曲线(4.1)总交于两个点(两个不同的实交点、两个重合的实交点或一对共轭虚交点).我们把这两点决定的线段叫做二次曲线的弦.

定义 4.3.1　如果点 C 是二次曲线的通过它的所有弦的中点,那么点 C 叫做二次曲线的中心.

下面我们将推导二次曲线中心所满足的条件.

根据定义,若(x_0,y_0)为二次曲线(4.1)的中心,那么过(x_0,y_0)的任意非渐近方向 $l:m$ 的直线(4.2.1)与二次曲线交于两点 $M_1(x_1,y_1)$和 $M_2(x_2,y_2)$,点(x_0,y_0)就是弦 M_1M_2 的中点.把直线方程代入二次曲线方程有

$$\Phi(l,m)t^2+2[F_1(x_0,y_0)l+F_2(x_0,y_0)m]t+F(x_0,y_0)=0$$

由于点(x_0,y_0)是弦 M_1M_2 的中点,所以 $t_1+t_2=0$,由根与系数的关系得

$$F_1(x_0,y_0)l+F_2(x_0,y_0)m=0$$

因为 $l:m$ 为任意非渐近方向,所以可得

$$F_1(x_0,y_0)=0,F_2(x_0,y_0)=0$$

反过来,满足 $F_1(x_0,y_0)=0,F_2(x_0,y_0)=0$ 的点(x_0,y_0),显然是二次曲线的中心.

这样我们就得到以下定理.

定理 4.3.1　点 $C(x_0,y_0)$是二次曲线(4.1)的中心的充要条件是

$$\begin{cases}F_1(x_0,y_0)\equiv a_{11}x_0+a_{12}y_0+a_{13}=0\\F_2(x_0,y_0)\equiv a_{12}x_0+a_{22}y_0+a_{23}=0\end{cases}\tag{4.3.1}$$

推论　坐标原点是二次曲线(4.1)的中心的充要条件是曲线方程里不含 x,y 的一次项.

由定理 4.3.1 知,二次曲线(4.1)的中心将由下列方程组确定

$$\begin{cases}F_1(x,y)\equiv a_{11}x+a_{12}y+a_{13}=0\\F_2(x,y)\equiv a_{12}x+a_{22}y+a_{23}=0\end{cases}\tag{4.3.2}$$

方程组(4.3.2)称为二次曲线(4.1)的中心方程组.

若 $I_2=\begin{vmatrix} a_{11} & a_{12} \\ a_{12} & a_{22} \end{vmatrix}\neq 0$,则方程组(4.3.2)有唯一解,此解为二次曲线(4.1)的中心的坐标.

若 $I_2=\begin{vmatrix} a_{11} & a_{12} \\ a_{12} & a_{22} \end{vmatrix}=0$,即$\frac{a_{11}}{a_{12}}=\frac{a_{12}}{a_{22}}$,那么当$\frac{a_{11}}{a_{12}}=\frac{a_{12}}{a_{22}}\neq\frac{a_{13}}{a_{23}}$时,方程组(4.3.2)无解,二次曲线(4.1)无中心;而当$\frac{a_{11}}{a_{12}}=\frac{a_{12}}{a_{22}}=\frac{a_{13}}{a_{23}}$时,方程组(4.3.2)有无穷多解,这时直线 $a_{11}x+a_{12}y+a_{13}=0$(或 $a_{12}x+a_{22}y+a_{23}=0$)上的所有点都满足方程组(4.3.2),直线上的所有点都是二次曲线(4.1)的中心,该直线叫做二次曲线(4.1)的中心直线.

定义 4.3.2 有唯一中心的二次曲线叫做中心二次曲线,没有中心的二次曲线叫做无心二次曲线,有一条中心直线的二次曲线叫做线心二次曲线.无心二次曲线和线心二次曲线统称为非中心二次曲线.

二次曲线(4.1)按其中心分类可分为两大类,即

(1) 中心二次曲线:$I_2=\begin{vmatrix} a_{11} & a_{12} \\ a_{12} & a_{22} \end{vmatrix}\neq 0$;

(2) 非中心二次曲线:$I_2=\begin{vmatrix} a_{11} & a_{12} \\ a_{12} & a_{22} \end{vmatrix}=0$.

i) 无心二次曲线:$\frac{a_{11}}{a_{12}}=\frac{a_{12}}{a_{22}}\neq\frac{a_{13}}{a_{23}}$;

ii) 线心二次曲线:$\frac{a_{11}}{a_{12}}=\frac{a_{12}}{a_{22}}=\frac{a_{13}}{a_{23}}$.

从二次曲线的两种初步分类(按渐近方向与中心)容易看出,椭圆型曲线和双曲型曲线均为中心二次曲线,而抛物型二次曲线为非中心二次曲线.

例 4.3.1 求二次曲线 $x^2-3xy+y^2+10x-10y+21=0$ 的中心.

解 由于 $I_2=\begin{vmatrix} 1 & -\frac{3}{2} \\ -\frac{3}{2} & 1 \end{vmatrix}\neq 0$,所以此二次曲线为中心二次曲线.由中心方程组可得

$$\begin{cases} x-\frac{3}{2}y+5=0 \\ -\frac{3}{2}x+y-5=0 \end{cases}$$

解得 $x=-2$,$y=2$,所以二次曲线的中心为点$(-2,2)$.

4.3.2 二次曲线的直径

前面我们已经讨论了当直线以二次曲线的任一非渐近方向为方向时，直线与二次曲线总相交于两点，这两点决定了二次曲线的一条弦，下面我们讨论二次曲线上一族平行弦中点的轨迹.

定理 4.3.2 二次曲线一族平行弦中点的轨迹是一条直线.

证明 设 $l:m$ 是二次曲线的一个非渐近方向，即 $\Phi(l,m)\neq 0$，点 (x_0,y_0) 是平行于方向 $l:m$ 的弦的中点，则过点 (x_0,y_0) 的弦为

$$\begin{cases}x=x_0+lt\\y=y_0+mt\end{cases}$$

它与二次曲线(4.1)的两个交点(即平行弦的两个端点)由方程

$$\Phi(l,m)t^2+2[F_1(x_0,y_0)l+F_2(x_0,y_0)m]t+F(x_0,y_0)=0 \qquad (4.3.3)$$

的两个根 t_1,t_2 确定. 又由于点 (x_0,y_0) 是弦的中点，故 $t_1+t_2=0$，即由根与系数的关系得

$$F_1(x_0,y_0)l+F_2(x_0,y_0)m=0$$

这就是说，平行于方向 $l:m$ 的弦的中点坐标 (x_0,y_0) 满足方程

$$F_1(x,y)l+F_2(x,y)m=0 \qquad (4.3.4)$$

即

$$(a_{11}x+a_{12}y+a_{13})l+(a_{12}x+a_{22}y+a_{23})m=0$$

化简得

$$(a_{11}l+a_{12}m)x+(a_{12}l+a_{22}m)y+(a_{13}l+a_{23}m)=0 \qquad (4.3.5)$$

这是直线的方程.

反之，若点 (x_0,y_0) 满足方程(4.3.4)，则方程(4.3.3)有两个根且互为相反数，即 $t_1+t_2=0$，从而点 (x_0,y_0) 是以 $l:m$ 为方向的平行弦的中点.

这里方程(4.3.5)的系数 $a_{11}l+a_{12}m$ 与 $a_{12}l+a_{22}m$ 不全为零，若不然，

$$\Phi(l,m)=a_{11}l^2+2a_{12}lm+a_{22}m^2=(a_{11}l+a_{12}m)l+(a_{12}l+a_{22}m)m=0$$

与 $\Phi(l,m)\neq 0$ 矛盾. 故二次曲线(4.1)一族平行弦中点的轨迹为方程(4.3.5)，即对 $\Phi(l,m)\neq 0$ 的一切确定的方向 $l:m$，方程(4.3.5)为一直线，定理得证.

定义 4.3.3 二次曲线的平行弦中点的轨迹叫做二次曲线的直径，它所对应的平行弦叫做共轭于这条直径的共轭弦，而直径也叫做共轭于平行弦方向的直径.

推论 如果二次曲线的一族平行弦的斜率为 k，那么共轭于这族平行弦的直径方程为

$$F_1(x,y)+kF_2(x,y)=0 \tag{4.3.6}$$

下面我们讨论二次曲线的中心对直径的影响.

显然,当 $F_1(x,y)\equiv a_{11}x+a_{12}y+a_{13}=0$,$F_2(x,y)\equiv a_{12}x+a_{22}y+a_{23}=0$ 表示两条不同的直线时,方程(4.3.6)将构成一族直线束.

i) 当$\frac{a_{11}}{a_{12}}\neq\frac{a_{12}}{a_{22}}$时,二次曲线是中心二次曲线,方程(4.3.6)表示一族中心直线束,即二次曲线所有的直径都过中心,例如$\frac{x^2}{a^2}\pm\frac{y^2}{b^2}=1$.

ii) $\frac{a_{11}}{a_{12}}=\frac{a_{12}}{a_{22}}\neq\frac{a_{13}}{a_{23}}$时,二次曲线是无心二次曲线,方程(4.3.6)是一族平行直线束,即二次曲线所有直径都平行,并且这些直径的方向为二次曲线的渐近方向$l:m=-a_{12}:a_{11}=-a_{22}:a_{12}$,例如 $y^2=2px$.

iii) 当$\frac{a_{11}}{a_{12}}=\frac{a_{12}}{a_{22}}=\frac{a_{13}}{a_{23}}$ 时,二次曲线是线心二次曲线,方程(4.3.6)表示一条直线,即线心二次曲线的直径唯一,就是二次曲线的中心直线 $a_{11}x+a_{12}y+a_{13}=0$ 或 $a_{12}x+a_{22}y+a_{23}=0$,例如 $y^2=a^2$.

定理 4.3.3 中心二次曲线的直径过二次曲线的中心,无心二次曲线的直径平行于二次曲线的渐近方向,线心二次曲线的直径仅有一条,就是线心二次曲线的中心直线.

例 4.3.2 求二次曲线$\frac{x^2}{a^2}\pm\frac{y^2}{b^2}=1$ 共轭于非渐近方向 $l:m$ 的直径.

解 由于 $F(x,y)=\frac{x^2}{a^2}\pm\frac{y^2}{b^2}-1=0$ 为中心二次曲线,中心为坐标原点,$F_1(x,y)=\frac{x}{a^2}$,$F_2(x,y)=\pm\frac{y}{b^2}$,则共轭于非渐近方向 $l:m$ 的直径方程为$\frac{l}{a^2}x\pm\frac{m}{b^2}y=0$.

例 4.3.3 求抛物线 $y^2=2px$ 共轭于非渐近方向 $l:m$ 的直径.

解 $F(x,y)=y^2-2px=0$ 为非中心二次曲线,$F_1(x,y)=-p$,$F_2(x,y)=y$,共轭于非渐近方向 $l:m$ 的直径为 $lp-my=0$,即 $y=\frac{l}{m}p$,它平行于渐近方向$1:0$.

例 4.3.4 求二次曲线 $F(x,y)\equiv x^2-2xy+y^2+2(x-y)-3=0$ 的共轭于非渐近方向 $l:m$ 的直径.

解 $F_1(x,y)=x-y+1$,$F_2(x,y)=-x+y-1$,二次曲线是线心二次曲线,则二次曲线共轭于非渐近方向的直径仅有一条,即 $x-y+1=0$,它平行于渐近方向 $1:1$.

下面我们给出共轭直径的概念.

我们把二次曲线与非渐近方向 $l:m$ 共轭直径方向

$$l_1:m_1=-(a_{12}l+a_{22}m):(a_{11}l+a_{12}m) \tag{4.3.7}$$

叫做非渐近方向 $l:m$ 的共轭方向，所以有

$$\begin{aligned}\Phi(l_1,m_1)&=a_{11}(a_{12}l+a_{22}m)^2-2a_{12}(a_{12}l+a_{22}m)(a_{11}l+a_{12}m)+a_{22}(a_{11}l+a_{12}m)^2\\&=(a_{11}a_{22}-a_{12}^2)(a_{11}l^2+2a_{12}lm+a_{22}m^2)\\&=I_2\Phi(l,m)\end{aligned}$$

由于 $l:m$ 为非渐近方向，所以 $\Phi(l,m)\neq 0$. 故当 $I_2\neq 0$ 时，即曲线为中心二次曲线时，$\Phi(l_1,m_1)\neq 0$，$l_1:m_1$ 为非渐近方向；当 $I_2=0$ 时，即曲线为非中心二次曲线时，$\Phi(l_1,m_1)=0$，$l_1:m_1$ 为渐近方向.

综上所述，中心二次曲线的非渐近方向的共轭方向仍为非渐近方向，而非中心二次曲线的非渐近方向的共轭方向则为渐近方向.

由方程(4.3.7)可知，二次曲线非渐近方向 $l:m$ 与它共轭方向 $l_1:m_1$ 的关系为

$$a_{11}ll_1+a_{12}(lm_1+l_1m)+a_{22}mm_1=0 \tag{4.3.8}$$

由方程(4.3.8)可知，两个共轭方向 $l:m$ 与 $l_1:m_1$ 是对称的，即若中心二次曲线的一个非渐近方向 $l:m$ 的共轭方向是非渐近方向 $l_1:m_1$，则 $l_1:m_1$ 的共轭方向就是 $l:m$，即中心二次曲线的两个共轭方向 $l:m$ 与 $l_1:m_1$ 互为共轭关系.

定义 4.3.4　中心二次曲线的一对具有相互共轭方向的直径叫做一对共轭直径.

设 $\frac{m}{l}=K$，$\frac{m_1}{l_1}=K_1$，代入 $a_{11}ll_1+a_{12}(lm_1+l_1m)+a_{22}mm_1=0$，得

$$a_{11}+a_{12}(K+K_1)+a_{22}KK_1=0$$

此式为一对共轭直径的斜率满足的关系式.

例如，椭圆 $\frac{x^2}{a^2}+\frac{y^2}{b^2}-1=0$ 的共轭直径的斜率 K 与 K_1 的关系为 $\frac{1}{a^2}+\frac{1}{b^2}KK_1=0$，即 $KK_1=-\frac{b^2}{a^2}$.

习题 4.3

1. 判断下列二次曲线是中心曲线、无心曲线还是线心曲线，若有中心，求出其中心.

(1) $5x^2-3xy+y^2+4=0$；

(2) $x^2-2xy+2y^2-4x-6y+3=0$；

(3) $x^2-4xy+4y^2+2x-2y-1=0$;

(4) $4x^2-4xy+y^2+4x-2y+1=0$.

2. 求下列二次曲线共轭于非渐近方向 $l:m$ 的直径.

(1) $4x^2-4xy+y^2-6x+8y+13=0$;

(2) $4x^2-4xy+y^2+4x-2y+1=0$.

4.4 二次曲线的主直径与主方向

定义 4.4.1 二次曲线垂直于其共轭弦的直径叫做二次曲线的主直径,主直径的方向与垂直于主直径的方向都叫做二次曲线的主方向.

显然,主直径是二次曲线的对称轴,所以主直径也叫做二次曲线的轴,轴与曲线的交点叫做二次曲线的顶点.下面,在直角坐标系下讨论二次曲线的主方向和主直径.

对于中心二次曲线(4.1),与非渐近方向 $l:m$ 共轭的直径为 $lF_1(x,y)+mF_2(x,y)=0$ 或 $(a_{11}l+a_{12}m)x+(a_{12}l+a_{22}m)y+(a_{13}l+a_{23}m)=0$. 设直径的方向为 $l_1:m_1$,则 $l_1:m_1=-(a_{12}l+a_{22}m):(a_{11}l+a_{12}m)$. 由于 $l:m$ 是主方向的充要条件为 $l:m$ 垂直于 $l_1:m_1$,在直角坐标系下,有 $ll_1+mm_1=0$ 或 $l_1:m_1=-m:l$,即

$$l:m=(a_{11}l+a_{12}m):(a_{12}l+a_{22}m)$$

因而

$$\begin{cases}a_{11}l+a_{12}m=\lambda l\\ a_{12}l+a_{22}m=\lambda m\end{cases}$$

即

$$\begin{cases}(a_{11}-\lambda)l+a_{12}m=0\\ a_{12}l+(a_{22}-\lambda)m=0\end{cases}\tag{4.4.1}$$

由于 l,m 不全为零,所以齐次线性方程组(4.4.1)有非零解,从而可得

$$\begin{vmatrix}a_{11}-\lambda & a_{12}\\ a_{12} & a_{22}-\lambda\end{vmatrix}=0\tag{4.4.2}$$

即

$$\lambda^2-I_1\lambda+I_2=0\tag{4.4.3}$$

对于中心二次曲线,只要求出 λ 的值,将它代入方程(4.4.1)就可以求得主方向,从而可以求得共轭于这个主方向的主直径;对于非中心二次曲线,其任意直径的方向总是它唯一的渐近方向,也是它的渐近主方向,所以渐近主方向为 $l_1:m_1=$

$-a_{12}:a_{11}=a_{22}:(-a_{12})$，垂直于直径的方向为非渐近主方向，即 $l_2:m_2=a_{11}:a_{12}=a_{12}:a_{22}$，从而可求得共轭于非渐近主方向 $l_2:m_2$ 的主直径.

定义 4.4.2　方程 $\lambda^2-I_1\lambda+I_2=0$ 叫做二次曲线(4.1)的特征方程，特征方程的根叫做二次曲线的特征根.

定理 4.4.1　二次曲线的特征根都为实根.

证明　由特征方程可知其根的判别式为

$$\Delta=(a_{11}+a_{22})^2-4(a_{11}a_{22}-a_{12}^2)=(a_{11}-a_{22})^2+4a_{12}^2\geqslant 0$$

所以 λ 的值都为实数，定理得证.

定理 4.4.2　二次曲线的特征值不全为 0.

证明　反证法.假设 $\lambda_1=\lambda_2=0$，则 $a_{11}+a_{22}=0$，$a_{11}a_{22}-a_{12}^2=0$，即 $a_{11}=a_{12}=a_{22}=0$，与二次曲线定义不符.定理得证.

定理 4.4.3　二次曲线(4.1)的特征根 λ 可确定其主方向.当 $\lambda\neq 0$ 时，确定二次曲线的非渐近主方向；$\lambda=0$ 时，确定二次曲线的渐近主方向.

证明

$$\begin{aligned}\Phi(l,m)&=a_{11}l^2+2a_{12}lm+a_{22}m^2\\&=(a_{11}l+a_{12}m)l+(a_{12}l+a_{22}m)m\\&=\lambda l^2+\lambda m^2=\lambda(l^2+m^2)\end{aligned}$$

当 $\lambda\neq 0$ 时，$\Phi(l,m)\neq 0$，$l:m$ 为非渐近主方向；当 $\lambda=0$ 时，$\Phi(l,m)=0$，$l:m$ 为渐近主方向.定理得证.

定理 4.4.4　中心二次曲线至少有两条主直径(相互垂直)，非中心二次曲线只有一条主直径.

证明　二次曲线(4.1)的特征方程为 $\lambda^2-(a_{11}+a_{22})\lambda+(a_{11}a_{22}-a_{12}^2)=0$，则

$$\lambda_{1,2}=\frac{(a_{11}+a_{22})\pm\sqrt{(a_{11}+a_{22})^2-4(a_{11}a_{22}-a_{12}^2)}}{2}=\frac{I_1\pm\sqrt{I_1^2-4I_2}}{2}$$

(1) 若二次曲线(4.1)为中心二次曲线时，$I_2=a_{11}a_{22}-a_{12}^2\neq 0$.

当 $\Delta=I_1^2-4I_2=0$ 时，$a_{11}=a_{22}$，$a_{12}=0$，此时二次曲线的特征根为二重根，任何直径都是主直径，图形为圆.

当 $\Delta\neq 0$ 时，即 $\Delta>0$ 时，特征方程有两个不相等的实根，且有

$$l_1:m_1=a_{12}:(\lambda_1-a_{11})=(\lambda_1-a_{22}):a_{12}$$

$$l_2:m_2=a_{12}:(\lambda_2-a_{11})=(\lambda_2-a_{22}):a_{12}$$

这两个方向互相垂直又相互共轭，因而非圆的中心二次曲线有且仅有一对互相垂直又互相共轭的主直径.

(2) 若二次曲线(4.1)为非中心二次曲线时，$I_2=0$，特征方程为 λ^2-

$(a_{11}+a_{22})\lambda=0, \lambda_1=a_{11}+a_{22}, \lambda_2=0$.

所以,它仅有一个非渐近主方向,即与 $\lambda_1=a_{11}+a_{22}$ 相应的主方向,从而非中心二次曲线有且仅有一条主直径.

例 4.4.1 求二次曲线 $x^2-3xy+y^2+10x-10y+21=0$ 的主直径.

解 中心方程组对应的矩阵为

$$\begin{pmatrix} a_{11} & a_{12} & a_{13} \\ a_{12} & a_{22} & a_{23} \end{pmatrix}=\begin{pmatrix} 1 & -\frac{3}{2} & 5 \\ -\frac{3}{2} & 1 & -5 \end{pmatrix},$$

从而可得

$$I_1=a_{11}+a_{22}=1+1=2$$

$$I_2=\begin{vmatrix} 1 & -\frac{3}{2} \\ -\frac{3}{2} & 1 \end{vmatrix}=1-\frac{9}{4}=-\frac{5}{4}$$

二次曲线的特征方程为

$$\lambda^2-2\lambda-\frac{5}{4}=0$$

特征根为 $\lambda_1=-\frac{1}{2}, \lambda_2=\frac{5}{2}$. 把 λ_1, λ_2 分别代入方程(4.4.1),求出两个特征值对应的主方向

$$l_1 : m_1=-\frac{3}{2} : \left(-\frac{1}{2}-1\right)=1 : 1$$

$$l_2 : m_2=-\frac{3}{2} : \left(\frac{5}{2}-1\right)=-1 : 1$$

将主方向 $l_1 : m_1$ 代入方程(4.3.4),得到共轭于 $l_1 : m_1$ 主直径为

$$(x-\frac{3}{2}y+5)+(-\frac{3}{2}x+y-5)=0$$

化简得

$$x+y=0$$

将主方向 $l_2 : m_2$ 代入方程(4.3.4),得到共轭于 $l_2 : m_2$ 主直径为

$$-(x-\frac{3}{2}y+5)+(-\frac{3}{2}x+y-5)=0$$

化简得

$$x-y+4=0$$

例 4.4.2 求二次曲线 $x^2-2xy+y^2-8x+16=0$ 的主方向、主直径.

解 二次曲线中心方程组对应的矩阵为

$$\begin{pmatrix} a_{11} & a_{12} & a_{13} \\ a_{12} & a_{22} & a_{23} \end{pmatrix} = \begin{pmatrix} 1 & -1 & -4 \\ -1 & 1 & 0 \end{pmatrix}$$

由上面的矩阵可以看出此二次曲线是无心二次曲线，它的主直径的方向为二次曲线的渐近方向，即主直径的方向为

$$l_1 : m_1 = -a_{12} : a_{11} = 1 : 1$$

垂直于 $l_1 : m_1$ 的非渐近主方向为

$$l_2 : m_2 = -1 : 1$$

所以可以得到共轭于 $l_2 : m_2$ 主直径的方程为

$$x - y - 2 = 0$$

习题 4.4

1. 分别求下列曲线的主方向与主直径.

(1) $\dfrac{x^2}{a^2}+\dfrac{y^2}{b^2}=1$；(2) $\dfrac{x^2}{a^2}-\dfrac{y^2}{b^2}=1$；(3) $y^2=2px$.

2. 试求下列二次曲线的主方向与主直径.

(1) $2x^2+4xy+5y^2-12x-18y-1=0$；

(2) $x^2+4xy+4y^2-12x-6y-1=0$；

(3) $4x^2-4xy+y^2+3=0$.

4.5　二次曲线的化简与分类

4.5.1　二次曲线的化简

由 4.1 节内容和主直径内容，我们可以得到利用主直径化简二次曲线的步骤.

步骤一：写出中心方程组对应的矩阵 $\begin{pmatrix} a_{11} & a_{12} & a_{13} \\ a_{12} & a_{22} & a_{23} \end{pmatrix}$，判断二次曲线是中心二次曲线、无心二次曲线还是线心二次曲线。

步骤二：求出主直径，并利用主直径化简二次曲线.

(1) 若 $I_2 \neq 0$ 时，二次曲线为中心二次曲线. 利用二次曲线的特征方程 $\lambda^2 - I_1\lambda + I_2 = 0$ 求出特征根 λ_1, λ_2，把 λ_1, λ_2 分别代入方程(4.4.1)，求出两个特征值对应的主方向，然后将主方向代入方程(4.3.4)或(4.3.5)，得到两个相互垂直的主直径

$$l_i: A_i x + B_i y + C_i = 0 \quad (i=1,2)$$

取 l_1 为新坐标的 $O'y'$，l_2 为新坐标的 $O'x'$，设平面任意一点 P 在旧坐标系与新坐标系的坐标分别为 (x,y) 和 (x',y')，由 4.1 节的内容我们可以得到坐标变换

公式(4.1.7),即

$$\begin{cases} x'=\pm\dfrac{A_2x+B_2y+C_2}{\sqrt{A_2^2+B_2^2}} \\ y'=\pm\dfrac{A_1x+B_1y+C_1}{\sqrt{A_1^2+B_1^2}} \end{cases}$$

这里正负号选取须满足

$$\frac{\pm A_2}{\sqrt{A_2^2+B_2^2}}=\frac{\pm B_1}{\sqrt{A_1^2+B_1^2}}$$

由方程(4.1.7)可解出 x,y,代入原二次曲线方程即得二次曲线的最简形式.

(2) 若 $I_2=0$,且$\frac{a_{11}}{a_{12}}=\frac{a_{12}}{a_{22}}\neq\frac{a_{13}}{a_{23}}$,二次曲线为无心二次曲线,此时二次曲线有唯一的主直径,且主直径的方向为二次曲线的渐近方向,即主直径的方向为

$$l_1:m_1=-a_{12}:a_{11}=-a_{22}:a_{12}$$

垂直于 $l_1:m_1$ 的非渐近主方向为

$$l_2:m_2=a_{11}:a_{12}=a_{12}:a_{22}$$

所以可以得到主直径的方程为

$$F_1(x,y)l_2+F_2(x,y)m_2=0$$

因此我们把这条主直径作为新坐标系的 $O'x'$ 轴,将过这条主直径与二次曲线交点且以 $l_2:m_2$ 为方向的直线作为 $O'y'$ 轴,进行坐标变换,代入原二次曲线方程化简二次曲线.

(3) 若 $I_2=0$,且$\frac{a_{11}}{a_{12}}=\frac{a_{12}}{a_{22}}=\frac{a_{13}}{a_{23}}$,二次曲线为线心二次曲线,此时二次曲线有唯一的主直径,即

$$a_{11}x+a_{12}y+a_{13}=0 \text{ 或 } a_{12}x+a_{22}y+a_{23}=0$$

垂直于主直径的非渐近主方向为

$$l_2:m_2=a_{11}:a_{12}=a_{12}:a_{22}$$

因此我们把这条主直径作为新坐标系的 $O'x'$ 轴,任意选择一条与这条主直径垂直的直线作为 $O'y'$ 轴,进行坐标变换,代入原二次曲线方程化简二次曲线.

例 4.5.1 化简二次曲线 $x^2-xy+y^2+2x-4y=0$.

解 二次曲线中心方程组对应的矩阵为

$$\begin{pmatrix} a_{11} & a_{12} & a_{13} \\ a_{12} & a_{22} & a_{23} \end{pmatrix}=\begin{pmatrix} 1 & -\frac{1}{2} & 1 \\ -\frac{1}{2} & 1 & -2 \end{pmatrix}$$

显然二次曲线是中心二次曲线，并且有

$$I_1=a_{11}+a_{22}=1+1=2,\quad I_2=1-\frac{1}{4}=\frac{3}{4}$$

所以，二次曲线的特征方程为

$$\lambda^2-2\lambda+\frac{3}{4}=0$$

特征根为 $\lambda_1=\frac{1}{2}$，$\lambda_2=\frac{3}{2}$.

将 $\lambda_1=\frac{1}{2}$ 代入方程(4.4.1)，求出 $\lambda_1=\frac{1}{2}$ 对应的主方向

$$l_1:m_1=-\frac{1}{2}:\left(\frac{1}{2}-1\right)=1:1$$

将 $\lambda_2=\frac{3}{2}$ 代入方程(4.4.1)，求出 $\lambda_2=\frac{3}{2}$ 对应的主方向

$$l_2:m_2=-\frac{1}{2}:\left(\frac{3}{2}-1\right)=-1:1$$

将主方向 $l_1:m_1$ 代入方程(4.3.4)，得到共轭于 $l_1:m_1$ 主直径为

$$\left(x-\frac{1}{2}y+1\right)+\left(-\frac{1}{2}x+y-2\right)=0$$

化简得

$$x+y-2=0$$

将主方向 $l_2:m_2$ 代入方程(4.3.4)，得到共轭于 $l_2:m_2$ 主直径为

$$-\left(x-\frac{1}{2}y+1\right)+\left(-\frac{1}{2}x+y-2\right)=0$$

化简得

$$-x+y-2=0$$

取 $x+y-2=0$，$-x+y-2=0$ 分别为新坐标的 $O'y'$ 轴和 $O'x'$ 轴，可得坐标变换公式为

$$x'=\frac{1}{\sqrt{2}}(x+y-2),\ y'=\frac{1}{\sqrt{2}}(-x+y-2)$$

从上式解得 x,y 为

$$x=\frac{1}{\sqrt{2}}(x'-y'),\ y=\frac{1}{\sqrt{2}}(x'+y')+2$$

代入二次曲线方程化简得

$$\frac{1}{2}x'^2+\frac{3}{2}y'^2-4=0$$

即

$$\frac{x'^2}{8}+\frac{y'^2}{\frac{8}{3}}=1$$

此二次曲线为椭圆.

在例 4.5.1 中我们是用主直径的方法化简二次曲线的,在 4.1 节中我们是用转轴和移轴化简二次曲线的,大家可以比较两种方法的特点.

例 4.5.2 化简二次曲线方程 $x^2+2xy+y^2+2x+y=0$.

解 二次曲线中心方程组对应的矩阵为

$$\begin{pmatrix} a_{11} & a_{12} & a_{13} \\ a_{12} & a_{22} & a_{23} \end{pmatrix}=\begin{pmatrix} 1 & 1 & 1 \\ 1 & 1 & \frac{1}{2} \end{pmatrix}$$

方法一:由二次曲线中心方程组对应的矩阵可得

$$I_1=1+1=2,\quad I_2=\begin{vmatrix} 1 & 1 \\ 1 & 1 \end{vmatrix}=0$$

二次曲线为非中心二次曲线,特征方程为 $\lambda^2-2\lambda=0$,特征根为 $\lambda_1=2,\lambda_2=0$. 将 $\lambda_1=2$ 代入方程(4.4.1),求出 $\lambda_1=2$ 对应的非渐近主方向为

$$l_1:m_1=1:(2-1)=1:1$$

将主方向代入方程(4.3.4),得到共轭于 $l_1:m_1$ 主直径为

$$(x+y+1)+\left(x+y+\frac{1}{2}\right)=0$$

化简得

$$x+y+\frac{3}{4}=0$$

求出主直径与曲线的交点

$$x=\frac{3}{16},\quad y=-\frac{15}{16}$$

与主直径垂直且过点 $\left(\frac{3}{16},-\frac{15}{16}\right)$ 的直线为

$$x-y-\frac{9}{8}=0$$

取 $x+y+\frac{3}{4}=0$ 为 $O'x'$ 轴,$x-y-\frac{9}{8}=0$ 为 $O'y'$ 轴,可得坐标变换公式为

$$x'=\frac{1}{\sqrt{2}}\left(x-y-\frac{9}{8}\right),\quad y'=\frac{1}{\sqrt{2}}\left(x+y+\frac{3}{4}\right)$$

即

$$x=\frac{\sqrt{2}}{2}x'+\frac{\sqrt{2}}{2}y'+\frac{3}{16},\quad y=-\frac{\sqrt{2}}{2}x'+\frac{\sqrt{2}}{2}y'-\frac{15}{16}$$

代入已知曲线方程，化简得

$$2y'^2+\frac{\sqrt{2}}{2}x'=0$$

标准方程为抛物线

$$y'^2=-\frac{\sqrt{2}}{4}x'$$

方法二：由二次曲线中心方程组对应的矩阵可知，此二次曲线为无心二次曲线，它的主直径的方向为二次曲线的渐近方向，即主直径的方向为

$$l_1:m_1=-a_{12}:a_{11}=-1:1$$

垂直于 $l_1:m_1$ 的非渐近主方向为

$$l_2:m_2=1:1$$

所以可以得到共轭于 $l_2:m_2$ 主直径的方程为

$$x+y+\frac{3}{4}=0$$

以下过程与方法一同.

例 4.5.3　化简二次曲线 $x^2-2xy+y^2+2x-2y-3=0$.

解　二次曲线中心方程组对应的矩阵为

$$\begin{pmatrix} a_{11} & a_{12} & a_{13} \\ a_{12} & a_{22} & a_{23} \end{pmatrix}=\begin{pmatrix} 1 & -1 & 1 \\ -1 & 1 & -1 \end{pmatrix}$$

由于矩阵的两行对应成比例，所以该曲线为线心二次曲线，它有唯一的直径，从而有唯一的主直径

$$x-y+1=0$$

取其为新坐标的 $O'x'$ 轴，再取任意垂直于此轴的直线，例如 $x+y=0$ 作为新坐标的 $O'y'$ 轴，则坐标变换公式为

$$x'=\frac{1}{\sqrt{2}}(x+y),\quad y'=-\frac{1}{\sqrt{2}}(x-y+1)$$

解得

$$x=\frac{\sqrt{2}}{2}x'-\frac{\sqrt{2}}{2}y'-\frac{1}{2},\quad y=\frac{\sqrt{2}}{2}x'+\frac{\sqrt{2}}{2}y'+\frac{1}{2}$$

代入原方程,得

$$y'^2=2$$

即 $y'=\pm\sqrt{2}$.

对于线心二次曲线也可直接从原方程分解为两个一次因式,比如例 4.5.3:

$$\begin{aligned}F(x,y)&=x^2-2xy+y^2+2x-2y-3\\&=(x-y)^2+2(x-y)-3\\&=(x-y+3)(x-y-1)\\&=0\end{aligned}$$

即 $x-y+3=0$ 或 $x-y-1=0$,此二次曲线是两条平行的直线.

4.5.2 二次曲线的分类

一般情况下,化简二次曲线的方程有下面的定理。

定理 4.5.1 选择适当的坐标系,二次曲线的方程(4.1)总可以化为下列简化方程中的一个:

(1) $a''_{11}x''^2+a''_{22}y''^2+a''_{33}=0$, $a''_{11}a''_{22}\neq 0$;

(2) $a''_{22}y''^2+2a''_{13}x''=0$, $a''_{22}a''_{13}\neq 0$;

(3) $a''_{22}y''^2+a''_{33}=0$, $a''_{22}\neq 0$.

证明 取满足 $\cot 2\alpha=\frac{a_{11}-a_{22}}{2a_{12}}$ 的 α 为旋转角作转轴,消去方程(4.1)中的 xy 项,那么二次曲线(4.1)的方程化为

$$a'_{11}x'^2+a'_{22}y'^2+2a'_{13}x'+2a'_{23}y'+a'_{33}=0 \tag{4.5.1}$$

这里的 $a'_{11},a'_{22},a'_{13},a'_{23},a'_{33}$ 由方程(4.1.9)决定.

1)当 $a'_{11}a'_{22}\neq 0$ 时,将方程(4.5.1)配方,得

$$a'_{11}\left(x'+\frac{a'_{13}}{a'_{11}}\right)^2+a'_{22}\left(y'+\frac{a'_{23}}{a'_{22}}\right)^2+a'_{33}-\frac{a'^2_{13}}{a'_{11}}-\frac{a'^2_{23}}{a'_{22}}=0$$

再作移轴

$$\begin{cases}x'=x''-\dfrac{a'_{13}}{a'_{11}}\\[2ex] y'=y''-\dfrac{a'_{23}}{a'_{22}}\end{cases}$$

于是方程就化为

$$a''_{11}x''^2+a''_{22}y''^2+a''_{33}=0,\quad a''_{11}a''_{22}\neq 0$$

上式中 $a''_{11}=a'_{11}, a''_{22}=a'_{22}, a''_{33}=a'_{33}-\frac{a'^2_{13}}{a'_{11}}-\frac{a'^2_{23}}{a'_{22}}$,所以又有

$$a''_{11}a''_{22}=a'_{11}a'_{22}\neq 0$$

2)当 $a'_{11}a'_{22}=0$ 时,这时 a'_{11} 与 a'_{22} 中有一个为零,但不能全为零,否则就不是二次方程了.不失一般性,不妨设 $a'_{11}=0, a'_{22}\neq 0$,这时方程(4.5.1)变成

$$a'_{22}y'^2+2a'_{13}x'+2a'_{23}y'+a'_{33}=0 \tag{4.5.2}$$

1° 如果 $a'_{13}\neq 0$,将方程(4.5.2)配方,得

$$a'_{22}\left(y'+\frac{a'_{23}}{a'_{22}}\right)^2+2a'_{13}\left(x'+\frac{a'_{22}a'_{33}-a'^2_{23}}{2a'_{22}a'_{13}}\right)=0$$

再作移轴

$$\begin{cases} x'=x''-\dfrac{a'_{22}a'_{33}-a'^2_{23}}{2a'_{22}a'_{13}} \\ y'=y''-\dfrac{a'_{23}}{a'_{22}} \end{cases}$$

于是方程化为

$$a''_{22}y''^2+2a''_{13}x''=0, \quad a''_{22}a''_{13}\neq 0$$

这里 $a''_{22}=a'_{22}, a''_{13}=a'_{13}$,所以又有

$$a''_{22}a''_{13}=a'_{22}a'_{13}\neq 0$$

2° 如果 $a'_{13}=0$,那么方程(4.5.2)变为

$$a'_{22}y'^2+2a'_{23}y'+a'_{33}=0 \tag{4.5.3}$$

将方程(4.5.3)配方,得

$$a'_{22}\left(y'+\frac{a'_{23}}{a'_{22}}\right)^2+a'_{33}-\frac{a'^2_{23}}{a'_{22}}=0$$

再作移轴

$$\begin{cases} x'=x'' \\ y'=y''-\dfrac{a'_{23}}{a'_{22}} \end{cases}$$

于是二次曲线的新方程为

$$a''_{22}y''^2+a''_{33}=0, \quad a''_{22}\neq 0$$

这里 $a''_{22}=a'_{22}, a''_{33}=a'_{33}-\frac{a'^2_{23}}{a'_{22}}$,所以又有

$$a''_{22}=a'_{22}\neq 0$$

定理证毕.

由定理 4.5.1,我们可以写出二次曲线的各种标准形式,从而得到二次曲线的分类.

(1) $a_{11}x^2+a_{22}y^2+a_{33}=0$,其中 $a_{11}a_{22}\neq 0$.

i) 若 $a_{33}\neq 0$,将上式改写为 $Ax^2+By^2=1$,其中 $A=-\frac{a_{11}}{a_{33}}$,$B=-\frac{a_{22}}{a_{33}}$,则二次曲线可分为以下情况:

① $\frac{x^2}{a^2}+\frac{y^2}{b^2}=1$(椭圆),其中 $A>0$,$B>0$,且令 $A=\frac{1}{a^2}$,$B=\frac{1}{b^2}$;

② $\frac{x^2}{a^2}+\frac{y^2}{b^2}=-1$(虚椭圆),其中 $A<0$,$B<0$,且令 $A=-\frac{1}{a^2}$,$B=-\frac{1}{b^2}$;

③ $\frac{x^2}{a^2}-\frac{y^2}{b^2}=\pm 1$(双曲线),其中 $AB<0$,且令 $A=\frac{1}{a^2}$,$B=-\frac{1}{b^2}$,或令 $A=-\frac{1}{a^2}$,$B=\frac{1}{b^2}$.

ii) 若 $a_{33}=0$,有 $Ax^2+By^2=0$,其中 $A=a_{11}$,$B=a_{22}$;

① $\frac{x^2}{a^2}-\frac{y^2}{b^2}=0$(两条相交直线),其中 $AB<0$,且令 $A=\frac{1}{a^2}$,$B=-\frac{1}{b^2}$,或令 $A=-\frac{1}{a^2}$,$B=\frac{1}{b^2}$;

② $a_{11}x^2+a_{22}y^2=0$(点椭圆),其中 $AB>0$.

(2) $a_{22}y^2+2a_{13}x=0$(其中 $a_{22}a_{13}\neq 0$),令 $-\frac{a_{13}}{a_{23}}=p$,得

$y^2=2px$(抛物线).

(3) $a_{22}y^2+a_{33}=0$(其中 $a_{22}\neq 0$),化简得 $y^2=-\frac{a_{33}}{a_{22}}$.

① $y^2=a^2$(两条平行直线),其中 $a_{22}a_{33}<0$;

② $y^2=-a^2$(两条共轭平行虚直线),其中 $a_{22}a_{33}>0$;

③ $y^2=0$(两条重合直线),其中 $a_{33}=0$.

综上所述,二次曲线共分九类,分别为:

椭圆型:$\frac{x^2}{a^2}+\frac{y^2}{b^2}=1$(椭圆);$\frac{x^2}{a^2}+\frac{y^2}{b^2}=-1$(虚椭圆);$\frac{x^2}{a^2}+\frac{y^2}{b^2}=0$(点椭圆).

双曲型:$\frac{x^2}{a^2}-\frac{y^2}{b^2}=\pm 1$(双曲线);$\frac{x^2}{a^2}-\frac{y^2}{b^2}=0$(两相交直线).

抛物型:$y^2=2px$(抛物线);$y^2=a^2$(两平行直线);

$y^2=-a^2$(两平行共轭虚直线);$y^2=0$(两重合直线).

习题 4.5

1. 化简下列二次曲线方程.

(1) $2x^2+4xy-y^2-20x-8y+32=0$;

(2) $x^2+4xy+4y^2-20x+10y-50=0$;

(3) $16x^2-24xy+9y^2+60x+80y=0$;

(4) $5x^2+4xy+2y^2-24x-12y+18=0$.

2. 按实数 λ 的值讨论方程 $x^2-2xy+\lambda y^2-4x-6y+3=0$ 所表示的曲线.

小　结

本章主要研究一般二次曲线的性质、化简与分类,我们介绍了两种化简二次曲线的方法:利用转轴、移轴化简二次曲线和利用主直径化简二次曲线.这两种方法最终都归结为找适当的坐标变换,即建立新的坐标系,使得二次曲线在新坐标系下的方程为标准型.

1. 平面直角坐标变换

移轴公式为

$$\begin{cases} x=x'+x_0 \\ y=y'+y_0 \end{cases}$$

转轴公式为

$$\begin{cases} x=x'\cos\alpha-y'\sin\alpha \\ y=x'\sin\alpha+y'\cos\alpha \end{cases}$$

一般公式为

$$\begin{cases} x=x'\cos\alpha-y'\sin\alpha+x_0 \\ y=x'\sin\alpha+y'\cos\alpha+y_0 \end{cases}$$

利用两条相互垂直的直线

$$l_1: A_1x+B_1y+C_1=0,\quad l_2: A_2x+B_2y+C_2=0$$

作新坐标轴建立的坐标变换公式

$$\begin{cases} x'=\pm\dfrac{A_2x+B_2y+C_2}{\sqrt{A_2^2+B_2^2}} \\ y'=\pm\dfrac{A_1x+B_1y+C_1}{\sqrt{A_1^2+B_1^2}} \end{cases}$$

坐标变换公式中正负号选取需要满足

$$\frac{\pm A_2}{\sqrt{A_2^2+B_2^2}}=\frac{\pm B_1}{\sqrt{A_1^2+B_1^2}}=\cos\alpha$$

2. 利用转轴、移轴化简二次曲线

(1) 取满足 $\cot 2\alpha=\frac{a_{11}-a_{22}}{2a_{12}}$ 的 α 为旋转角作转轴，消去方程中的 xy 项；

(2) 利用配方作移轴把方程化简.

如果曲线有中心，那么为了计算方便，往往取曲线的中心为新坐标系的原点，先作移轴消去方程式中的一次项，然后再作转轴消去方程中的交叉项，最后求出曲线的标准方程.

3. 二次曲线的主直径与主方向及利用主直径化简二次曲线

1) 求二次曲线的主直径与主方向

(1) 中心二次曲线：特征方程、特征根；

(2) 无心二次曲线；

(3) 线性二次曲线.

2) 利用主直径化简二次曲线的步骤

步骤一：写出中心方程组对应的矩阵 $\begin{pmatrix} a_{11} & a_{12} & a_{13} \\ a_{12} & a_{22} & a_{23} \end{pmatrix}$，判断二次曲线是中心二次曲线、无心二次曲线还是线心二次曲线；

步骤二：求出主直径，并利用主直径化简二次曲线.

(1) 若 $I_2\neq 0$ 时，二次曲线为中心二次曲线. 利用二次曲线的特征方程 $\lambda^2-I_1\lambda+I_2=0$ 求出特征根 λ_1,λ_2，把 λ_1,λ_2 分别代入方程(4.4.1)，求出两个特征值对应的主方向，然后将主方向代入方程(4.3.4)或(4.3.5)，得到两个相互垂直的主直径

$$l_i:\ A_ix+B_iy+C_i=0\quad (i=1,2)$$

取 l_1 为新坐标的 $O'y'$，l_2 为新坐标的 $O'x'$，设平面任意一点 P 在旧坐标系与新坐标系的坐标分别为 (x,y) 和 (x',y')，由 4.1 节的内容我们可以得到坐标变换公式(4.1.7)，即

$$\begin{cases} x'=\pm\dfrac{A_2x+B_2y+C_2}{\sqrt{A_2^2+B_2^2}} \\ y'=\pm\dfrac{A_1x+B_1y+C_1}{\sqrt{A_1^2+B_1^2}} \end{cases}$$

这里正负号选取须满足

$$\frac{\pm A_2}{\sqrt{A_2^2+B_2^2}}=\frac{\pm B_1}{\sqrt{A_1^2+B_1^2}}$$

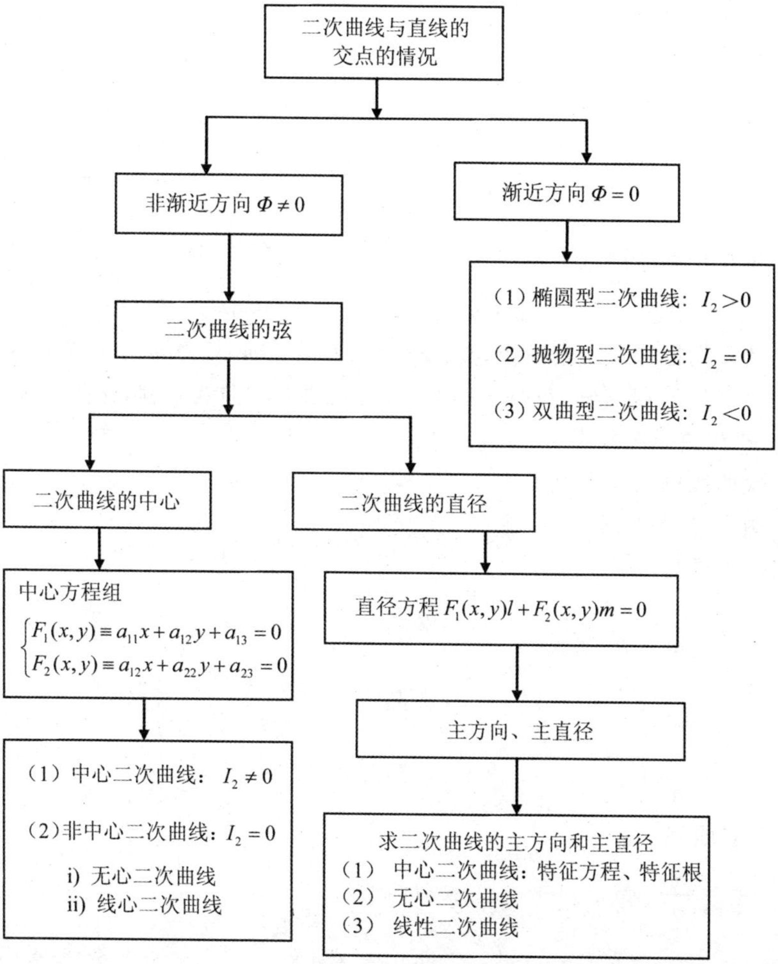

由方程(4.1.7)可解出 x,y，代入原二次曲线方程即得二次曲线的最简形式.

(2) 若 $I_2=0$，且 $\frac{a_{11}}{a_{12}}=\frac{a_{12}}{a_{22}}\neq\frac{a_{13}}{a_{23}}$，二次曲线为无心二次曲线，此时二次曲线有唯一的主直径，且主直径的方向为二次曲线的渐近方向，即主直径的方向为

$$l_1 : m_1 = -a_{12} : a_{11} = -a_{22} : a_{12}$$

垂直于 $l_1 : m_1$ 的非渐近主方向为

$$l_2 : m_2 = a_{11} : a_{12} = a_{12} : a_{22}$$

所以可以得到主直径的方程为

$$F_1(x,y)l_2 + F_2(x,y)m_2 = 0$$

因此我们把这条主直径作为新坐标系的 $O'x'$ 轴，将过这条主直径与二次曲线

交点且以 $l_2:m_2$ 为方向的直线作为 $O'y'$ 轴，进行坐标变换，代入原二次曲线方程化简二次曲线.

(3) 若 $I_2=0$，且 $\frac{a_{11}}{a_{12}}=\frac{a_{12}}{a_{22}}=\frac{a_{13}}{a_{23}}$，二次曲线为线心二次曲线，此时二次曲线有唯一的主直径，即

$$a_{11}x+a_{12}y+a_{13}=0 \text{ 或 } a_{12}x+a_{22}y+a_{23}=0$$

垂直于主直径的非渐近主方向为

$$l_2:m_2=a_{11}:a_{12}=a_{12}:a_{22}$$

因此我们把这条主直径作为新坐标系的 $O'x'$ 轴，任意选择一条与这条主直径垂直的直线作为 $O'y'$ 轴，进行坐标变换，代入原二次曲线方程，化简二次曲线.

4. 二次曲线的分类

二次曲线可以分为九类.

1) 中心二次曲线

(1) 椭圆型：

$\frac{x^2}{a^2}+\frac{y^2}{b^2}=1$ （椭圆）

$\frac{x^2}{a^2}+\frac{y^2}{b^2}=-1$ （虚椭圆）

$\frac{x^2}{a^2}+\frac{y^2}{b^2}=0$ （点椭圆）

(2) 双曲型：

$\frac{x^2}{a^2}-\frac{y^2}{b^2}=\pm 1$ （双曲线）

$\frac{x^2}{a^2}-\frac{y^2}{b^2}=0$ （两相交直线）

2) 非中心二次曲线

(1) 无心二次曲线(抛物型)：

$y^2=2px$ （抛物线）

(2) 线心二次曲线(抛物型)：

$y^2=a^2$ （两平行直线）

$y^2=-a^2$ （两平行共轭虚直线）

$y^2=0$ （两重合直线）.

5 二次曲面的化简与分类

在三维立体空间，由三元二次方程

$$\begin{aligned}F(x,y,z)&=a_{11}x^2+2a_{12}xy+2a_{13}xz+a_{22}y^2+2a_{23}yz\\&\quad+a_{33}z^2+2a_{14}x+2a_{24}y+2a_{34}z+a_{44}\\&=0\end{aligned}\tag{5.1}$$

所表示的曲面叫做二次曲面.

例如：$\frac{x^2}{a^2}+\frac{y^2}{b^2}+\frac{z^2}{c^2}=1$(椭球面)，$\frac{x^2}{a^2}+\frac{y^2}{b^2}-\frac{z^2}{c^2}=1$(单叶双曲面)，

$\frac{x^2}{a^2}+\frac{y^2}{b^2}-\frac{z^2}{c^2}=-1$(双叶双曲面)，$\frac{x^2}{a^2}+\frac{y^2}{b^2}-\frac{z^2}{c^2}=0$(二次锥面)，

$\frac{x^2}{a^2}+\frac{y^2}{b^2}=2z$(椭圆抛物面)，$\frac{x^2}{a^2}-\frac{y^2}{b^2}=2z$(双曲抛物面)，

$\frac{x^2}{a^2}+\frac{y^2}{b^2}=1$(椭圆柱面)，$\frac{x^2}{a^2}-\frac{y^2}{b^2}=1$(双曲柱面)，

$x^2=2pz$(抛物柱面).

在本章中，我们将在讨论以上二次曲面标准方程的基础上，利用空间直角坐标变换，对二次曲面方程进行化简，并对二次曲面进行分类.

5.1 空间直角坐标系的坐标变换

空间直角坐标变换就是导出空间任意一点在新、旧坐标系中的坐标之间的关系，即坐标变换公式.

(1) 坐标轴平移公式

同平面解析几何类似，我们把只改变坐标原点的位置，不改变坐标轴的方向和单位长度的变换，叫做坐标轴的平移.

设旧坐标系$\{O;\boldsymbol{i},\boldsymbol{j},\boldsymbol{k}\}$的原点$O$与新坐标系$\{O';\boldsymbol{i}',\boldsymbol{j}',\boldsymbol{k}'\}$的原点$O'$不同(图 5.1)，点$O'$在旧坐标系下的坐标为$(x_0,y_0,z_0)$，但$\boldsymbol{i}=\boldsymbol{i}'$，$\boldsymbol{j}=\boldsymbol{j}'$，$\boldsymbol{k}=\boldsymbol{k}'$. 设 P 为

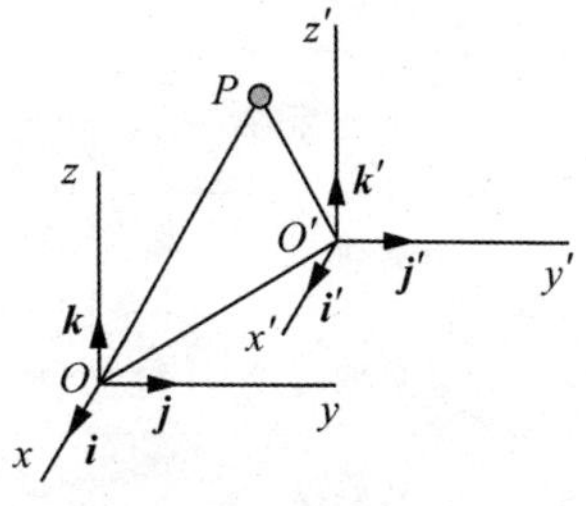

图 5.1

空间的任意一点，P 在旧坐标系下与新坐标系下的坐标分别为(x,y,z)和(x',y',z'). 由于

$$\overrightarrow{OP}=\overrightarrow{OO'}+\overrightarrow{O'P}$$

即

$$\begin{aligned} x\boldsymbol{i}+y\boldsymbol{j}+z\boldsymbol{k} &= x_0\boldsymbol{i}+y_0\boldsymbol{j}+z_0\boldsymbol{k}+x'\boldsymbol{i}'+y'\boldsymbol{j}'+z'\boldsymbol{k}' \\ &= (x'+x_0)\boldsymbol{i}+(y'+y_0)\boldsymbol{j}+(z'+z_0)\boldsymbol{k} \end{aligned}$$

得

$$\begin{cases} x=x'+x_0 \\ y=y'+y_0 \\ z=z'+z_0 \end{cases} \tag{5.1.1}$$

从方程(5.1.1)解出 x',y',z'，得

$$\begin{cases} x'=x-x_0 \\ y'=y-y_0 \\ z'=z-z_0 \end{cases} \tag{5.1.2}$$

方程(5.1.1)与(5.1.2)叫做空间坐标系的移轴公式.

(2) 坐标轴旋转公式

只改变坐标轴的方向(仍保持互相垂直，且符合右手系)，不改变坐标轴原点的位置和单位长度的变换，叫做坐标轴的旋转.

设旧坐标系$\{O;\boldsymbol{i},\boldsymbol{j},\boldsymbol{k}\}$的原点 O 与新坐标系$\{O;\boldsymbol{i}',\boldsymbol{j}',\boldsymbol{k}'\}$的原点相同，但新、旧坐标系的单位坐标向量不同，这时新坐标系可以看成是由旧坐标系绕 O 旋转得到的(图 5.2). 具有相同原点的两个坐标系的位置关系完全由它们的坐标轴之间的夹角决定. 设它们之间的夹角由表 5.1给出.

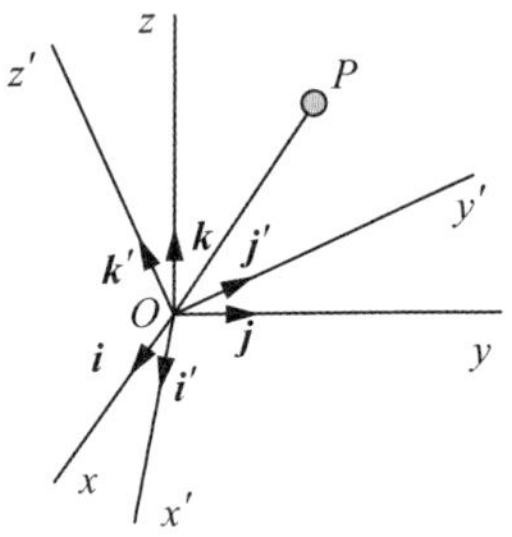

图 5.2

表 5.1

新坐标轴	旧坐标轴		
	x 轴($\boldsymbol{i}$)	y 轴($\boldsymbol{j}$)	z 轴($\boldsymbol{k}$)
x'轴($\boldsymbol{i}'$)	α_1	β_1	γ_1
y'轴($\boldsymbol{j}'$)	α_2	β_2	γ_2
z'轴($\boldsymbol{k}'$)	α_3	β_3	γ_3

因为单位坐标向量等于它的方向余弦,即

$$\begin{cases} \boldsymbol{i}'=\boldsymbol{i}\cos\alpha_1+\boldsymbol{j}\cos\beta_1+\boldsymbol{k}\cos\gamma_1 \\ \boldsymbol{j}'=\boldsymbol{i}\cos\alpha_2+\boldsymbol{j}\cos\beta_2+\boldsymbol{k}\cos\gamma_2 \\ \boldsymbol{k}'=\boldsymbol{i}\cos\alpha_3+\boldsymbol{j}\cos\beta_3+\boldsymbol{k}\cos\gamma_3 \end{cases} \tag{5.1.3}$$

设 P 为空间任意一点,它在旧坐标系 $\{O;\boldsymbol{i},\boldsymbol{j},\boldsymbol{k}\}$ 内的坐标为 (x,y,z),在新坐标系 $\{O;\boldsymbol{i}',\boldsymbol{j}',\boldsymbol{k}'\}$ 内的坐标为 (x',y',z'),那么

$$\overrightarrow{OP}=x\boldsymbol{i}+y\boldsymbol{j}+z\boldsymbol{k}$$

$$\overrightarrow{OP}=x'\boldsymbol{i}'+y'\boldsymbol{j}'+z'\boldsymbol{k}'$$

从而有

$$x\boldsymbol{i}+y\boldsymbol{j}+z\boldsymbol{k}=x'\boldsymbol{i}'+y'\boldsymbol{j}'+z'\boldsymbol{k}' \tag{5.1.4}$$

把方程(5.1.3)代入方程(5.1.4),得

$$\begin{aligned} x\boldsymbol{i}+y\boldsymbol{j}+z\boldsymbol{k} &= (x'\cos\alpha_1+y'\cos\alpha_2+z'\cos\alpha_3)\boldsymbol{i} \\ &\quad +(x'\cos\beta_1+y'\cos\beta_2+z'\cos\beta_3)\boldsymbol{j} \\ &\quad +(x'\cos\gamma_1+y'\cos\gamma_2+z'\cos\gamma_3)\boldsymbol{k} \end{aligned}$$

所以

$$\begin{cases} x=x'\cos\alpha_1+y'\cos\alpha_2+z'\cos\alpha_3 \\ y=x'\cos\beta_1+y'\cos\beta_2+z'\cos\beta_3 \\ z=x'\cos\gamma_1+y'\cos\gamma_2+z'\cos\gamma_3 \end{cases} \tag{5.1.5}$$

若利用 $\boldsymbol{i},\boldsymbol{j},\boldsymbol{k}$ 在新坐标系 $\{O;\boldsymbol{i}',\boldsymbol{j}',\boldsymbol{k}'\}$ 的方向角,类似地,我们可得

$$\begin{cases} x'=x\cos\alpha_1+y\cos\beta_1+z\cos\gamma_1 \\ y'=x\cos\alpha_2+y\cos\beta_2+z\cos\gamma_2 \\ z'=x\cos\alpha_3+y\cos\beta_3+z\cos\gamma_3 \end{cases} \tag{5.1.6}$$

方程(5.1.5)与(5.1.6)叫做空间直角坐标变换的旋转公式.

方程(5.1.5)或(5.1.6)中九个系数不是独立的,这是因为 $\boldsymbol{i},\boldsymbol{j},\boldsymbol{k}$ 与 $\boldsymbol{i}',\boldsymbol{j}',\boldsymbol{k}'$ 是两组相互垂直的单位向量,所以有

$$\cos^2\alpha_1+\cos^2\alpha_2+\cos^2\alpha_3=1$$

$$\cos^2\beta_1+\cos^2\beta_2+\cos^2\beta_3=1$$

$$\cos^2\gamma_1+\cos^2\gamma_2+\cos^2\gamma_3=1$$

$$\cos\alpha_1\cos\beta_1+\cos\alpha_2\cos\beta_2+\cos\alpha_3\cos\beta_3=0$$

$$\cos\alpha_1\cos\gamma_1+\cos\alpha_2\cos\gamma_2+\cos\alpha_3\cos\gamma_3=0$$

$$\cos\beta_1\cos\gamma_1+\cos\beta_2\cos\gamma_2+\cos\beta_3\cos\gamma_3=0$$

与

$$\cos^2\alpha_1+\cos^2\beta_1+\cos^2\gamma_1=1$$

$$\cos^2\alpha_2+\cos^2\beta_2+\cos^2\gamma_2=1$$

$$\cos^2\alpha_3+\cos^2\beta_3+\cos^2\gamma_3=1$$

$$\cos\alpha_1\cos\alpha_2+\cos\beta_1\cos\beta_2+\cos\gamma_1\cos\gamma_2=0$$

$$\cos\alpha_1\cos\alpha_3+\cos\beta_1\cos\beta_3+\cos\gamma_1\cos\gamma_3=0$$

$$\cos\alpha_2\cos\alpha_3+\cos\beta_2\cos\beta_3+\cos\gamma_2\cos\gamma_3=0$$

由于$(\boldsymbol{i},\boldsymbol{j},\boldsymbol{k})=(\boldsymbol{i}',\boldsymbol{j}',\boldsymbol{k}')=1$，所以可得方程(5.1.5)与(5.1.6)系数行列式为1，即

$$\begin{vmatrix}\cos\alpha_1 & \cos\alpha_2 & \cos\alpha_3\\ \cos\beta_1 & \cos\beta_2 & \cos\beta_3\\ \cos\gamma_1 & \cos\gamma_2 & \cos\gamma_3\end{vmatrix}=\begin{vmatrix}\cos\alpha_1 & \cos\beta_1 & \cos\gamma_1\\ \cos\alpha_2 & \cos\beta_2 & \cos\gamma_2\\ \cos\alpha_3 & \cos\beta_3 & \cos\gamma_3\end{vmatrix}=1$$

(3) 一般坐标变换公式

既改变坐标原点的位置，又改变坐标轴的方向，但坐标轴的垂直关系和单位长度保持不变的变换叫做一般变换公式.

设在空间给定旧坐标系 $O\text{-}xyz$ 与新坐标系 $O'\text{-}x'y'z'$，O' 在旧坐标系下的坐标为(x_0,y_0,z_0)，两个坐标系之间的夹角由表 5.1 确定，那么由旧坐标系 $O\text{-}xyz$ 变到新坐标系 $O'\text{-}x'y'z'$ 可以分两步完成：先移轴，使原点 O 与 O' 重合，变为辅助坐标系 $O'\text{-}x''y''z''$，然后再旋转，由辅助坐标系 $O'\text{-}x''y''z''$ 变到坐标系 $O'\text{-}x'y'z'$（图 5.3）.

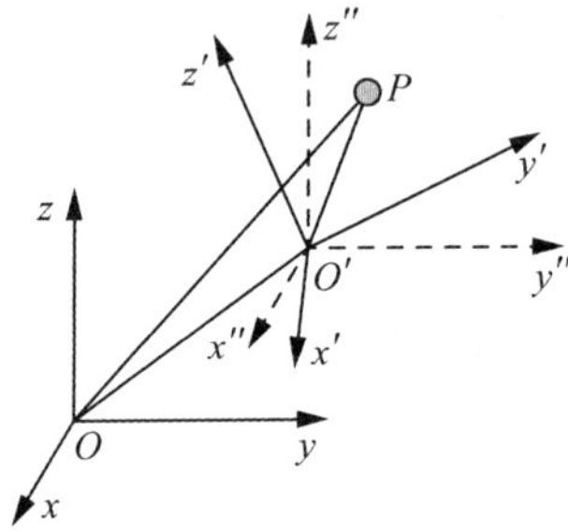

图 5.3

设 P 为空间的任意一点，P 在坐标系 $O\text{-}xyz$，$O'\text{-}x'y'z'$，$O'\text{-}x''y''z''$ 下的坐标分别为(x,y,z)，(x',y',z')，(x'',y'',z'')，则由方程(5.1.1)和(5.1.5)得

$$\begin{cases}x=x''+x_0\\ y=y''+y_0\\ z=z''+z_0\end{cases}\tag{5.1.7}$$

$$\begin{cases}x''=x'\cos\alpha_1+y'\cos\alpha_2+z'\cos\alpha_3\\ y''=x'\cos\beta_1+y'\cos\beta_2+z'\cos\beta_3\\ z''=x'\cos\gamma_1+y'\cos\gamma_2+z'\cos\gamma_3\end{cases}\tag{5.1.8}$$

将方程(5.1.8)代入方程(5.1.7)，得到空间直角坐标变换的一般公式

$$\begin{cases} x=x'\cos\alpha_1+y'\cos\alpha_2+z'\cos\alpha_3+x_0 \\ y=x'\cos\beta_1+y'\cos\beta_2+z'\cos\beta_3+y_0 \\ z=x'\cos\gamma_1+y'\cos\gamma_2+z'\cos\gamma_3+z_0 \end{cases} \tag{5.1.9}$$

同样地，我们可以得到用旧的坐标表示新的坐标的变换公式

$$\begin{cases} x'=(x-x_0)\cos\alpha_1+(y-y_0)\cos\beta_1+(z-z_0)\cos\gamma_1 \\ y'=(x-x_0)\cos\alpha_2+(y-y_0)\cos\beta_2+(z-z_0)\cos\gamma_2 \\ z'=(x-x_0)\cos\alpha_3+(y-y_0)\cos\beta_3+(z-z_0)\cos\gamma_3 \end{cases} \tag{5.1.10}$$

空间一般坐标变换公式还可以由新坐标系的三个坐标平面来确定. 设两两相互垂直的三个平面为

$$\pi_i:\ A_ix+B_iy+C_iz+D_i=0(i=1,2,3)$$

其中，$A_iA_j+B_iB_j+C_iC_j=0(i,j=1,2,3;i\neq j)$. 取 π_1 为新坐标的 $y'O'z'$，π_2 为新坐标的 $x'O'z'$，π_3 为新坐标的 $x'O'y'$. 设空间任意一点 P 在旧坐标系与新坐标系的坐标分别(x,y,z)和(x',y',z')，则$|x'|$是P点到$y'O'z'$的距离，$|y'|$是P点到$x'O'z'$的距离，$|z'|$是P点到$x'O'y'$的距离，即

$$|x'|=\frac{|A_1x+B_1y+C_1z+D_1|}{\sqrt{A_1^2+B_1^2+C_1^2}}$$

$$|y'|=\frac{|A_2x+B_2y+C_2z+D_2|}{\sqrt{A_2^2+B_2^2+C_2^2}}$$

$$|z'|=\frac{|A_3x+B_3y+C_3z+D_3|}{\sqrt{A_3^2+B_3^2+C_3^2}}$$

去掉绝对值符号后，得坐标变换公式为

$$\begin{cases} x'=\pm\dfrac{A_1x+B_1y+C_1z+D_1}{\sqrt{A_1^2+B_1^2+C_1^2}} \\ y'=\pm\dfrac{A_2x+B_2y+C_2z+D_2}{\sqrt{A_2^2+B_2^2+C_2^2}} \\ z'=\pm\dfrac{A_3x+B_3y+C_3z+D_3}{\sqrt{A_3^2+B_3^2+C_3^2}} \end{cases} \tag{5.1.11}$$

为了使坐标变换从右手系变到右手系，方程(5.1.11)的正负号选取必须使它的系数行列式的值为正.

例 5.1.1　以下列三个两两垂直的平面

$$x-y-z+1=0,2x+y+z-1=0,y-z+2=0$$

分别作为新坐标系的 $y'O'z'$ 坐标面、$x'O'z'$ 坐标面、$x'O'y'$ 坐标面的坐标变换公式为

$$\begin{cases} x' = \pm \dfrac{x-y-z+1}{\sqrt{3}} \\ y' = \pm \dfrac{2x+y+z-1}{\sqrt{6}} \\ z' = \pm \dfrac{y-z+2}{\sqrt{2}} \end{cases}$$

为使右手系仍变为右手系，我们可取符号如下

$$\begin{cases} x' = \dfrac{x-y-z+1}{\sqrt{3}} \\ y' = \dfrac{2x+y+z-1}{\sqrt{6}} \\ z' = -\dfrac{y-z+2}{\sqrt{2}} \end{cases}$$

习题 5.1

1. 求坐标轴平移变换公式.

(1) 一点在旧坐标系下的坐标为(2,3,1)，在新坐标系下的坐标为(0,1,2).

(2) 使球面方程 $x^2+y^2+z^2-4x+6y+2z-15=0$ 化为$x'^2+y'^2+z'^2=R^2$.

2. 将坐标系绕 z 轴旋转$\dfrac{\pi}{4}$，变换方程 $x^2+3xy+y^2+2z^2-8x=0$.

3. 以下列三个两两垂直的平面为新坐标系的坐标平面，求坐标变换公式.

$x-y-z+1=0, x+2y+z-5=0, x-z-1=0$

5.2 二次曲面与直线的位置关系

5.2.1 二次曲面的记号

本章中，我们只讨论二次曲面方程的系数都是实数的情况. 为了方便讨论，我们引入下列符号：

$$F(x,y,z)=a_{11}x^2+2a_{12}xy+2a_{13}xz+a_{22}y^2+2a_{23}yz+a_{33}z^2$$
$$+2a_{14}x+2a_{24}y+2a_{34}z+a_{44}$$

$$F_1(x,y,z)=a_{11}x+a_{12}y+a_{13}z+a_{14}$$

$$F_2(x,y,z)=a_{12}x+a_{22}y+a_{23}z+a_{24}$$

$$F_3(x,y,z)=a_{13}x+a_{23}y+a_{33}z+a_{34}$$

$$\Phi(x,y,z)=a_{11}x^2+2a_{12}xy+2a_{13}xz+a_{22}y^2+2a_{23}yz+a_{33}z^2$$

把 $F(x,y,z)$的系数排成矩阵叫做 $F(x,y,z)$的矩阵(或为二次曲面的矩阵)，记为

$$\boldsymbol{A}=\begin{pmatrix} a_{11} & a_{12} & a_{13} & a_{14} \\ a_{12} & a_{22} & a_{23} & a_{24} \\ a_{13} & a_{23} & a_{33} & a_{34} \\ a_{14} & a_{24} & a_{34} & a_{44} \end{pmatrix}$$

同理，$\Phi(x,y,z)$的系数排成的矩阵叫做 $\Phi(x,y,z)$的矩阵(或为齐次二次型的矩阵)，记为

$$\boldsymbol{A}_1=\begin{pmatrix} a_{11} & a_{12} & a_{13} \\ a_{12} & a_{22} & a_{23} \\ a_{13} & a_{23} & a_{33} \end{pmatrix}$$

最后引入几个常用的记号：

$$I_1=a_{11}+a_{22}+a_{33}(\text{矩阵 } \boldsymbol{A}_1 \text{ 的迹})$$

$$I_2=\begin{vmatrix} a_{11} & a_{12} \\ a_{12} & a_{22} \end{vmatrix}+\begin{vmatrix} a_{11} & a_{13} \\ a_{13} & a_{33} \end{vmatrix}+\begin{vmatrix} a_{22} & a_{23} \\ a_{23} & a_{33} \end{vmatrix}$$

(矩阵 $\boldsymbol{A}_1$ 对角线元素的余子式之和)

$$I_3=\begin{vmatrix} a_{11} & a_{12} & a_{13} \\ a_{12} & a_{22} & a_{23} \\ a_{13} & a_{23} & a_{33} \end{vmatrix}(\text{矩阵 } \boldsymbol{A}_1 \text{ 的行列式})$$

5.2.2　二次曲面与直线的位置关系

下面我们讨论二次曲面与直线的位置关系.

设过点(x_0,y_0,z_0)的直线方程为

$$\begin{cases} x=x_0+lt \\ y=y_0+mt \\ z=z_0+nt \end{cases} \tag{5.2.1}$$

我们将研究直线(5.2.1)与曲面(5.1)的位置关系，即直线与曲面的交点情况.将直线(5.2.1)代入曲面(5.1)，得

$$\Phi(l,m,n)t^2+2[lF_1(x_0,y_0,z_0)+mF_2(x_0,y_0,z_0)+nF_3(x_0,y_0,z_0)]t \\ +F(x_0,y_0,z_0)=0 \tag{5.2.2}$$

1) $\Phi(l,m,n)\neq 0$，方程(5.2.2)是关于 t 的二次方程，其中

$$\Delta = 4[lF_1(x_0,y_0,z_0)+mF_2(x_0,y_0,z_0)+nF_3(x_0,y_0,z_0)]^2 - 4\Phi(l,m,n)F(x_0,y_0,z_0)$$

(1) $\Delta>0$,方程(5.2.2)有两个不同的实根,直线(5.2.1)与二次曲面(5.1)有两个不同的实交点;

(2) $\Delta=0$,方程(5.2.2)有一个二重实根,直线(5.2.1)与二次曲面(5.1)有两个重合的实交点;

(3) $\Delta<0$,直线(5.2.1)与二次曲面(5.1)有两个共轭虚交点,无实交点.

2) $\Phi(l,m,n)=0$,具体情况为:

(1) $lF_1(x_0,y_0,z_0)+mF_2(x_0,y_0,z_0)+nF_3(x_0,y_0,z_0)\neq 0$,方程(5.2.2)为关于 t 的一次方程,有唯一解,直线与二次曲面有一个实交点;

(2) $lF_1(x_0,y_0,z_0)+mF_2(x_0,y_0,z_0)+nF_3(x_0,y_0,z_0)=0$ 且 $F(x_0,y_0,z_0)\neq 0$,方程(5.2.2)无解,直线与二次曲面无交点;

(3) $lF_1(x_0,y_0,z_0)+mF_2(x_0,y_0,z_0)+nF_3(x_0,y_0,z_0)=0$ 且 $F(x_0,y_0,z_0)=0$,方程(5.2.2)为恒等式,直线上所有点都是直线与二次曲面的交点,即直线(5.2.1)在曲面(5.1)上.

定义 5.2.1 满足 $\Phi(l,m,n)=0$ 的方向 $l:m:n$ 叫做二次曲面的渐近方向,而 $\Phi(l,m,n)\neq 0$ 的方向 $l:m:n$ 叫做二次曲面的非渐近方向.

显然,若直线的方向是二次曲面的非渐近方向,则直线与二次曲面总有两个交点(两个不同的实交点,或一个二重实交点,或一对共轭虚交点);而在渐近方向,直线与二次曲面或者只有一个实交点,或者没有交点,或者直线在二次曲面上.

习题 5.2

1. 写出二次曲面 $x^2+2y^2-3z^2-2xy-2xz-2yz-3x-1=0$ 的 $F_1(x,y,z)$,$F_2(x,y,z)$ 和 $F_3(x,y,z)$.

2. 求曲面 $x^2+2y^2+z^2-2xy+2yz+3x-10y+7=0$ 的渐近方向.

5.3 二次曲面的径面与中心

定义 5.3.1 以二次曲面的非渐近方向为方向的直线与二次曲面的两个交点所决定的线段叫做二次曲面的弦.

定理 5.3.1 二次曲面一组平行弦中点的轨迹是一个平面.

证明 设 $l:m:n$ 为二次曲面(5.1)的任意一个非渐近方向,而 (x_0,y_0,z_0) 为平行于方向 $l:m:n$ 的任意弦的中点,那么以 (x_0,y_0,z_0) 为中点的弦的方程可以写成

$$\begin{cases} x=x_0+lt \\ y=y_0+mt \\ z=z_0+nt \end{cases} \tag{5.3.1}$$

由上节可知，平行弦的两端点是由二次方程(5.2.2)的两根 t_1 和 t_2 所决定. 由于(x_0, y_0, z_0)为弦的中点的充要条件是 $t_1+t_2=0$，即

$$lF_1(x_0, y_0, z_0)+mF_2(x_0, y_0, z_0)+nF_3(x_0, y_0, z_0)=0 \tag{5.3.2}$$

把上式中的(x_0, y_0, z_0)改写为(x, y, z)，便得平行弦中点的轨迹方程

$$lF_1(x, y, z)+mF_2(x, y, z)+mF_3(x, y, z)=0 \tag{5.3.3}$$

即

$$\begin{aligned}(a_{11}l+a_{12}m+a_{13}n)x+(a_{12}l+a_{22}m+a_{23}n)y \\ +(a_{13}l+a_{23}m+a_{33}n)z+(a_{14}l+a_{24}m+a_{34}n)=0\end{aligned} \tag{5.3.4}$$

这里 $a_{11}l+a_{12}m+a_{13}n$, $a_{12}l+a_{22}m+a_{23}n$, $a_{13}l+a_{23}m+a_{33}n$ 不全为零，否则 $\Phi(l, m, n)=0$，这与 $l:m:n$ 是非渐近方向矛盾. 所以方程(5.3.4)为一个三元一次方程，它表示一个平面.

定义 5.3.2　二次曲面的一族平行弦中点的轨迹叫做二次曲面共轭于这族平行弦的径面，平行弦的方向叫做这个径面的共轭方向，平行弦叫做这个径面的共轭弦.

由定理 5.3.1 可知，共轭于 $l:m:n$ 的径面方程为方程(5.3.3)或(5.3.4).

定义 5.3.3　满足

$$\begin{cases} a_{11}l+a_{12}m+a_{13}n=0 \\ a_{12}l+a_{22}m+a_{23}n=0 \\ a_{13}l+a_{23}m+a_{13}n=0 \end{cases} \tag{5.3.5}$$

的方向 $l:m:n$ 称为二次曲面 $F(x, y, z)=0$ 的奇向.

由奇向的定义知，二次曲面的奇向没有与之共轭的径面.

定义 5.3.4　如果点 C 是二次曲面通过它所有弦的中点(是二次曲面的对称中心)，那么点 C 叫做二次曲面的中心.

定理 5.3.2　点 $C(x_0, y_0, z_0)$是二次曲面(5.1)中心的充要条件是

$$\begin{cases} F_1(x_0, y_0, z_0)=a_{11}x_0+a_{12}y_0+a_{13}z_0+a_{14}=0 \\ F_2(x_0, y_0, z_0)=a_{12}x_0+a_{22}y_0+a_{23}z_0+a_{24}=0 \\ F_3(x_0, y_0, z_0)=a_{13}x_0+a_{23}y_0+a_{33}z_0+a_{34}=0 \end{cases}$$

证明　由定理 5.3.1 的证明可知，以非渐近方向 $l:m:n$ 为方向，以(x_0, y_0, z_0)为中点的弦(5.3.1)与二次曲面(5.1)交点由方程(5.2.2)的两根 t_1 和 t_2 所决定，由于

(x_0,y_0,z_0)为弦的中点的充要条件是 $t_1+t_2=0$,即

$$lF_1(x_0,y_0,z_0)+mF_2(x_0,y_0,z_0)+nF_3(x_0,y_0,z_0)=0$$

由 $l:m:n$ 的任意性,得

$$F_1(x_0,y_0,z_0)=0,F_2(x_0,y_0,z_0)=0,F_3(x_0,y_0,z_0)=0$$

反之,也可以得到同样的结果.

推论 坐标原点(0,0,0)是二次曲面中心的充要条件是曲面方程不含关于 x,y,z 的一次项.

由于二次曲面的中心坐标是由方程组

$$\begin{cases}F_1(x,y,z)=a_{11}x+a_{12}y+a_{13}z+a_{14}=0\\F_2(x,y,z)=a_{12}x+a_{22}y+a_{23}z+a_{24}=0\\F_3(x,y,z)=a_{13}x+a_{23}y+a_{33}z+a_{34}=0\end{cases}\tag{5.3.6}$$

所决定的,所以方程组(5.3.6)称为二次曲面(5.1)的中心方程组.这个方程组的系数矩阵为

$$\boldsymbol{A}_1=\begin{pmatrix}a_{11}&a_{12}&a_{13}\\a_{12}&a_{22}&a_{23}\\a_{13}&a_{23}&a_{33}\end{pmatrix}$$

增广矩阵[①]为

$$\boldsymbol{B}_1=\begin{pmatrix}a_{11}&a_{12}&a_{13}&-a_{14}\\a_{12}&a_{22}&a_{23}&-a_{24}\\a_{13}&a_{23}&a_{33}&-a_{34}\end{pmatrix}$$

设 $\boldsymbol{A}_1$,$\boldsymbol{B}_1$ 的秩分别为 r 和 R.

(1) 当 $r=R=3$ 时,即 $I_3=\begin{vmatrix}a_{11}&a_{12}&a_{13}\\a_{12}&a_{22}&a_{23}\\a_{13}&a_{23}&a_{33}\end{vmatrix}\neq0$ 时,方程组有唯一解,方程组的解是三个平面的唯一交点,该点即为二次曲面(5.1)的唯一中心.

(2) 当 $r=R=2$ 时,方程组有无穷多解.方程组中其中一个方程可以由另两个方程线性表示,最终方程组的解由两个平面的交线给出,该直线即为二次曲面(5.1)的中心直线.

(3) 当 $r=R=1$ 时,方程组有无穷多解.方程组经化简后只有一个方程,最终方程组的解为由该方程决定的平面,该平面即为二次曲面(5.1)的中心平面.

---

① 关于线性方程组增广矩阵及线性方程组解请参考《工程数学:线性代数(第六版)》(同济大学数学系主编,高等教育出版社,2014)第三章内容.

(4) 当 $r<R$ 时，方程组无解，二次曲面(5.1)无中心.

定义 5.3.5　有唯一中心的二次曲面叫做中心二次曲面，没有中心的二次曲面叫做无心二次曲面，中心为直线的二次曲面叫做线心二次曲面，中心为平面的二次曲面叫做面心二次曲面. 无心二次曲面、线心二次曲面、面心二次曲面统称为非中心二次曲面.

例 5.3.1　求曲面 $\frac{x^2}{a^2}+\frac{y^2}{b^2}+\frac{z^2}{c^2}=1$ 共轭于非渐近方向 $l:m:n$ 的径面方程.

解　由于

$$F_1(x,y,z)=\frac{x}{a^2},\quad F_2(x,y,z)=\frac{y}{b^2},\quad F_3(x,y,z)=\frac{z}{c^2}$$

所以，由方程(5.3.3)可得共轭于非渐近方向 $l:m:n$ 的径面方程为

$$\frac{l}{a^2}x+\frac{m}{b^2}y+\frac{n}{c^2}z=0$$

例 5.3.2　已知二次曲面 $x^2-2y^2+z^2+12xz=0$，判断它是否为有心二次曲面，求出中心.

解　因为

$$I_3=\begin{vmatrix}1 & 0 & 6\\ 0 & -2 & 0\\ 6 & 0 & 1\end{vmatrix}=70\neq 0$$

所以，二次曲面是有心二次曲面，二次曲面的中心方程组为

$$\begin{cases}x+6z=0\\ -2y=0\\ 6x+z=0\end{cases}$$

解得此方程的中心为(0,0,0).

习题 5.3

1. 判断下列曲面是否有中心. 若有中心，试求之.

(1) $4x^2+2y^2+12z^2-4xy+12xz+8yz+14x-10y+7=0$;

(2) $x^2+4y^2+5z^2+4xy-12x+6y-9=0$;

(3) $3x^2+2y^2+4yz-2xz-4x-8z-8=0$.

2. 求 $\frac{x^2}{a^2}+\frac{y^2}{b^2}=2z$ 的径面与奇向.

3. 求 $x^2+2y^2-3z^2-2xy-2xz-2yz-3x-1=0$ 与方向 $1:(-1):1$ 共轭的径面方程.

5.4 二次曲面的主方向与主径面

定义 5.4.1 如果二次曲面的径面垂直于它所共轭的方向，那么这个径面叫做二次曲面的主径面.

显然二次曲面的主径面是二次曲面的对称平面.

定义 5.4.2 二次曲面主径面的共轭方向(即垂直于主径面的方向)或二次曲面的奇向，叫做二次曲面的主方向.

由主径面的定义 5.4.1 可知，径面(5.3.4)为主径面的条件是它的法向量平行于它的共轭弦，即

$$\frac{a_{11}l+a_{12}m+a_{13}n}{l}=\frac{a_{12}l+a_{22}m+a_{23}n}{m}=\frac{a_{13}l+a_{23}m+a_{33}n}{n}=\lambda$$

从而可得

$$\begin{cases}a_{11}l+a_{12}m+a_{13}n=\lambda l\\a_{12}l+a_{22}m+a_{23}n=\lambda m\\a_{13}l+a_{23}m+a_{13}n=\lambda n\end{cases}\tag{5.4.1}$$

整理得

$$\begin{cases}(a_{11}-\lambda)l+a_{12}m+a_{13}n=0\\a_{12}l+(a_{22}-\lambda)m+a_{23}n=0\\a_{13}l+a_{23}m+(a_{13}-\lambda)n=0\end{cases}\tag{5.4.2}$$

方程(5.4.2)是关于 $l:m:n$ 的齐次方程组. 由于 l,m,n 不全为 0，可得齐次线性方程组(5.4.2)有非零解的充要条件为

$$\begin{vmatrix}a_{11}-\lambda & a_{12} & a_{13}\\a_{12} & a_{22}-\lambda & a_{23}\\a_{13} & a_{23} & a_{33}-\lambda\end{vmatrix}=0\tag{5.4.3}$$

即

$$\lambda^3-I_1\lambda^2+I_2\lambda-I_3=0\tag{5.4.4}$$

定义 5.4.3 方程(5.4.3)或(5.4.4)叫做二次曲面的特征方程，特征方程的根叫做二次曲面的特征根.

容易看出，从特征方程(5.4.3)或(5.4.4)求得特征根 λ，代入方程(5.3.3)或(5.4.2)，就可以求出相应的主方向 $l:m:n$. 当 $\lambda=0$ 时，与它相应的主方向为二次曲面的奇向；当 $\lambda\neq0$ 时，与它相应的主方向为非奇主方向，将非奇主方向 $l:m:n$ 代入方程(5.3.3)就得到共轭于这个非奇主方向的主径面方程.

例 5.4.1　求二次曲面 $2x^2+2y^2+3z^2+4xy+2xz+2yz-4x+6y-2z+3=0$ 的主方向与主径面.

解

$$I_1=2+2+3=7$$

$$I_2=\begin{vmatrix}2 & 2\\2 & 2\end{vmatrix}+\begin{vmatrix}2 & 1\\1 & 3\end{vmatrix}+\begin{vmatrix}2 & 1\\1 & 3\end{vmatrix}=10$$

$$I_3=\begin{vmatrix}2 & 2 & 1\\2 & 2 & 1\\1 & 1 & 3\end{vmatrix}=0$$

所以,二次曲面的特征方程为

$$\lambda^3-7\lambda^2+10\lambda=0$$

特征根为 $\lambda_1=5,\lambda_2=2,\lambda_3=0$.

i) 将 $\lambda_1=5$ 代入方程(5.4.2),得

$$\begin{cases}-3l+2m+n=0\\2l-3m+n=0\\l+m-2n=0\end{cases}$$

解该方程组得到对应于特征根 $\lambda_1=5$ 的主方向为 $l:m:n=1:1:1$,将其代入方程(5.3.3),并化简,得到共轭于这个主方向的主径面为

$$x+y+z=0$$

ii) 将 $\lambda_2=2$ 代入方程(5.4.2),得

$$\begin{cases}2m+n=0\\2l+n=0\\l+m+n=0\end{cases}$$

解该方程组得到对应于特征根 $\lambda_2=2$ 的主方向为 $l:m:n=1:1:(-2)$,将其代入方程(5.3.3),并化简,得到共轭于这个主方向的主径面为

$$2x+2y-4z+3=0$$

iii) 将 $\lambda_3=0$ 代入方程(5.4.2),得

$$\begin{cases}2l+2m+n=0\\2l+2m+n=0\\l+m+3n=0\end{cases}$$

解该方程组得到对应于特征根 $\lambda_3=0$ 的主方向为 $l:m:n=1:(-1):0$,这一主方向为二次曲面的奇向,它没有共轭的主径面.

以下是二次曲面特征根的性质.

定理 5.4.1 二次曲面的特征根都是实数.(证明略)

定理 5.4.2 二次曲面的特征根至少有一个不为零.

推论 二次曲面至少有一个主径面.

习题 5.4

求下列二次曲面的主方向与主径面.

1. $3x^2+y^2+3z^2-2xy-2xz-2yz+4x+14y+4z-23=0$;
2. $2x^2+2y^2-5z^2+2xy-2x-4y-4z+2=0$;
3. $2x^2+10y^2-2z^2+12xy+8yz+12x+4y+8z-1=0$.

5.5 二次曲面化简与分类

5.5.1 二次曲面的分类

在二次曲面方程

$$a_{11}x^2+2a_{12}xy+2a_{13}xz+a_{22}y^2+2a_{23}yz$$
$$+a_{33}z^2+2a_{14}x+2a_{24}y+2a_{34}z+a_{44}=0 \tag{5.5.1}$$

中,如果对于其中某一变量仅含有它的平方项,而没有该变量与其他变量的乘积项,也没有这变量的一次项,那么曲面(5.5.1)的对称面为某一坐标平面,一般也是该曲面的一个主径面.例如方程(5.5.1)中只含有 x 的平方项,没有 xy 项、xz 项与 x 项,即

$$a_{12}=a_{13}=a_{14}=0$$

方程(5.5.1)变为

$$a_{11}x^2+a_{22}y^2+2a_{23}yz+a_{33}z^2+2a_{24}y+2a_{34}z+a_{44}=0 \tag{5.5.2}$$

显然,当点(x,y,z)满足(5.5.2)时,点$(-x,y,z)$也满足(5.5.2),所以曲面关于 yOz 坐标面对称,这时 yOz 坐标面是(5.5.1)的主径面.

反过来,当 yOz 坐标面是二次曲面(5.5.1)的主径面时,则它的共轭方向为 x 轴的方向,从而主径面(即 yOz 坐标面)的方程为

$$a_{11}x+a_{12}y+a_{13}z+a_{14}=0 \tag{5.5.3}$$

另一方面,yOz 坐标面的方程为

$$x=0 \tag{5.5.4}$$

比较方程(5.5.3)与(5.5.4),得

$$a_{12}=a_{13}=a_{14}=0,\quad a_{11}\neq 0$$

也就是说，曲面方程(5.5.1)中对变量 x 来说只含有平方项，而没有 xy 项、xz 项与 x 项.

因此，当取二次曲面的主径面为坐标平面时，二次曲面的方程就比较简单.

定理 5.5.1　选取适当的坐标系，二次曲面的方程总可以化为下列五个简化方程中的一个：

(1) $a_{11}x^2+a_{22}y^2+a_{33}z^2+a_{44}=0 \quad (a_{11}a_{22}a_{33}\neq 0)$；

(2) $a_{11}x^2+a_{22}y^2+2a_{34}z=0 \quad (a_{11}a_{22}a_{34}\neq 0)$；

(3) $a_{11}x^2+a_{22}y^2+a_{44}=0 \quad (a_{11}a_{22}\neq 0)$；

(4) $a_{11}x^2+2a_{24}y=0 \quad (a_{11}a_{24}\neq 0)$；

(5) $a_{11}x^2+a_{44}=0 \quad (a_{11}\neq 0)$.

证明　由于二次曲面(5.5.1)至少有一个主径面，取这个主径面为 $y'O'z'$ 坐标面，与它共轭的非奇主方向为 x' 轴的方向建立直角坐标系 $O'\text{-}x'y'z'$. 设在这样的坐标系下曲面(5.5.1)的方程写为

$$\begin{aligned}a'_{11}x'^2 &+2a'_{12}x'y'+2a'_{13}x'z'+a'_{22}y'^2+2a'_{23}y'z'\\&+a'_{33}z'^2+2a'_{14}x'+2a'_{24}y'+2a'_{34}z'+a'_{44}=0\end{aligned} \tag{5.5.5}$$

前面已经证明了这时有

$$a'_{12}=a'_{13}=a'_{14}=0, \quad a'_{11}\neq 0$$

所以，曲面(5.5.1)在坐标系 $O'\text{-}x'y'z'$ 下的方程为

$$a'_{11}x'^2+a'_{22}y'^2+2a'_{23}y'z'+a'_{33}z'^2+2a'_{24}y'+2a'_{34}z'+a'_{44}=0, \quad a'_{11}\neq 0 \tag{5.5.6}$$

曲面(5.5.6)与 $y'O'z'$ 坐标面的交线为

$$\begin{cases}a'_{22}y'^2+2a'_{23}y'z'+a'_{33}z'^2+2a'_{24}y'+2a'_{34}z'+a'_{44}=0\\x'=0\end{cases} \tag{5.5.7}$$

为了进一步化简二次曲面的方程，把方程组(5.5.7)的第一个方程看作 $y'O'z'$ 坐标面上的曲线方程，然后再利用平面直角坐标变换把它化简. 下面分三种情况讨论：

(1) a'_{22},a'_{33},a'_{23} 中至少有一个不为零，这时曲线(5.5.7)表示一条二次曲线，那么在 $y'O'z'$ 坐标面上总能选取适当的坐标系 $y''O''z''$，即进行适当的平面直角坐标变换

$$\begin{cases}y'=y''\cos\alpha-z''\sin\alpha+y_0\\z'=y''\sin\alpha+z''\cos\alpha+z_0\end{cases}$$

使二次曲线(5.5.7)化为下面三个简化方程中的一个

① $a''_{22}y''^2+a''_{33}z''^2+a''_{44}=0\quad(a''_{22}a''_{33}\neq 0)$；

② $a''_{22}y''^2+2a''_{34}z''=0\quad(a''_{22}a''_{34}\neq 0)$；

③ $a''_{22}y''^2+a''_{44}=0\quad(a''_{22}\neq 0)$.

于是在空间只要进行相应的直角坐标变换

$$\begin{cases}x'=x''\\ y'=y''\cos\alpha-z''\sin\alpha+y_0\\ z'=y''\sin\alpha+z''\cos\alpha+z_0\end{cases}$$

就可以把方程(5.5.6)变为下面三个简化方程中的一个(略去″号)：

① $a_{11}x^2+a_{22}y^2+a_{33}z^2+a_{44}=0\quad(a_{11}a_{22}a_{33}\neq 0)$；

② $a_{11}x^2+a_{22}y^2+2a_{34}z=0\quad(a_{11}a_{22}a_{34}\neq 0)$；

③ $a_{11}x^2+a_{22}y^2+a_{44}=0\quad(a_{11}a_{22}\neq 0)$.

(2) $a'_{22}=a'_{33}=a'_{23}=0$，但 a'_{24}，a'_{34} 不全为零，这时曲线(5.5.7)表示一条直线，取这条直线作为z''轴，作空间直角坐标变换

$$\begin{cases}x''=x'\\ y''=\dfrac{2a'_{24}y'+2a'_{34}z'+a'_{44}}{2\sqrt{a'^2_{24}+a'^2_{34}}}\\ z''=\dfrac{-a'_{34}y'+a'_{24}z'}{\sqrt{a'^2_{24}+a'^2_{34}}}\end{cases}$$

方程(5.5.6)化为下列形式(略去″号)：

$a_{11}x^2+2a_{24}y=0\quad(a_{11}a_{24}\neq 0)$

(3) $a'_{22}=a'_{33}=a'_{23}=a'_{24}=a'_{34}=0$ 时，

方程(5.5.6)已经是下列化简形式(略去″号)：

$a_{11}x^2+a_{44}=0\quad(a_{11}\neq 0)$

证毕.

二次曲面可以分成五类，根据这五类曲面的简化方程系数的各种不同情况，可得下面的定理：

定理 5.5.2 通过选取适当的直角坐标系，二次曲面方程总可以写成下面17种标准方程之一：

(1) $\dfrac{x^2}{a^2}+\dfrac{y^2}{b^2}+\dfrac{z^2}{c^2}=1$ (椭球面)；

(2) $\dfrac{x^2}{a^2}+\dfrac{y^2}{b^2}+\dfrac{z^2}{c^2}=-1$ (虚椭球面)；

(3) $\dfrac{x^2}{a^2}+\dfrac{y^2}{b^2}+\dfrac{z^2}{c^2}=0$ (点椭球面)；

(4) $\dfrac{x^2}{a^2}+\dfrac{y^2}{b^2}-\dfrac{z^2}{c^2}=1$　(单叶双曲面)；

(5) $\dfrac{x^2}{a^2}+\dfrac{y^2}{b^2}-\dfrac{z^2}{c^2}=-1$　(双叶双曲面)；

(6) $\dfrac{x^2}{a^2}+\dfrac{y^2}{b^2}-\dfrac{z^2}{c^2}=0$　(二次锥面)；

(7) $\dfrac{x^2}{a^2}+\dfrac{y^2}{b^2}=2z$　(椭圆抛物面)；

(8) $\dfrac{x^2}{a^2}-\dfrac{y^2}{b^2}=2z$　(双曲抛物面)；

(9) $x^2=2pz$　(抛物柱面)；

(10) $\dfrac{x^2}{a^2}+\dfrac{y^2}{b^2}=1$　(椭圆柱面)；

(11) $\dfrac{x^2}{a^2}+\dfrac{y^2}{b^2}=-1$　(虚椭圆柱面)；

(12) $\dfrac{x^2}{a^2}+\dfrac{y^2}{b^2}=0$　(直线)；

(13) $\dfrac{x^2}{a^2}-\dfrac{y^2}{b^2}=1$　(双曲柱面)；

(14) $\dfrac{x^2}{a^2}-\dfrac{y^2}{b^2}=0$　(两相交平面)；

(15) $x^2=a^2$　(两平行平面)；

(16) $x^2=-a^2$　(两平行共轭虚平面)；

(17) $x^2=0$　(两重合平面).

5.5.2　二次曲面的化简

本节主要讲述利用主径面的方法化简二次曲面.由 5.1 节内容和主径面内容，我们可以得到利用主径面化简二次曲面的步骤：

步骤一：先利用二次曲面的特征方程 $\lambda^3-I_1\lambda^2+I_2\lambda-I_3=0$ 求出特征根 λ_1, λ_2, λ_3；

步骤二：根据特征根求出主径面,并利用主径面化简二次曲面.

(1) $I_3\neq 0$ 时,这时 λ_1, λ_2, λ_3 都不为零,把 λ_1, λ_2, λ_3 分别代入方程(5.4.2),求出三个特征值对应的主方向,然后将主方向代入方程(5.3.3)或(5.3.4),得到三个两两垂直的主径面，

$$\pi_i:\ A_ix+B_iy+C_iz+D_i=0\quad (i=1,2,3)$$

其中,$A_iA_j+B_iB_j+C_iC_j=0(i,j=1,2,3;i\neq j)$.取 π_1 为新坐标的 $y'O'z'$,π_2 为新坐标的 $x'O'z'$,π_3 为新坐标的 $x'O'y'$.设空间任意一点 P 在旧坐标系与新坐标系

的坐标分别(x,y,z)和(x',y',z')，由 5.1 节的内容我们可以得到坐标变换公式为

$$\begin{cases} x'=\pm\dfrac{A_1x+B_1y+C_1z+D_1}{\sqrt{A_1^2+B_1^2+C_1^2}} \\ y'=\pm\dfrac{A_2x+B_2y+C_2z+D_2}{\sqrt{A_2^2+B_2^2+C_2^2}} \\ z'=\pm\dfrac{A_3x+B_3y+C_3z+D_3}{\sqrt{A_3^2+B_3^2+C_3^2}} \end{cases}$$

为了使坐标变换从右手系变到右手系，上式正负号选取必须使它的系数行列式的值为正 1.

由上式可解出 x,y,z，代入原二次曲面即得二次曲面的最简形式.

(2) $I_3=0,I_2\neq0$ 时，可设 λ_1,λ_2 不为零，$\lambda_3=0$，把 λ_1,λ_2 分别代入方程(5.4.2)，求出两个特征值对应的主方向，然后将主方向代入方程(5.3.3)或(5.3.4)，得到与这两个主方向共轭的主径面

$$\pi_i: A_ix+B_iy+C_iz+D_i=0 \quad (i=1,2)$$

取 π_1 为新坐标的 $y'O'z'$，π_2 为新坐标的 $x'O'z'$，再任意取与这两个主径面都垂直的平面作为 $x'O'y'$ 平面，同样可得坐标变换公式，与(1)的步骤相同，化简二次曲面.

(3) $I_3=I_2=0,I_1\neq0$ 时，可设 $\lambda_1\neq0,\lambda_2=\lambda_3=0$，把 λ_1 代入方程(5.4.2)，求出 λ_1 这个特征值对应的主方向，然后将主方向代入方程(5.3.3)或(5.3.4)，得到与这个主方向共轭的主径面

$$\pi_1: A_1x+B_1y+C_1z+D_1=0$$

取 π_1 为新坐标的 $y'O'z'$，再任取两个相互垂直又都垂直 π_1 的平面作为$x'O'z'$平面和 $x'O'y'$平面，同上，利用坐标变换公式化简二次曲面.

例 5.5.1 化简二次曲面 $x^2+y^2+5z^2-6xy-2xz+2yz-6x+6y-6z+10=0$.

解 $I_1=1+1+5=7$

$$I_2=\begin{vmatrix} 1 & -3 \\ -3 & 1 \end{vmatrix}+\begin{vmatrix} 1 & -1 \\ -1 & 5 \end{vmatrix}+\begin{vmatrix} 1 & 1 \\ 1 & 5 \end{vmatrix}=-8+4+4=0$$

$$I_3=\begin{vmatrix} 1 & -3 & -1 \\ -3 & 1 & 1 \\ -1 & 1 & 5 \end{vmatrix}=5+3+3-1-45=-36$$

则二次曲面的特征方程为

$$\lambda^3-7\lambda^2+36=0$$

即$(\lambda-6)(\lambda-3)(\lambda+2)=0$，求得 $\lambda_1=6,\lambda_2=3,\lambda_3=-2$.

i）对于 $\lambda_1=6$，将 λ_1 代入方程(5.4.2)，即

$$\begin{cases}-5l_1-3m_1-n_1=0\\-3l_1-5m_1+n_1=0\\-l_1+m_1-n_1=0\end{cases}$$

得 $l_1:m_1:n_1=(-1):1:2$，则共轭于 $l_1:m_1:n$ 的主径面为

$$-x+y+2z=0$$

ii）对于 $\lambda_2=3$，将 λ_2 代入方程(5.4.2)，即

$$\begin{cases}-2l_2-3m_2-n_2=0\\-3l_2-2m_2+n_2=0\\-l_2+m_2+2n_2=0\end{cases}$$

得 $l_2:m_2:n_2=1:(-1):1$，共轭于 $l_2:m_2:n_2$ 的主径面为

$$x-y+z-3=0$$

iii）对于 $\lambda_3=-2$，将 λ_3 代入方程(5.4.2)，即

$$\begin{cases}3l_3-3m_3-n_3=0\\-3l_3+3m_3+n_3=0\\-l_3+m_3+7n_3=0\end{cases}$$

得 $l_3:m_3:n_3=1:1:0$，则共轭于 $l_3:m_3:n_3$ 的主径面为

$$x+y=0$$

由此可得到坐标变换公式

$$\begin{cases}x'=\dfrac{-x+y+2z}{\sqrt{6}}\\y'=\dfrac{x-y+z-3}{\sqrt{3}}\\z'=\dfrac{x+y}{\sqrt{2}}\end{cases}$$

从上式可以求出 x,y,z，得

$$\begin{cases}x=-\dfrac{1}{\sqrt{6}}x'+\dfrac{1}{\sqrt{3}}y'+\dfrac{1}{\sqrt{2}}z'+1\\y=\dfrac{1}{\sqrt{6}}x'-\dfrac{1}{\sqrt{3}}y'+\dfrac{1}{\sqrt{2}}z'-1\\z=\dfrac{2}{\sqrt{6}}x'+\dfrac{1}{\sqrt{3}}y'+1\end{cases}$$

将上式代入原二次曲面方程,得

$$6x'^2+3y'^2-2z'^2+1=0$$

即

$$\frac{x^2}{\left(\frac{1}{\sqrt{6}}\right)^2}+\frac{y^2}{\left(\frac{1}{\sqrt{3}}\right)^2}-\frac{z^2}{\left(\frac{1}{\sqrt{2}}\right)^2}=-1\text{(双叶双曲面)}$$

例 5.5.2 化简二次曲面 $2x^2+2y^2+3z^2+4xy+2xz+2yz-4x+6y-2z+3=0$.

解 由例 5.4.1 可知,此二次曲面两个主径面分别为 $x+y+z=0$,$2x+2y-4z+3=0$,分别以它们为新坐标系 $y'O'z'$ 与 $x'O'z'$ 坐标面,再任取与这两个主径面都垂直的平面,比如以 $-x+y=0$ 为 $x'O'y'$ 坐标面. 作坐标变换,得变换公式为

$$\begin{cases} x'=\dfrac{x+y+z}{\sqrt{3}} \\ y'=\dfrac{2x+2y-4z+3}{2\sqrt{6}} \\ z'=\dfrac{-x+y}{\sqrt{2}} \end{cases}$$

求出 x,y,z 得

$$\begin{cases} x=\dfrac{1}{\sqrt{3}}x'+\dfrac{1}{\sqrt{6}}y'-\dfrac{1}{\sqrt{2}}z'-\dfrac{1}{4} \\ y=\dfrac{1}{\sqrt{3}}x'+\dfrac{1}{\sqrt{6}}y'+\dfrac{1}{\sqrt{2}}z'-\dfrac{1}{4} \\ z=\dfrac{1}{\sqrt{3}}x'-\dfrac{2}{\sqrt{6}}y'+\dfrac{1}{2} \end{cases}$$

将上式代入原二次曲面方程,得

$$5x'^2+2y'^2-5\sqrt{2}z'+\frac{9}{4}=0$$

即

$$5x'^2+2y'^2-5\sqrt{2}\left(z'+\frac{9\sqrt{2}}{40}\right)=0$$

令 $x'=x''$,$y'=y''$,$z'=z''-\dfrac{9\sqrt{2}}{40}$,代入上式得二次曲面的标准方程为

$$\frac{x''^2}{\frac{1}{\sqrt{5}}^2}+\frac{(y'')^2}{\left(\frac{1}{\sqrt{2}}\right)^2}=-5\sqrt{2}z''\text{(椭圆抛物面)}$$

习题 5.5

化简下列二次曲面为标准型.

1. $x^2+y^2+5z^2-6xy+2xz-2yz-4x+8y-12z+14=0$;
2. $2x^2+5y^2+2z^2-2xy-4xz+2yz+2x-10y-2z-1=0$;
3. $4x^2-y^2-z^2+2yz-2y+4z+1=0$;
4. $y^2-xy+xz-yz+2x-2y=0$.

小　结

在第 3 章我们已经介绍了几种特殊的二次曲面，它们的方程在直角坐标系下都是关于 x,y,z 的二次方程，本章是在直角坐标系下讨论一般的二次方程

$$\begin{aligned}F(x,y,z)=&a_{11}x^2+2a_{12}xy+2a_{13}xz+a_{22}y^2+2a_{23}yz\\&+a_{33}z^2+2a_{14}x+2a_{24}y+2a_{34}z+a_{44}\\=&0\end{aligned}$$

所表示的曲面，因此介绍利用主径面方法化简一般的二次曲面方程，并对空间二次曲面进行分类.

1. 空间直角坐标变换

移轴公式为

$$\begin{cases}x'=x-x_0\\y'=y-y_0\\z'=z-z_0\end{cases}\quad\text{或}\quad\begin{cases}x=x'+x_0\\y=y'+y_0\\z=z'+z_0\end{cases}$$

转轴公式为

$$\begin{cases}x'=x\cos\alpha_1+y\cos\beta_1+z\cos\gamma_1\\y'=x\cos\alpha_2+y\cos\beta_2+z\cos\gamma_2\\z'=x\cos\alpha_3+y\cos\beta_3+z\cos\gamma_3\end{cases}\quad\text{或}\quad\begin{cases}x=x'\cos\alpha_1+y'\cos\alpha_2+z'\cos\alpha_3\\y=x'\cos\beta_1+y'\cos\beta_2+z'\cos\beta_3\\z=x'\cos\gamma_1+y'\cos\gamma_2+z'\cos\gamma_3\end{cases}$$

一般公式为

$$\begin{cases}x'=(x-x_0)\cos\alpha_1+(y-y_0)\cos\beta_1+(z-z_0)\cos\gamma_1\\y'=(x-x_0)\cos\alpha_2+(y-y_0)\cos\beta_2+(z-z_0)\cos\gamma_2\\z'=(x-x_0)\cos\alpha_3+(y-y_0)\cos\beta_3+(z-z_0)\cos\gamma_3\end{cases}$$

或

$$\begin{cases} x=x'\cos\alpha_1+y'\cos\alpha_2+z'\cos\alpha_3+x_0 \\ y=x'\cos\beta_1+y'\cos\beta_2+z'\cos\beta_3+y_0 \\ z=x'\cos\gamma_1+y'\cos\gamma_2+z'\cos\gamma_3+z_0 \end{cases}$$

利用两两垂直的三个平面

$$\pi_i:A_ix+B_iy+C_iz+D_i=0\quad(i=1,2,3)$$

为新坐标平面,确定坐标变换为

$$\begin{cases} x'=\pm\dfrac{A_1x+B_1y+C_1z+D_1}{\sqrt{A_1^2+B_1^2+C_1^2}} \\ y'=\pm\dfrac{A_2x+B_2y+C_2z+D_2}{\sqrt{A_2^2+B_2^2+C_2^2}} \\ z'=\pm\dfrac{A_3x+B_3y+C_3z+D_3}{\sqrt{A_3^2+B_3^2+C_3^2}} \end{cases}$$

其中,正负号选取必须使它的系数行列式的值为正.

2. 二次曲面的径面与中心

(1) 径面

二次曲面共轭于非渐近方向 $l:m:n$ 的径面方程为

$$lF_1(x,y,z)+mF_2(x,y,z)+nF_3(x,y,z)=0$$

(2) 二次曲面的中心

二次曲面的中心方程组为

$$\begin{cases} F_1(x,y,z)=a_{11}x+a_{12}y+a_{13}z+a_{14} \\ F_2(x,y,z)=a_{12}x+a_{22}y+a_{23}z+a_{24} \\ F_3(x,y,z)=a_{13}x+a_{23}y+a_{33}z+a_{34} \end{cases}$$

i) $I_3=\begin{vmatrix} a_{11} & a_{12} & a_{13} \\ a_{12} & a_{22} & a_{23} \\ a_{13} & a_{23} & a_{33} \end{vmatrix}\neq 0$,二次曲面有唯一中心,二次曲面为中心二次曲面.

ii) $I_3=0$,二次曲面或没有中心,或有一条中心直线,或有一个中心平面,此时二次曲面称为非中心二次曲面.

按中心二次曲面分为以下类型:

$$
\text{Ⅰ. 中心二次曲面}\begin{cases}
\text{椭球型}\begin{cases}
\dfrac{x^2}{a^2}+\dfrac{y^2}{b^2}+\dfrac{z^2}{c^2}=1 & \text{（椭球面）}\\
\dfrac{x^2}{a^2}+\dfrac{y^2}{b^2}+\dfrac{z^2}{c^2}=-1 & \text{（虚椭球面）}\\
\dfrac{x^2}{a^2}+\dfrac{y^2}{b^2}+\dfrac{z^2}{c^2}=0 & \text{（点椭球面）}
\end{cases}\\
\text{双曲型}\begin{cases}
\dfrac{x^2}{a^2}+\dfrac{y^2}{b^2}-\dfrac{z^2}{c^2}=1 & \text{（单叶双曲面）}\\
\dfrac{x^2}{a^2}+\dfrac{y^2}{b^2}-\dfrac{z^2}{c^2}=-1 & \text{（双叶双曲面）}\\
\dfrac{x^2}{a^2}+\dfrac{y^2}{b^2}-\dfrac{z^2}{c^2}=0 & \text{（二次锥面）}
\end{cases}
\end{cases}
$$

$$
\text{Ⅱ. 无心二次曲面}\begin{cases}
\dfrac{x^2}{a^2}+\dfrac{y^2}{b^2}=2z & \text{（椭圆抛物面）}\\
\dfrac{x^2}{a^2}-\dfrac{y^2}{b^2}=2z & \text{（双曲抛物面）}\\
x^2=2pz & \text{（抛物柱面）}
\end{cases}
$$

$$
\text{Ⅲ. 线心二次曲面}\begin{cases}
\dfrac{x^2}{a^2}+\dfrac{y^2}{b^2}=1 & \text{（椭圆柱面）}\\
\dfrac{x^2}{a^2}+\dfrac{y^2}{b^2}=-1 & \text{（虚椭圆柱面）}\\
\dfrac{x^2}{a^2}+\dfrac{y^2}{b^2}=0 & \text{（直线）}\\
\dfrac{x^2}{a^2}-\dfrac{y^2}{b^2}=1 & \text{（双曲柱面）}\\
\dfrac{x^2}{a^2}-\dfrac{y^2}{b^2}=0 & \text{（两相交平面）}
\end{cases}
$$

$$
\text{Ⅳ. 面心二次曲面}\begin{cases}
x^2=a^2 & \text{（两平行平面）}\\
x^2=-a^2 & \text{（两平行共轭虚平面）}\\
x^2=0 & \text{（两重合平面）}
\end{cases}
$$

3. 二次曲面的化简与分类

(1) 主径面与主方向

二次曲面的特征方程为 $\lambda^3-I_1\lambda^2+I_2\lambda-I_3=0$. 求出特征根，代入齐次方程组(5.4.2)可求出主方向 $l:m:n$，再利用 $lF_1(x,y,z)+mF_2(x,y,z)+nF_3(x,y,z)=0$ 求出共轭于 $l:m:n$ 的主径面方程.

特征根 $\lambda\neq0$ 对应的主方向为二次曲面的非奇主方向，它的共轭径面是二次曲面的主径面；特征根 $\lambda=0$ 对应的主方向为二次曲面的奇向，它无共轭的主径面.

(2) 二次曲面的化简与分类

二次曲面共有 17 种标准形式，它们分别是：

(1) $\frac{x^2}{a^2}+\frac{y^2}{b^2}+\frac{z^2}{c^2}=1$ （椭球面）；

(2) $\frac{x^2}{a^2}+\frac{y^2}{b^2}+\frac{z^2}{c^2}=-1$ （虚椭球面）；

(3) $\frac{x^2}{a^2}+\frac{y^2}{b^2}+\frac{z^2}{c^2}=0$ （点椭球面）；

(4) $\frac{x^2}{a^2}+\frac{y^2}{b^2}-\frac{z^2}{c^2}=1$ （单叶双曲面）；

(5) $\frac{x^2}{a^2}+\frac{y^2}{b^2}-\frac{z^2}{c^2}=-1$ （双叶双曲面）；

(6) $\frac{x^2}{a^2}+\frac{y^2}{b^2}-\frac{z^2}{c^2}=0$ （二次锥面）；

(7) $\frac{x^2}{a^2}+\frac{y^2}{b^2}=2z$ （椭圆抛物面）；

(8) $\frac{x^2}{a^2}-\frac{y^2}{b^2}=2z$ （双曲抛物面）；

(9) $x^2=2pz$ （抛物柱面）；

(10) $\frac{x^2}{a^2}+\frac{y^2}{b^2}=1$ （椭圆柱面）；

(11) $\frac{x^2}{a^2}+\frac{y^2}{b^2}=-1$ （虚椭圆柱面）；

(12) $\frac{x^2}{a^2}+\frac{y^2}{b^2}=0$ （直线）；

(13) $\frac{x^2}{a^2}-\frac{y^2}{b^2}=1$ （双曲柱面）；

(14) $\frac{x^2}{a^2}-\frac{y^2}{b^2}=0$ （两相交平面）；

(15) $x^2=a^2$ （两平行平面）；

(16) $x^2=-a^2$ （两平行共轭虚平面）；

(17) $x^2=0$ （两重合平面）.

习题答案

习题 1.1

1. (1)$\overrightarrow{OA}=-\overrightarrow{OD},\overrightarrow{OB}=-\overrightarrow{OE},\overrightarrow{OC}=-\overrightarrow{OF}$； (2) $\overrightarrow{AB}=-\overrightarrow{DE},\overrightarrow{BC}=-\overrightarrow{EF}$； (3) $\overrightarrow{FE}=\overrightarrow{BC},\overrightarrow{ED}=\overrightarrow{AB},\overrightarrow{DC}=\overrightarrow{FA}$. **2.** (1) 平行； (2) 共面. **3.** (1) 单位球面； (2) 单位圆 (3) 直线；(4) 相距为 2 的两点.

习题 1.2

1. 略

习题 1.3

1. (1) $-\boldsymbol{a}-3\boldsymbol{b}$； (2) $-2(x+2y)\boldsymbol{a}+2x\boldsymbol{b}$. **2.** $\boldsymbol{a}+\boldsymbol{b}=4\boldsymbol{e}_1-2\boldsymbol{e}_3$；$\boldsymbol{a}-\boldsymbol{b}=-2\boldsymbol{e}_1+4\boldsymbol{e}_2$；$3\boldsymbol{a}-2\boldsymbol{b}=-3\boldsymbol{e}_1+10\boldsymbol{e}_2-\boldsymbol{e}_3$. **3.** 略. **4.** 略. **5.** 略.

习题 1.4

1. 不共线. **2.** $\dfrac{a_1}{b_1}=\dfrac{a_2}{b_2}$. **3.** 略. **4.** 略. **5.** $\boldsymbol{b}=2\boldsymbol{a}-\boldsymbol{c}$，所以 $\boldsymbol{a},\boldsymbol{b},\boldsymbol{c}$ 共面.

习题 1.5

1. $\boldsymbol{a}+2\boldsymbol{b}-3\boldsymbol{c}=\{-4,3,-9\}$. **2.** $\lambda=-10,\mu=\dfrac{1}{5}$. **3.** 共线，$\overrightarrow{AC}=3\overrightarrow{AB}$.

习题 1.6

1. $\boldsymbol{a}\cdot\boldsymbol{b}=4,(2\boldsymbol{a}-\boldsymbol{b})\cdot\boldsymbol{b}=-8,|\boldsymbol{a}-\boldsymbol{b}|=2\sqrt{3}$. **2.** $|\boldsymbol{d}|=\sqrt{14},\angle(\boldsymbol{d},\boldsymbol{a})=\arccos\dfrac{\sqrt{14}}{14}$. **3.** $\boldsymbol{a}\cdot\boldsymbol{b}+\boldsymbol{b}\cdot\boldsymbol{c}+\boldsymbol{c}\cdot\boldsymbol{a}=-\dfrac{3}{2}$. **4.** (1) $\boldsymbol{a}\cdot\boldsymbol{b}=-3,2\boldsymbol{a}\cdot 5\boldsymbol{b}=-30,|-\boldsymbol{a}|=\sqrt{14},\cos\angle(\boldsymbol{a},\boldsymbol{b})=-\dfrac{\sqrt{14}}{14}$. (2) $\boldsymbol{a}\cdot\boldsymbol{b}=4,2\boldsymbol{a}\cdot 5\boldsymbol{b}=40,|\boldsymbol{a}|=2\sqrt{2},\cos\angle(\boldsymbol{a},\boldsymbol{b})=\dfrac{1}{2}$. **5.** $\angle AMB=\dfrac{\pi}{3}$. **6.** $\overrightarrow{AB}=(-1,1,-\sqrt{2})$；$|\overrightarrow{AB}|=2$；$\cos\alpha=-\dfrac{1}{2},\cos\beta=\dfrac{1}{2},\cos\gamma=-\dfrac{\sqrt{2}}{2}$； $\alpha=\dfrac{2\pi}{3},\beta=\dfrac{\pi}{3},\gamma=\dfrac{3\pi}{4}$.

习题 1.7

1. $\boldsymbol{a}\times\boldsymbol{b}=\{1,-5,3\}$. **2.** 60. **3.** 垂直于向量 $\boldsymbol{a}$ 与 $\boldsymbol{b}$ 的单位向量 $\left\{-\dfrac{2}{\sqrt{14}},\dfrac{1}{\sqrt{14}},\dfrac{3}{\sqrt{14}}\right\}$ 与 $\left\{\dfrac{2}{\sqrt{14}},-\dfrac{1}{\sqrt{14}},-\dfrac{3}{\sqrt{14}}\right\}$. **4.** $\sqrt{14}$. **5.** 略.

习题 1.8

1. 略. **2.** (1) 共面；(2) 1. **3.** (1) 共面；(2) 不共面.

习题 1.9

1. 略. **2.** $\{3,4-5\},\{-1,2,-1\}$.

习题 2.1

1. (1) $\boldsymbol{n}=\{1,-2,1\}$;(2)$\boldsymbol{n}=\{3,8,0\}$;(3)$\boldsymbol{n}=\{5,-1-1\}$;(4)$\boldsymbol{n}=\{0,0,1\}$. **2.** $2x-8y+z-1=0$. **3.** (1) 通过 z 轴;(2) 平行于 y 轴;(3) 平行于 xOz 坐标面;(4) 通过原点. **4.** (1) $x-2z=0$;(2) $y=-5$;(3) $4y+z=0$. **5.** $2x+5y-z=0$;$x=u+3v,y=-v,z=2u+v$. **6.** $2x-y-z=0$;$x=1-u+v,y=1+v,z=1-2u+v$. **7.** $4x+y-z-6=0$. **8.** $V=64$. **9.** $x+y+z-1=0$.

习题 2.2

1. 点 $A,E,F\notin$ 平面,点 A,E,F 到平面的距离分别为 $2,\frac{13}{7},1$;点 $B,C,D\in$ 平面.
2. $35x+12z=0$或 $3x-4z=0$. **3.** $(-6,0,0)$. **4.** 底面 ABC: $x+2z+1=0$;$h=2\sqrt{5}$.

习题 2.3

1. (1) 平行;(2) 相交(垂直);(3) 重合. **2.** (1) $\arccos\frac{1}{6}$或 $\pi-\arccos\frac{1}{6}$; (2) $\frac{\pi}{2}$.
3. (1) 3;(2) $\frac{3\sqrt{14}}{28}$. **4.** (1) $l=3,m=1,n=-3$; (2) $l=3,m=-8$; (3) $l=6$. **5.** $9x+14y+5z-28=0$.

习题 2.4

1. (1) A 在直线上,对应参数 $t=1$; (2) B 不在直线上; (3) C 在直线上,对应参数 $t=-2$.

2. (1) $x=1-2t,y=-3+5t,z=1+6t$;$\frac{x-1}{-2}=\frac{y+3}{5}=\frac{z-1}{6}$. (2) $x=-2-t,y=3+3t,z=4t$;$\frac{x+2}{-1}=\frac{y-3}{3}=\frac{z}{4}$. (3) $x=2,y=-1+t,z=4$;$\frac{x-2}{0}=\frac{y+1}{1}=\frac{z-4}{0}$. (4) $x=-1+t,y=2-t,z=5+3t$;$\frac{x+1}{1}=\frac{y-2}{-1}=\frac{z-5}{3}$. (5) $x=3+4t,y=-t,z=1+3t$;$\frac{x-3}{4}=\frac{y}{-1}=\frac{z-1}{3}$.

3. (1) $\frac{x-\frac{7}{3}}{4}=\frac{y-\frac{2}{3}}{-1}=\frac{z}{-3}$;(2)$\frac{x+2}{3}=\frac{y-5}{2}=\frac{z-1}{1}$. **4.** $x+5y+z-1=0$. **5.** 直线在 xOy 面($z=0$)上的投影平面: $x+2y+1=0$;直线在 xOz 面($y=0$)上的投影平面: $x-2z-1=0$;直线在 yOz 面($x=0$)上的投影平面: $y+z+1=0$.
直线的射影式方程为: $\begin{cases}x+2y+1=0\\x-2z-1=0\end{cases}$,或$\begin{cases}x-2z-1=0\\y+z+1=0\end{cases}$,或$\begin{cases}x+2y+1=0\\y+z+1=0\end{cases}$.
直线的标准方程为: $\frac{x}{1}=\frac{y-5}{-3}=\frac{z-4}{-5}$.

6. (1) $5x+6y+8z+8=0$; (2) $x-2y-1=0$.

习题 2.5

1. (1) 在上; (2) 相交(垂直); (3) 平行; (4) 相交(不垂直). **2.** 交点$(6,-2,6)$,交

角 $\arcsin\frac{\sqrt{2}}{3}$. **3.** (1) $l=-7$;(2)$l=-4,m=14$.

习题 2.6

1. $A\in l,B\notin l$. **2.** (1) $d=\sqrt{5}$; (2)$P'(-2,-1,-2)$.

习题 2.7

1. (1) 相交;(2)异面;(3)平行;(4)重合. **2.** (1) 相交;(2)$\arccos\frac{8\sqrt{6}}{21}$;(3)(1,2,3).

3. $d=116$,公垂线方程为:$\begin{cases}11x+2y-7z+6=0\\27x+26y-33z+20=0\end{cases}$. **4.** $\frac{x-2}{-4}=\frac{y+3}{-1}=\frac{z-4}{3}$. **5.** $\frac{x-2}{6}=\frac{y+1}{5}=\frac{z-3}{3}$. **6.** $\frac{x-11}{6}=\frac{y-9}{8}=\frac{z}{-1}$.

习题 2.8

1. (1) $5x-y+z-3=0$; (2) $2y-2z+1=0$. **2.** $5x+6y+8z+8=0$. **3.** (1) $2x+y-2z+10=0$; (2) $2x+y-2z-7=0$; (3) $2x+y-2z\pm3=0$. **4.** $x+2y=0$. **5.** 略.

习题 3.1

1. (1) 球心$(-4,0,0)$;$r=4$; (2) 球心$(1,-2,3)$;$r=5$. **2.** (1) $(x-2)^2+y^2+(z-2)^2=17$; (2) $x^2+y^2+z^2-x-y-z=0$ 或$(x-\frac{1}{2})^2+(y-\frac{1}{2})^2+(z-\frac{1}{2})^2=\frac{3}{4}$; (3) $(x-3)^2+(y+1)^2+(z+2)^2=\frac{64}{49}$. **3.** (1) $2x+y-3z-2=0$; (2) $x^2+y^2=a^2$.

4. (1) $\begin{cases}y^2=4x\\y+z-3=0\end{cases}$; (2) $\begin{cases}x^2+4(y-1)^2-4=0\\z=2\end{cases}$. **5.** 圆心$(\frac{10}{3},\frac{-14}{3},\frac{5}{3})$,$r=3$.

习题 3.2

1. $9x^2+9y^2=20$. **2.** $y^2+z^2-3z+1=0,x-z+1=0,x^2+y^2-x-1=0$. **3.** $8x^2+5y^2+5z^2+4xy+4xz-8yz-18y+18z-99=0$. **4.** $2y^2+x(z-8)=0$. **5.** $51(x-1)^2+51(y-2)^2+12(z-4)^2+104(x-1)(y-2)+52(x-1)(z-4)+52(y-2)(z-4)=0$.

习题 3.3

1. (1) $\begin{cases}\frac{x^2}{4}+\frac{y^2}{9}=1\\z=0\end{cases}$绕 x 轴旋转,或$\begin{cases}\frac{x^2}{4}+\frac{z^2}{9}=1\\y=0\end{cases}$绕 x 轴旋转; (2) $\begin{cases}x^2-y^2=1\\z=0\end{cases}$绕 x 轴旋转,或$\begin{cases}x^2-z^2=1\\y=0\end{cases}$绕 x 轴旋转; (3) $\begin{cases}z^2-\frac{y^2}{4}=1\\x=0\end{cases}$绕 y 轴旋转,或$\begin{cases}x^2-\frac{y^2}{4}=1\\z=0\end{cases}$绕 y 轴旋转;

(4) $\begin{cases}2x^2=z\\y=0\end{cases}$绕 z 轴旋转,或$\begin{cases}2y^2=z\\x=0\end{cases}$绕 z 轴旋转. **2.** (1) $\frac{x^2}{4}+y^2+z^2=1$;(2)$x^2+y^2=3z^2$.

3. (1) $9x^2+9y^2-10z^2-6z-9=0$;(2)$x^2+y^2=1(0\leqslant z\leqslant1)$.

习题 3.4

1. $\frac{x^2}{16}+\frac{y^2}{4}+z^2=1$. **2.** $\begin{cases}\frac{(x+2)^2}{4}+\frac{y^2}{2}=1\\ z=0\end{cases}$. **3.** 略.

习题 3.5

1. 略. **2.** $\begin{cases}\frac{x^2}{a^2+b^2}-\frac{z^2}{c^2}=1\\ y=0\end{cases}$.

习题 3.6

1. 略. **2.** 当 $k>a^2$ 或 $k<b^2$ 时,方程为椭圆抛物面;当 $b^2<k<a^2$ 时,方程为双曲抛物面.

习题 3.7

1. $\begin{cases}z=0\\ x-y=0\end{cases}$与$\begin{cases}x-y-z=0\\ x+y-2=0\end{cases}$. **2.** $\frac{\pi}{2}$. **3.** $\begin{cases}x-y+2=0\\ x+y+z=0\end{cases}$和$\begin{cases}x+y=0\\ z=0\end{cases}$.

习题 4.1

1. 坐标变换公式为:$\begin{cases}x'=\frac{x+2y-2}{\sqrt{5}}\\ y'=-\frac{2x-y+3}{\sqrt{5}}\end{cases}$ 或 $\begin{cases}x'=-\frac{x+2y-2}{\sqrt{5}}\\ y'=\frac{2x-y+3}{\sqrt{5}}\end{cases}$

2. 化简二次曲线方程:(1) $y''^2=\frac{6}{5}\sqrt{5}x''$; (2) $\frac{x''^2}{4}+\frac{y''^2}{16}=1$.

习题 4.2

1. $\left(\frac{1}{2},\frac{1}{6}\right)$. **2.** (1) $l_1:m_1=1:2$,$l_2:m_2=1:1$,椭圆型曲线; (2) $l:m=1:2$,抛物型曲线.

习题 4.3

1. (1) (0,0);(2)(7,5);(3)无心二次曲线;(4)线心二次曲线,中心直线为 $2x-y+1=0$.
2. (1) $(4l-2m)x+(-2l+m)y-3l+4m=0$; (2) $2x-y+1=0$.

习题 4.4

1. (1) 主方向:1∶0,0∶1;主直径:$x=0$,$y=0$;(2)主方向:1∶0,0∶1;主直径:$x=0$,$y=0$;(3) 主方向:1∶0,0∶1;主直径:$y=0$. **2.** (1) 主方向:−2∶1,1∶2;主直径:$2x-y-3=0$,$x+2y-4=0$; (2) 主方向:−2∶1,1∶2;主直径:$5x+10y-12=0$; (3) 主方向:1∶2;−2∶1;主直径:$2x+y=0$.

习题 4.5

1. (1) $\frac{x'^2}{2}-\frac{y'^2}{3}=1$; (2) $y'^2=2\sqrt{5}x'$; (3) $x'^2=-4y'$; (4) $\frac{x'^2}{2}+\frac{y'^2}{12}=1$. **2.** $\lambda>1$ 为椭圆,$\lambda=1$ 为抛物线,$\lambda<1$ 为双曲线,$\lambda=-24$ 为两条相交直线.

习题 5.1

1. (1) $\begin{cases} x'=x-2 \\ y'=y-2; \\ z'=z+1 \end{cases}$ (2) $\begin{cases} x'=x-2 \\ y'=y+3. \\ z'=z+1 \end{cases}$ **2.** $5x'^2-y'^2+4z'^2-8\sqrt{2}x'+8\sqrt{2}y'=0$.

3. 以三个坐标平面分别为新的坐标系的 $y'O'z'$，$x'O'z'$，$x'O'y'$ 的坐标变换为：

$$\begin{cases} x'=\dfrac{x-y+z+1}{\sqrt{3}} \\ y'=\dfrac{x+2y+z-5}{\sqrt{6}} \\ z'=-\dfrac{y-z-1}{\sqrt{2}} \end{cases}$$

习题 5.2

1. $F_1=x-y-z-\dfrac{3}{2}$，$F_2=-x+2y-z$，$F_3=-x-y-3z$. **2.** $1:1:(-1)$.

习题 5.3

1. (1) $I_3=-184\neq 0$，方程是有心二次曲面，中心为$\left(-1,\dfrac{3}{2},0\right)$； (2) $I_3=0$，方程是无心二次曲面； (3) $I_3=-14\neq 0$，方程是有心二次曲面，中心为$(0,2,-2)$. **2.** 奇向 $l_0:m_0:n_0=0:0:1$，径面方程为$\dfrac{l}{a^2}x+\dfrac{m}{b^2}y-n=0$. **3.** $2x-8y-6z-3=0$.

习题 5.4

1. $l:m:n=1:(-1):1$，$x-y+z-1=0$；$l:m:n=1:0:(-1)$，$x-z=0$；$l:m:n=1:2:1$，这一主方向为二次曲面的奇向，它没有共轭的主径面. **2.** $l:m:n=1:(-1):1$，$x-y+1=0$；$l:m:n=1:1:0$，$x+y-1=0$；$l:m:n=0:0:1$，$5z+1=0$. **3.** $l:m:n=2:4:1$，$14x+28y+7z+12=0$；$l:m:n=1:(-1):2$，$x-y+2z-3=0$；$l:m:n=3:(-1):(-2)$(奇向).

习题 5.5

1. $\dfrac{x'^2}{2}+y'^2-\dfrac{z'^2}{3}=1$. **2.** $\dfrac{x'^2}{2}+y'^2=1$. **3.** $4x'^2-2y'^2=\sqrt{2}z'^2$. **4.** $3x'^2-y'^2=0$.